KB261994

◆ 기초 상식과 회로 이야기
◆ 전기/전자 계산법 익히기

전기/전자 일반

허규성 엮음

알기쉬운 이 책은

전문 용어마다 일상 주변의
현상을 그림으로 설명

교과서적 서술형이 아닌
대화체 문장으로 기술

어려운 수식 위주의 설명보다는
문장으로 풀어서 해설

Electrical

Electronics

일 진 사

머리말

전기·전자 기술은 다양한 공업 분야에서 공통적인 기본 기술로 사용되기 때문에 전기·전자 공학에서 이 기초적인 지식을 쌓는 것은 필요 불가결한 일이다.

전기를 모르고는 전자를 알 수 없고, 전자를 모르고는 현대를 사는 이라 할 수 없다.

이 책은 전기·전자에 관련된 학생은 물론, 모든 공업 기술계 학생 및 기술자를 대상으로 한 전기·전자 공학의 입문서로 전기·전자 공학의 기초적인 사항을 쉽게 이해할 수 있도록 다음과 같이 구성하였다.

첫째, 서술방식을 교과서적인 형식을 취하지 않고 이해하기 쉽도록 대화체로 하였다.

둘째, 전문용어는 직관적인 이미지를 갖도록 역사적인 배경과 일상생활 주변에 있는 예 (또는 그림) 를 가능한 많이 사용하였다.

셋째, 수월하게 읽을 수 있도록, 가급적 수식을 사용하지 않고 문장으로 하였다.

또한, 이 책의 내용은 전자기 현상으로 시작해서 전기회로, 반도체 소자, 전자회로, 전기계측으로 하고, 부록으로 전기·전자에서 필요한 도면 기호를 수록하였다.

이 책을 읽고 전기·전자 기술의 기초를 터득하였다면 지은이로서는 더없는 보람이라고 생각한다. 교재 내용이 약간 난해한 부분은 전기·전자 기술을 습득하기 위해서는 반드시 알아야 할 필요한 지식이므로 의욕과 인내심을 가지고 끝까지 읽어 주기를 바란다.

끝으로, 이 책의 출간에 수고를 아끼지 않은 도서출판 **일진사** 여러분에게 진심으로 감사드리며, 혹시 내용상의 잘못된 곳이나 미비한 부분이 있을 경우 독자 여러분의 기탄없는 지적을 바라며 앞으로 수정, 보완할 것을 약속 드린다.

저자 씀

차 례

제1장 전기와 자기

제 2 장 정현파 교류

제 3 장 전기회로소자 R, L, C

제 4 장 복소수 계산법

제 5 장 전기 회로

제 6 장 전자 회로

제7장 전기 전자 측정

부록 : 전기 · 전자 기본 단위와 기능

...제 1 장
전기와 자기

이 장에서 다루는 내용은 전기와 자기에 관한 기초 지식으로 일반인은 물론, 기술자가 가정에서나 공장에서 부딪치는 전기·전자의 기술적인 문제를 해결하는데 필요한 밑거름이 될 것이다.

전기를 이해하기 위해서는 이론적인 수식도 중요하나, 전기는 눈에 보이지 않으므로 직관적인 이미지 (image) 를 갖는 것이 무엇보다도 중요하다. 따라서, 전기와 자기에 대한 확실한 자신의 이미지를 갖도록 그림은 가능한 한 일상 생활에서 볼 수 있는 것을 선택하였고, 용어는 발견이나 발명의 역사적인 배경을 들어 설명하였다.

1 모든 물질 속에 전자가 있다

1-1 전기(電氣)라는 말은

전기(電氣)에 대해서 역사에 기록되어 남아 있는 것으로는 기원전 600년경 희랍(그리스)인이 발견한 것으로 나타나 있다.

희랍 사람들은 장식용으로 쓰이는 호박(琥珀)이라는 돌을 헝겊으로 문지르면, 먼지나 실들을 끌어당긴다는 것을 알고 있었다. 그 당시 불가사의한 것으로 호박과 마그네스가 있었다.

마그네스(magnes)는 철을 끌어당기는 검은 돌, 천연자석인 자철광(磁鐵鑛)을 말한다. 자철광은 호박보다도 1000년 이전부터 알려져 있었다고 한다.

자연 철학자 탈레스(Thales)는 호박이나 마그네스가 물질을 끌어당기는 것은 그 물질 속에 영혼이 잠을 자고 있기 때문이라고 생각하였다.

그림 1-1 호박화하는 것을 전기라 하였다

　탈레스에서 2000년이 지난 16세기 말에 영국 엘리자베스 여왕의 시의 (侍醫) 였던 길버트 (Gilbert) 는 자철광과 호박에 대해서 처음으로 과학적인 연구를 하였다. 전기의 학문은 이때부터 탄생하였다고 말하고 있다.

　길버트는 호박 이외에 유황, 수지, 유리, 수정들도 마찰하면 가벼운 물체를 끌어당기는 일을 발견하였다. 그는 이 현상을 물질이 일렉트리파이 (electrify, 琥珀化) 한다고 하였다. 이때부터 호박화하는 원인으로 되는 것을 전기 (electricity) 라 하였다.

　한편, 동양에서는 자연 현상으로 발생하는 번개의 기운을 전기 (電氣) 라 하였다. 전 (電) 이라는 한자는 뇌 (雷) 의 날쌘 동작을 뜻한 것으로, 뇌 (雷) 는 구름에 모여 있던 전기가 일으키는 불꽃으로 불꽃이 순식간에 발생하는데 연유하고 있다.

1 - 2 전자를 발견하다

　전기란 무엇인가 ?

　전기의 정체가 무엇인지 밝혀지지 않은 채, 볼타 (Volta) 의 전지 (電池 ; 1799년), 벨 (Bell) 의 전화 (電話 ; 1876년), 에디슨 (Edison) 의 백열전등 (白熱電燈 ; 1879년), 지멘스 (Siemens) 의 발전기 (發電機 ; 1888년) 가 발명되었다.

　전기의 정체를 처음으로 연구한 사람은 영국의 물리학자 톰슨 (Thomson) 으로 에디슨이 백열전등을 발명한 때로부터 11년이 지난 1890년이었다.

　톰슨은 전기라는 것은 아주 작은 미소한 입자 (粒子) 임을 발견하였다. 이 미소한 입자가 광 (光) 을 내거나, 열 (熱) 을 낸다는 것을 알게 되었다.

　톰슨은 이 입자 (알갱이) 를 전자 (電子 ; electron) 라 하였다 (일렉트론 (electron) 은 희랍어로 호박을 가리킨다) .

　톰슨은 다음과 같은 진공방전 (眞空放電) 실험을 하였다.

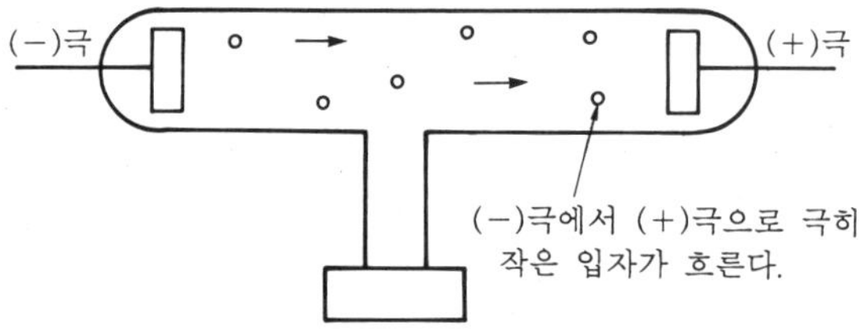

그림 1−2 진공 방전 실험

그림 1-2와 같이 유리관의 양단에 전극을 붙이고 내부의 공기를 빼내 진공상태로 한 다음, 높은 전압을 걸어 주었더니, 음극에서 양극으로 빛(光)과 같은 것이 흐르는 것을 보았다. 이 빛과 같은 것을 음극선(陰極線)이라 하였고, 이 음극선이 전자의 흐름이라는 것을 발견하였던 것이다. 또한, 이 실험으로 전류는 양극에서 음극으로 흐르는 것이 아니고, 반대로 음극에서 양극으로 흐른다는 것도 알게 되었다.

1-3 전자는 어디에도 있는 입자(粒子)

전자는 무엇인가?

특별한 것이라고 생각되고 있으나 실제로는 어디에도 있는 알갱이다. 예를 들면 주위에 있는 모든 물건(나무, 벽, 마루, 책상 …)은 물론, 인체(人體)에도 전자가 있다. 인체(人體)는 세포로 구성되어 있으며, 그 세포나 혈액을 세분화하면 탄소(C), 수소(H), 산소(O) 등 여러 가지 원자로 구성되어 있다.

다시 말하면 모든 물질에 전자가 포함되지 않은 것이 없고, 전자 없이는 성립되지 않는다. 우리가 살고 있는 지구는 말할 것도 없고 우주의 모든 물질은 원자(原子)로 이루어져 있으며, 원자는 전자를 갖고 있기 때문이다.

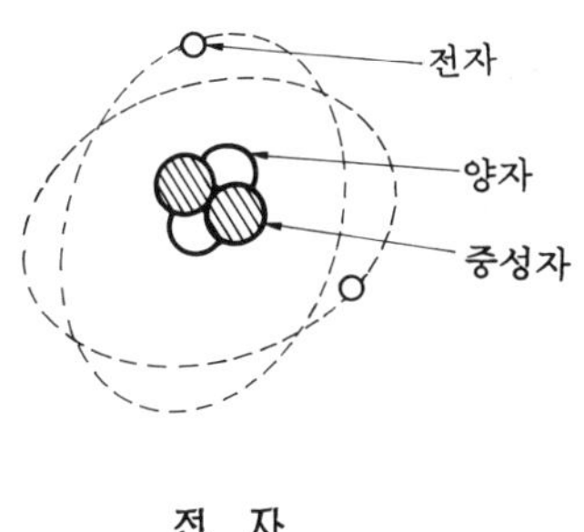

전 자

1-4 원자 모형은

물질을 이루고 있는 원자는 어떤 구조로 되어 있는가?

전자를 발견한 톰슨은 그림 1-3과 같은 원자모형(原子模型)을 제시하였다(1904년).

　양(＋)전하를 갖는 입자가 원자 속에 골고루 분포되어 덩어리를 이루고, 이 연속적인 양전하 속에 음(－)전하를 갖는 전자가 마치 수박씨처럼 분포되어 원 궤도를 그리면서 운동한다고 하였다.

　같은 해에 장강(長岡)은 양전하는 원자의 중심에 입자의 핵(核)으로 집중되어 있고 그의 주위를 전자가 회전한다고 하였다. 그것은 마치 태양 주위를 가벼운 행성이 만유인력에 끌려서 돌고 있는 것과 같다고 주장하였다.

　이 두 모형 중 어느 쪽이 옳은가는 다음과 같은 러더포드(Rutherford)의 산란 실험으로 판명되었다.

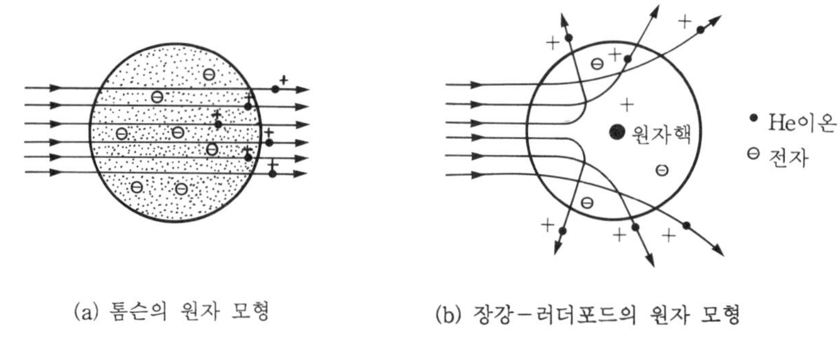

그림 1-3　러더포드 산란 실험

　톰슨의 원자 모형이 맞는다면, 방사능에서 나오는 헬륨이온이 수소원자의 어떤 부분을 통해도 거의 휘어지지 않고 통과할 것이고, 만일 원자 중심에 양전하를 띤 핵이 있다면, 헬륨이온은 양전하를 가지므로 쿨롱(Coulomb)의 힘에 의한 반발력이 작용하여 산란되어야 했다.

　러더포드는 라듐(Ra)으로부터 방사되는 헬륨이온(He^{++})을 사용하여 수소원자에 충돌시험해 본 결과, 헬륨이온이 산란됨으로써 원자 중심에 양전하를 갖는 입자가 있다는 것을 알게 되었다.

　원자의 구조를 살펴보면 그림 1-4에서 탄소원자의 예와 같이 중심에는 원자핵(原子核), 주위에는 전자(電子)로 구성되어 있다. 원자의 종류나 성질은 원자핵과 그의 주위에 있는 전자의 수로 결정된다.

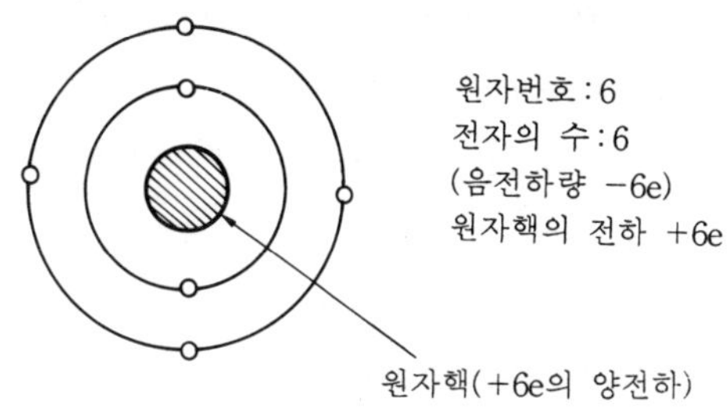

그림 1−4 원자의 모델 (탄소원자의 예)

한편, 원자핵은 양(+) 전하를 가지고 있고, 원자핵 주위를 돌고 있는 음(−) 전하를 갖는 전자를 쿨롱의 힘으로 끌어당기고 있다.

여기서 조금 더 자세하게 원자의 내부 구조를 알아보자.

그림 1−5 는 원자의 구조를 모델화해서 나타낸 것이다. 어느 원자도 양전하를 갖는 원자핵과 원자핵 주위를 돌고 있는 음전하를 갖는 다수의 전자로 구성되어 있다.

원자핵의 주위를 도는 전자의 수는 무거운 원자일수록 많으며, 제일 가벼운 수소 (H) 는 전자의 수가 1개, 무거운 납 (Pb) 은 82개를 가진다. 전자의 수는 원자마다 다르고 그 원자 특유의 성질을 만든다.

원자에는 1번의 수소부터 2번 헬륨 … 78번 백금 … 이라고 원자번호가 붙여져 있으며 원자번호는 그 원자가 갖는 전자의 수를 나타낸다.

원자핵이 갖는 전하량은 주위를 돌고 있는 전자의 음전하 합계와 같다. 따라서 정상 상태에 있는 원자는 양전하와 음전하가 중화 (中化) 되어서 원자 외부에서 보면, 양전하 나 음전하가 아닌 중성 (中性) 이 된다.

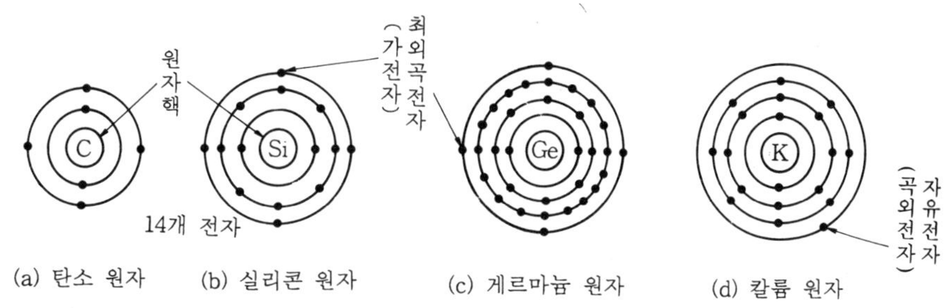

그림 1−5 원자 모형

예를 들면 그림 1-5(b)의 실리콘(Si) 원자는 원자번호가 14로 14개의 전자를 갖고 있어 부전하의 합은 $-14e$(e 는 전자가 갖는 전하 1.602×10^{-19} C)이며, 원자핵은 이것과 똑같은 $+14e$ 의 전하를 가지고 있다.

따라서, 양전하량과 음전하량이 같으므로, 원자 전체로는 중화되어 전기를 나타내지 않는다.

원자핵은 양전하를 갖는 양자(陽子 ; Proton)와 전하를 갖지 않는 중성자(中性子 ; Neutron) 등으로 되어 있다. 양자의 전하 크기는 전자의 전하량과 같으며, 음전하가 아닌 양전하를 갖는다.

다시 말하면, 원자핵이 갖는 양전하량은 원자핵을 구성하는 양자들이 갖는 전하량 합계로 된다.

1-5　자유전자(自由電子)

원자 모형에서 우리가 관심을 두어야 할 것은 원자핵보다는 전자에 관한 내용이다. 모든 전기전자 현상은 원자핵에 구속되어 있는 전자가 원자핵으로부터 이탈된 자유전자의 성질에서 비롯되기 때문이다.

자유전자는 어떻게 생기는가를 알아보자.

원자에서 자유전자가 발생하는 원인으로 중요한 것은 원자핵의 주위를 돌고 있는 전자 중에서 원자핵으로부터 가장 먼 전자일수록 원자핵에 끌리는 힘이 약해서 외부로부터 에너지(열, 전기, 빛 등)를 받으면, 원자의 밖으로 뛰쳐 나가기 쉬운 성질을 가지고 있다는데 있다.

특히, 원자핵으로부터 제일 외측에 있는 전자(그림 1-5의 탄소, 실리콘, 게르마늄에서는 각각 4개)는 원자로부터 이탈하거나, 다른 원자핵과 결합하기도 한다. 이들 전자를 외곡전자(外殼電子) 혹은 가전자(價電子)라고 한다.

또한, 금속원자인 칼륨(K : 원자번호 19)은 그림 1-5(d)와 같이 19개의 전자 가운데 제일 외측에 있는 한 개의 전자는 원자핵과 결합력이 대단히 약해 약간의 힘으로 원자핵으로부터 이탈하여 자유롭게 결정 속을 움직이는 성질이 있다.

이와 같은 전자를 곡외전자(殼外電子) 또는 자유전자(自由電子)라고 한다.

금속 내부에는 그 금속에 포함되어 있는 원자의 수만큼 자유전자가 있으며, 자유전자는 금속 내에서 디스코 춤을 추고 있는 것과 같이 우왕 좌왕하고 있다.

따라서 금속이 전기가 잘 통하는 이유는 전류의 근원인 부전하를 가지고 있는 자유전자가 많기 때문이다. 또한, 금속이 열전달이 잘 되는 이유도 금속 내에 자유전자가 있기 때문이다.

전기가 나타내는 여러 가지 현상은 이 자유전자의 작용에 의한 것이다.

1 - 6 도체와 절연체 차이는

전기에서는 물질을 전류가 흐르기 쉬운가 어려운가에 따라서 그림 1-6과 같이 도체, 절연체, 반도체로 나누고 있다. 여기서 도체, 절연체, 반도체에 대해서 알아 두기로 하자.

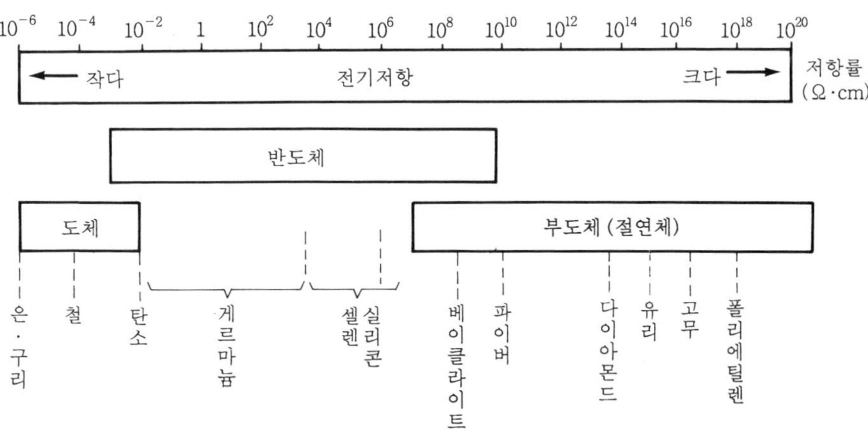

그림 1-6 도체, 절연체, 반도체

(1) 도 체(導體)

금속과 같이 전류가 흐르기 쉬운 물질을 도체라 하며, 도체에는 자유전자가 많이 있으므로 적은 전압만 가하여도 그 방향으로 자유전자가 움직여서 전류가 된다.

(2) 절연체 (絶緣體)

절연체란 도체와 반대로 전류가 매우 흐르기가 어려운 물질을 말하며 에보나이트, 유리, 대리석 및 고무 등이 있다. 원리는 이미 알고 있겠지만, 절연체의 원자에서는 제일 외측에 있는 전자는 원자핵에 꼭 붙들려 있어 어지간한 힘으로는 원자의 밖으로 나올 수 없다. 따라서 자유전자가 생기기 어렵기 때문에 전압을 가해도 전류가 흐르지 않는다.

(3) 반도체 (半導體)

반도체는 도체나 절연체와는 다르게 20세기 후반에 인간이 새롭게 만들어 낸 물질이다. 아주 순수하게 정제한 실리콘이나 게르마늄에 적당한 양의 인 (燐 ; P) 이나 붕소 (硼素 ; B) 를 넣어서 결정을 만들면 인이나 붕소 원자의 외곡전자가 이동하기가 쉽게 된다. 다시 말하면 도체와 절연체의 중간 정도로 전류가 흐르기 쉽다고 하는데에서 반도체라고 한다. 인이나 붕소는 순수한 결정에 대해서 불순물 (不純物) 원자라 한다. 반도체는 첨가하는 불순물의 종류나 양 그리고 분포 등을 변화시켜 마이크로 (micro) 크기 중에서 아주 정밀하게 전류의 흐르기를 조절 제어하는 일이 가능하다.

2 전류는 전자의 흐름이다

2-1 정전기(靜電氣)와 동전기(動電氣)

전하는 전자가 가지고 있는 특유의 성질로 전기의 본질이라고 말할 수 있다. 따라서 전하를 알기 위해서는 먼저 정전기(靜電氣)의 현상을 알 필요가 있다.

정전기는 일상생활에서도 체험하는 경우가 많다. 겨울에 공기가 건조할 때 털옷이나 화학섬유 옷을 벗을 때 찍찍하는 소리가 난다. 이것은 성질이 다른 털옷과 내의에 두 물질이 마찰하여 발생한 전기가 방전하며 내는 소리이다. 이 마찰에 의해 발생한 전기를 정전기(靜電氣)라 한다.

이외에도 여러 가지가 있다. 자동차의 문에 손을 댔을 때 찌릿하게 오는 전기충격 (shock), 몸에 달라 붙게 되는 스커트, 여름의 명물 번개 등은 모두 정전기에 의해서 일어나는 현상이다.

또한, 에보나이트 막대를 모피로 마찰하는 실험도 정전기에 관한 것이다.

여기서 마찰에 대해 조금 더 구체적으로 살펴보기로 하자.

물체와 물체를 문지르면 한쪽은 양전기를 띠고 다른 한쪽은 음전기를 갖는다.

이와 같이 물질이 전기를 갖는 (띠는) 것을 대전 (帶電) 되었다고 한다. 물체가 대전되는 이유는 물체를 구성하고 있는 원자 속의 음전기를 가진 전자가 다른 한쪽의 물체로 이동하였기 때문이다.

즉, 음전하를 가진 전자가 이동해 온 쪽의 물체는 음전하의 여분이 발생되어 음전기로 대전한다. 반대로 음전하를 가진 전자가 나간 쪽의 물체는 양전하로 대전한다. 이와 같이 전자의 이동에 의해 물질은 음전기나 양전기를 갖게 된다.

정전기는 전하 (전자) 가 마치 저수지의 물과 같이 고여 있는 상태와 같다. 전류는 전자의 흐름이라고 했으나, 사실은 전자의 이동에 의해서 전자의 전하가 운반되어 일어나는 현상이다. 여러 가지 전기 현상은 모두 전기의 흐름에 의한 것이며 이와 같이 흐르는 전기를 동전기 (動電氣) 라 한다.

그림 1–7 은 정전기와 동전기를 설명한 것이다.

그림 1–7 전하가 머무르면 정전기, 움직이면 전류가 된다

전하 (전자) 가 고이는가, 움직이는가에 따라서 정전기 현상, 전류 현상이 일어난다고 할 수 있다. 다시 말하면 전류가 흐른다는 것은 전하를 갖는 전자가 이동하고 있다는 것을 의미한다.

전하 (charge) 는 음전하, 양전하 두 종류가 있다. 음전하는 전자가 갖는 전하이며, 양전하는 전자가 원자로부터 이탈했을 때 전자가 부족한 원자가 갖는 전하이다.

그림 1–8 과 같이 원자는 음전하를 갖는 복수개의 전자와 전자의 수와 같은 양전하를 갖는 원자핵으로 구성되어 있어 원자는 전기의 성질을 나타내지 않는 중성 (中性) 이 된다.

다시 말하면 보통 상태에서는 서로의 전하가 같기 때문에 양전하 (+) 와 음전하 (−) 가 중화되어서 외부에서 보면 전하는 나타나지 않는다. 그러나 전자가 1개 뛰쳐 나가면 전하의 평형이 무너지고 원자는 양 (+) 의 전하 상태로 된다. 이것이 양전하 발생 원인이며, 보통 하나 하나 원자의 구조까지 고려하지 않고 양전하, 음전하로서 다루고 있다.

그림 1-8　양전하는 전자가 부족한(뛰쳐 나간) 원자에 생긴다

이와 같이 발생된 전하 사이에는 전기력(電氣力)이라고 하는 독특한 힘이 작용한다. 다른 종류의 전하, 즉 양전하(陽電荷)와 음전하(陰電荷)는 끌어당기고, 같은 종류의 전하(양전하와 양전하 또는 음전하와 음전하)는 밀어내는 힘이 작용한다. 이것을 전기에 관한 쿨롱(Coulomb)의 법칙이라 한다.

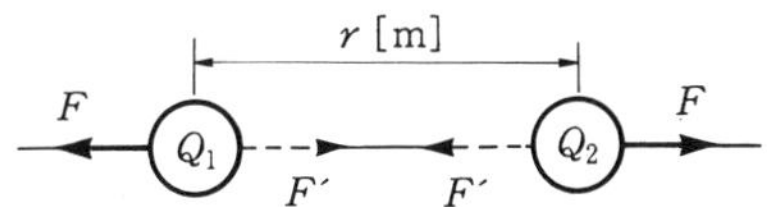

F: Q_1, Q_2 가 같은 종류의 전하는 반발한다(밀어낸다).
F': Q_1, Q_2 가 다른 종류의 전하는 흡인한다(끌어당긴다).

그림 1-9　쿨롱의 법칙

그림 1-10은 끌어당긴 다른 종류의 전하가 접근해서 하나로 되면, ± 0이 되어 전하가 소멸되는 것을 보여 준다.

그림 1-10　이종(異種)의 전하는 끌어당겨 결합하면 ± 0으로 전하는 없어진다

이 상황을 원자와 전자의 관계에서 보면 정전하란 전자가 1개 부족한 원자의 상태이
므로 거기에 음전하 (전자) 가 들어감으로써 중성인 원자로 바뀌게 된 상태를 의미한다.
이와 같은 현상은 특히 반도체 (半導體) 성질을 다룰 때 중요하다.

2-2 전자의 크기

전기가 전선이나 컴퓨터에 흐를 때 "그 곳에는 전류가 있다, 또는 전류가 흐르고 있
다"라고 말한다. 전류 (電流) 는 전기전자 공학의 기본이 되는 현상을 나타내는 단어이
며, 그림 1-11 과 같이 전류는 수도관에 흐르는 수류 (水流) 와 같다고 할 수 있다.

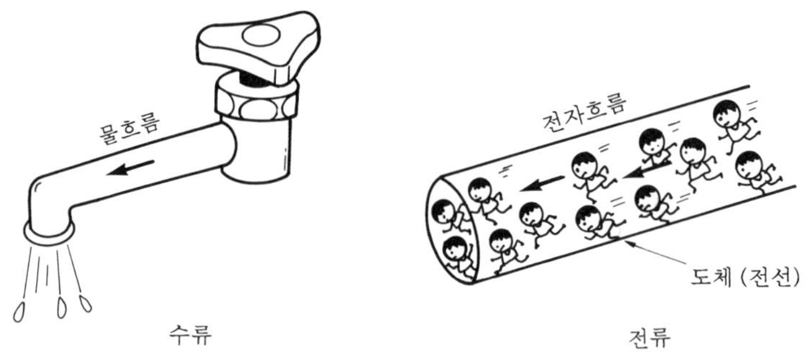

그림 1-11 전류는 수류와 같다

물 흐름은 눈으로 보거나 손이나 발로 느끼기 쉬워 그 존재를 알 수 있으나, 전류는
물과 같이 인간의 감각으로 직접 느끼는 일은 어렵다.

전류는 전자라고 하는 아주 작은 입자의 흐름이며 전자의 질량과 전하의 크기는 다
음과 같다.

$$\text{전자의 질량} \qquad m = 9.107 \times 10^{-31} \, [\text{kg}]$$

$$\text{전자가 갖는 전하량} \quad e = -1.602 \times 10^{-19} \, [\text{C}]$$

$$\text{(음전하)}$$

여기서, [C]는 전하의 단위로 쿨롱 (Coulomb) 이라 한다.

전자의 질량은 대단히 작아서 없을지도 모른다. 전자를 몇개 모으면 1 g 이 되는지
계산해 보면 1.0980×10^{27} 개가 된다. 이 값은 1억개에 1억배에다 또 1억배에 1000배라
하는 개수의 전자로 천문학적인 수가 된다.

또한, 전자가 갖는 전기량은 전기량의 최소 단위로 이 값보다 작은 값은 존재하지 않으며, 보통 전기량은 전자가 갖는 전기량의 정수배가 된다.

예를 들면 1 C 의 전기량은 624억의 1억배 전자가 갖는 전기량에 상당한다. 따라서, 전자는 인간의 일상적인 감각을 초월하는 아주 작은 입자이므로 원자의 틈을 자유로이 돌아다닐 수 있고, 전선 속을 흐를 수도 있는 것이다.

2 - 3 전류, 전하의 단위

전기의 본질인 전하가 이동하면 전류가 된다. 이 관계를 양적으로 계산하기 위해 기호와 단위를 명확히 정해 놓을 필요가 있다.

• 전류와 전하의 식 •

전하량 기호를 Q, 단위기호를 C (Coulomb ; 쿨롱)
전류량 기호를 I, 단위기호를 A (Ampere ; 암페어)
시간량 기호를 t, 단위기호를 s (Second ; 초)로 정하면, t초 동안에 전하 Q[C]가 일정하게 흐를 때의 전류 I[A]는 다음 식과 같이 정의된다.

$$I[\text{A}] = \frac{Q}{t} \ [\text{C}/\text{s}] \quad\cdots\cdots\cdots\cdots\cdots\cdots\cdots\cdots\cdots\cdots\cdots\cdots\cdots 1 \cdot 1$$

따라서 전류는 단위시간에 통과하는 전하량이며, 1 A의 전류란 1초 동안에 1 C의 전하가 흐르고 있는 상태라고 할 수 있다 (5초 동안 10 C 의 전하가 흐를 때는 2 A의 전류로 된다).

식 1·1의 의미를 수류에 비유하면 전류는 수류, 전하량 Q 는 흐르는 물의 총량, 전류 I의 크기는 통과하는 전하량 Q를 시간 t로 나눗셈하는 것으로, 전하 Q의 흐름 세기를 가리킨다는 것을 알 수 있다.

전류의 양은 앞에서 말한 바와 같이 A (암페어)로 표시한다. 이 양은 하나 하나 전하량을 측정하지 않고 직접 전류계로 전류가 몇 암페어 흐르고 있는가 측정한다.

전류를 측정할 때는 그림 1−12 에서와 같이 전류계는 측정하려는 전류가 전류계를 통해서 흐르도록 직렬로 접속해야 한다.

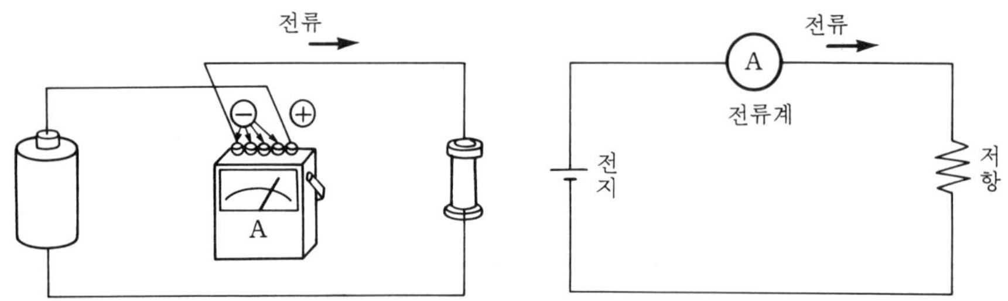

그림 1-12   전류계로 전류를 측정한다

예제 1. 도선에 1A의 전류가 흐르고 있다. 1시간 동안에 몇 C의 전하가 이동하였는가?

해설 식 1·1 에서

$$Q = I \times t$$

$$I = 1\,[\text{A}]$$

$$t = 1\,\text{시간} = 60\text{분} = 60 \times 60\text{초} = 3600\,[\text{s}]$$

$$Q = 1 \times 3600 = 3600\,[\text{C}]$$

$$\therefore\ Q = 3600\,[\text{C}]$$

3 전압은 전류를 흐르게 한다

3 - 1   볼타 (Volta) 가 젼지 (電池) 를 만들다

1780년에 이탈리아의 동물학자인 갈바니 (Galvani) 는 기묘한 일을 발견하였다.

두 종류의 금속을 죽은 개구리의 다리 근육에 접촉하였더니, 다리가 경련이 일어나면서 움직였다. 몇 번 시험한 결과 갈바니는 전기는 개구리의 신경 속에 있어서 두 종류 금속을 연결하면, 축전병의 내측 주석박과 외측 주석박을 연결하면 방전이 일어나는 것과 같다고 생각하여 동물전기 (動物電氣) 라 하였다.

그러나 한 종류의 금속으로는 아무런 일도 일어나지 않는 것을 이상히 여긴 사람은 같은 나라의 물리학자인 볼타 (Volta) 였다. 전기는 생물에 있는 것이 아니고, 종류가 다른 두 종류의 금속에 있다는 것을 발견하고 갈바니의 동물전기설을 비판하였다.

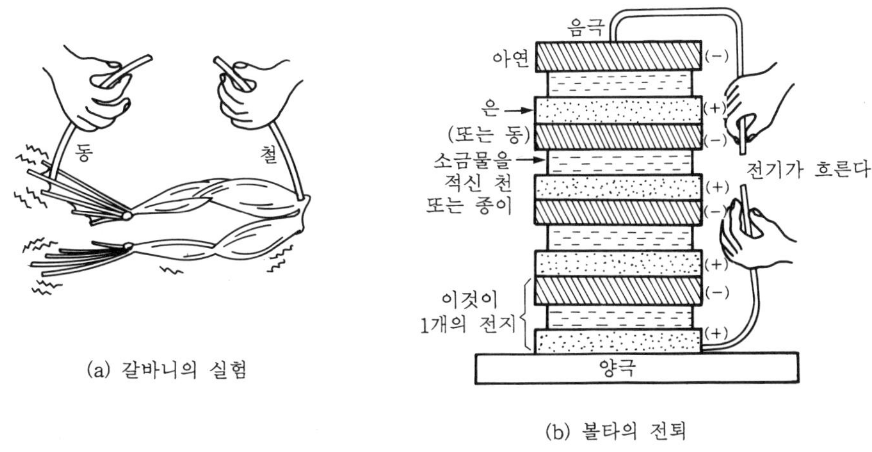

그림 1-13   볼타 전지

1799년에 볼타는 두 개의 금속, 동판과 아연판 사이에 소금물이나 알칼리물을 적신 천을 끼워 넣은 것을 몇 개 쌓아서 만든 볼타의 전퇴 (電堆) 를 발표하였다. 전퇴의 양단을 전선으로 연결하면 전류를 흘려 내는 일이 가능하였다. 그 당시 기전기 (起電機) 로 만든 전기는 순간적으로 흘러 없어져 전류의 흐름을 조정할 수 없었다. 그리하여 볼타의 전퇴는 지금의 동전기 (動電氣) 시대를 열게 되었다.

이 전퇴의 원리를 이용해서 그림 1−13 의 아래 부분과 같이 희유산 (希硫酸) 전해질에 동과 아연을 포갠 것을 볼타의 전지라 하였다.

동과 아연에서는 아연쪽이 이온화 경향이 커서 아연이온 (Zn^{++}) 이 희유산액에 녹아 있게 된다. 양극과 음극을 전선으로 이으면 아연판의 전자는 동판으로 이동하여 수소이온 (H^+) 에 전자를 주어서 수소가스 (H_2) 로 된다. 전지는 이온화 경향이 큰 쪽의 금속이 음극 (陰極) , 작은 쪽이 양극 (陽極) 이 된다.

그리하여 볼타의 이름을 따서 전압의 단위를 볼트 (Volt) 라고 이름 붙였다.

3 − 2 전압이 있어야 전류가 흐른다

전류는 마치 물이 흐르는 것처럼 음전하를 갖는 지극히 작은 입자인 전자의 무리가 이동하는 현상이라고 했다. 그러나 물질에 언제라도 움직일 수 있는 자유전자가 있어도, 단지 그것만으로는 전류가 되지 않는다.

자유전자를 움직이게 하는 힘, 즉 전압 (電壓) 이 있어야 한다. 전압도 전류와 같이 인간의 감각으로 느끼기 어렵지만, 우리 주변에 비슷한 현상이 여러 가지가 있다.

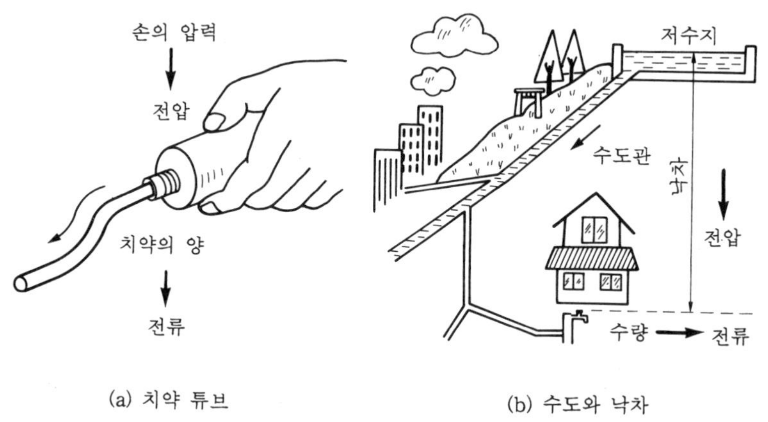

그림 1−14 전압과 전류의 관계

그림 1-14(a)는 치약의 예로 치약이 나오게 하려면 치약에 압력을 가해야 한다. 나오는 치약의 양을 전류라 하면 가한 압력은 전압에 해당된다. 큰 압력을 가하면 치약이 많이 나오는 것처럼 큰 전압을 가해준 만큼 전류는 증가하게 된다.

전압과 전류관계를 나타내는 또 하나는 수도(水道)로 그림 1-14(b)와 같다. 전류에 대응하는 물의 흐름을 일으키는 데에는 물을 움직이게 하는 수압이 필요하게 된다. 평탄한 경우는 수압이 거의 없어 물이 흐르지 않는다. 따라서, 길가의 언덕에 저수지를 만들어서 높이의 차로 수압을 얻는다.

이때 수도의 출구와 저수지의 수면의 높이의 차를 낙차(落差)라고 부르며, 낙차는 전류를 흐르게 하는 전압에 대응한다.

같은 크기의 수도관에서는 낙차가 클수록 흘러 나오는 물의 양은 증가한다. 따라서, 전기의 압력, 즉 전압이 클수록 전류도 많이 흐르게 된다.

3-3 전압의 단위는 볼트 (V) 이다

전류를 흐르게 하려면, 전압을 가해 주어야 한다. 전압이 클수록 전류가 많이 흐른다. 1 V의 전압크기는 1 C의 전하량을 운반하는데, 소요되는 에너지가 1 J일 때의 값으로 정의하고 있다.

$$V[\text{V}] = \frac{W[\text{J}]}{Q[\text{C}]} \quad \cdots\cdots\cdots\cdots\cdots\cdots\cdots\cdots\cdots\cdots 1 \cdot 2$$

전압은 양기호를 V, 단위기호를 [V] (Volt)로 표시한다.

예를 들면, 일상생활에서 사용하는 건전지는 전압의 발생원이며, 그의 전압은 1.5 V 이다. 또, 가정에서 전등이나 텔레비전을 작동케 하는 전압은 110 V 나 220 V 이다.

건전지나 발전기는 전류를 계속해서 흐르게 하는 작용을 하며, 그 자신이 전압을 만들어 내는 힘을 기전력(起電力)이라 하고, 기전력을 발생시키는 것을 전원(電源)이라 하며, 단위는 전압과 같이 볼트(V)를 사용한다.

물과 전기를 비교하여 살펴보면, 발전기는 물을 퍼올리는 펌프이고, 건전지는 저수지에 해당된다고 볼 수 있다.

인생에서 무슨 일을 하는데에도 기전력과 같은 힘이 없으면 아무 일도 할 수 없는 것 같이 전류를 흐르게 하는데에는 기전력, 전압이 있어야 한다.

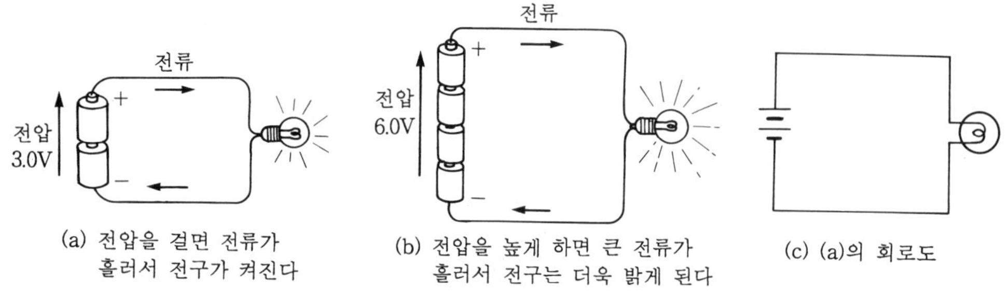

(a) 전압을 걸면 전류가   (b) 전압을 높게 하면 큰 전류가   (c) (a)의 회로도
    흘러서 전구가 켜진다   흘러서 전구는 더욱 밝게 된다

그림 1−15 전류는 전압에 비례한다

그림 1−15 는 전구와 건전지를 연결한 것으로 도선을 통해서 전류가 흐르는 것을 나타내고 있다. 그림 1−15 (a) 와 같이 건전지를 두 개 연결하면 발생전압은 $1.5 \times 2 = 3\,V$ 가 된다. 그림 1−15 (b) 와 같이 4개를 연결하면 발생전압은 $1.5 \times 4 = 6\,V$ 로 되어 건전지 2개의 경우에 비해서 꼬마전구는 밝게 빛난다. 이것은 전류가 전지의 전압에 비례해서 흐르기 때문이다.

그림 1−15 (a) 의 실체도를 전기회로도로 나타내면 그림 1−15 (c) 와 같이 된다.

전기회로에서는 기전력을 그림 1−16 과 같은 기호로 표시하며, 건전지와 같이 일정 전압을 직류 (直流) 전압이라 한다.

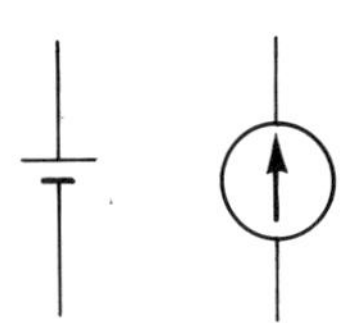

그림 1−16 기전력의 기호

전압의 크기 V (단위는 볼트 : V) 는 그림 1−17 과 같이 전압계를 사용하여 몇 V인가 측정하고 있다. 전류계는 전류가 흐르고 있는 도선에 직렬 (直列) 로 연결하나, 전압계 는 이 그림에서와 같이 전압을 측정하는 2점간에 접속되어 있다. 이 연결 방법을 [회로 에 병렬로 접속한다]고 한다.

그림 1−17 (b) 의 회로도에서 전압계는 V 의 기호로 표시되어 있다.

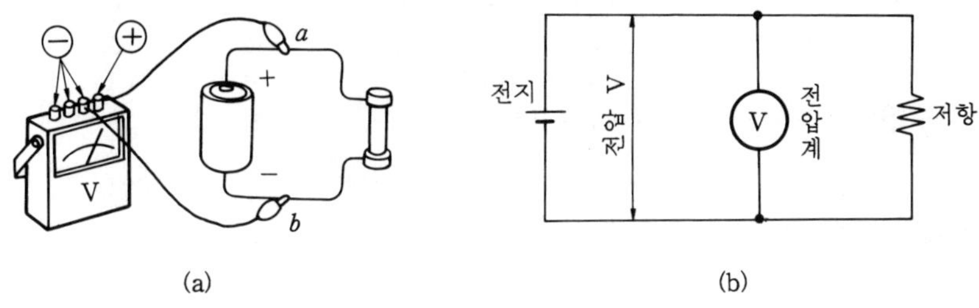

그림 1-17 전압계로 전압을 측정한다

3-4 전압의 극성과 전류 방향

물이 낙차로 표현한 수압에 의해서 높은 곳에서 낮은 곳으로 흐르는 것과 같이 전압도 높고 낮은 것이 있어서 전류는 높은 전압에서 낮은 전압으로 향해서 흐르게 된다. 건전지에서는 +단자 (양극) 에서 흘러 나와 -단자 (음극) 로 향해 흐른다.

-단자쪽에서 측정하면 +단자의 전압은 +1.5 V 이며, +단자쪽에서 -단자의 전압을 측정하면 -1.5 V가 된다. 이것은 건물의 옥상에서 지면의 어느 곳을 기준으로 잡아서 높이를 측정하는가에 따라 다른 것과 같다.

이와 같이 전압은 어디를 기준으로 해서 측정하는가에 따라서 기준보다 낮은 전압은 -, 높은 전압은 +부호를 붙여 나타낸다.

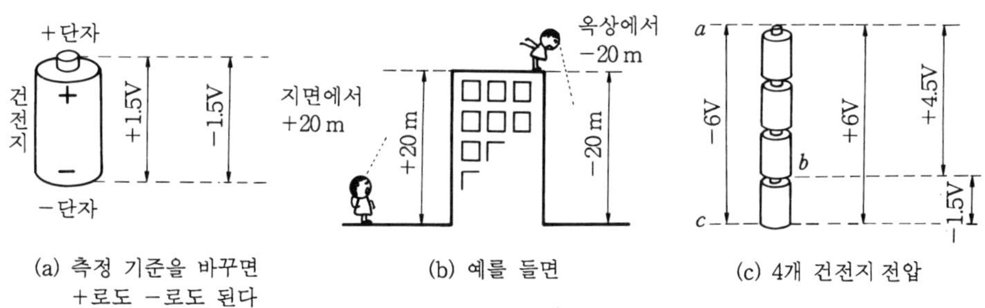

그림 1-18 전압에 극성 (極性) 이 있다

그림 1-18 (c) 는 건전지를 4개 연결하는 경우이며, 제일 아래 c점을 기준으로 제일 높은 a점의 전압을 측정하면 +6 V 가 된다. 그리고 b점을 기준으로 하면 a점은 +4.5 V, 제일 아래 c점은 -1.5 V 가 된다.

여기서, 꼭 알아 두어야 할 것은 전류방향과 전자의 이동방향과는 반대가 된다는 것이다. 이것은 1700년대의 초기에 전자가 알려져 있지 않는 시기에 과학자들이 전자의 흐름과 관계없이 정한 전류의 방향이다.

결론적으로 전류는 양 (+) 의 전압에서 음 (-)의 전압으로 흐르는 것이 아니고, 전자는 음 (-) 전하를 가지므로 양 (+) 의 전압에 이끌리어 음 (-) 의 전압에서 양 (+) 의 전압으로 이동하는 것으로 된다.

그러나 전자의 흐름이 규명된 현대에 와서도 전자의 흐름이 반대로 정해졌다고 해서 특별히 문제가 될 것은 없다. 따라서, 우리는 옛날과 같은 사고방식으로 전류의 흐름은 양극에서 음극으로 흐른다고 규정하고 있다.

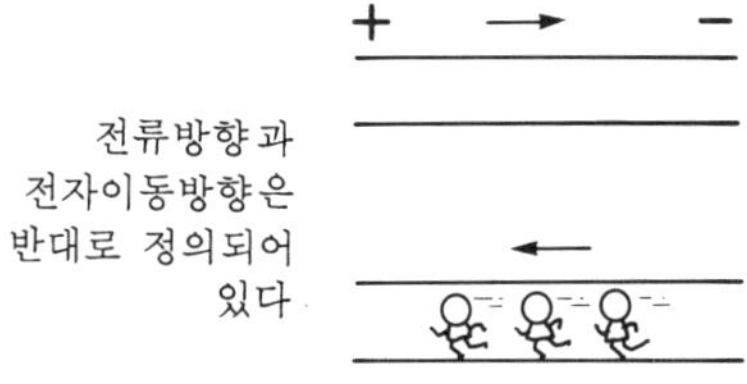

그림 1-19 전류방향은 전자의 이동방향과는 반대

4 전자가 물질 밖으로 나가면

지금까지는 그림 1–15 와 같이 도선과 전구로 전류의 통로를 만들어 전압을 거는 경우를 다루었다.

아무 것도 존재하지 않는 공간에서 전압과 전류의 관계를 텔레비전의 브라운관을 예를 들어 살펴보자 (측정 등에 사용하는 오실로스코프나 컴퓨터에서 화면을 만들어 주는 모니터도 같은 원리이다).

먼저 브라운관의 구조을 살펴보면, 그림 1–20 과 같이

① **전자총** (電子銃) : 전자를 방출할 수 있는 장치이다.

② **형광면** (螢光面) : 영상을 맺게 하는 곳. 전자가 충돌하면 전자의 속도와 양에 따른 광 (光) 의 세기를 내는 형광체 (螢光體) 가 얇게 발라져 있다.

③ **유리제의 진공 케이스** (case) : 전자총과 형광면을 수용하는 유리 케이스. 전자가 형광면에까지 나가기 쉽도록 진공상태로 되어 있다.

이상의 3가지의 요소로 구성되어 있다.

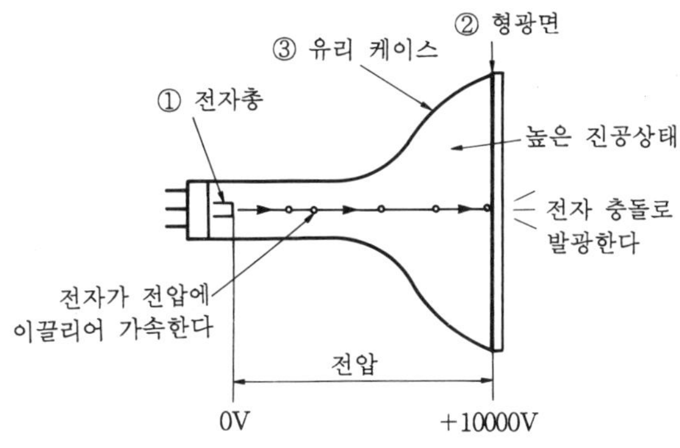

그림 1–20   브라운관 구조

여기서 전자총과 형광면 사이에 10000 V 정도의 높은 전압을 걸면 어떻게 될까?

전자총에 머무르고 있는 전자 (−전하)는 10000 V 의 +의 전압에 이끌리어 형광면을 향해서 날아가고 점차로 가속되어서 고속으로 형광면에 충돌한다.

이와 같이 전압이 걸리고 있는 공간은 전자 (전하)를 끌어당기는 힘이 작용하게 된다. 여기서 끌어당기는 힘을 전기력 (電氣力)이라 한다. 그리고 이 공간을 전기력이 작용하는 특별한 공간으로서 전장 (電場)이라고 부른다. 야구를 하는 특별한 장소를 야구장, 연극을 하는 장소를 극장이라고 부르는 것과 같다.

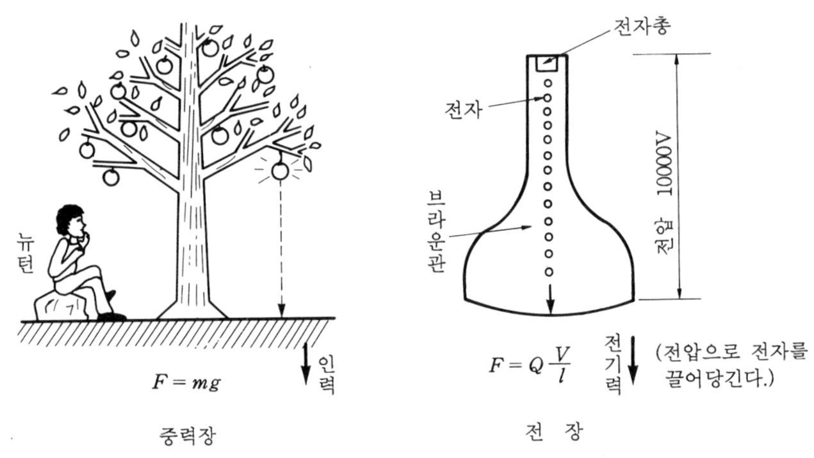

그림 1−21　인력 (引力)과 전기력 (電氣力)의 비교

우리들이 살고 있는 지구에도 지구의 인력이 작용한다는 만유인력을 발견한 뉴턴 (Newton)의 사과 이야기는 유명하며, 인력 (引力)은 질량의 어떤 물체 사이에 작용하는 힘으로, 여기서 말하는 전하에 작용하는 전기력과는 종류가 다르다.

지구상에서는 인력장 (引力場) 혹은 중력장 (重力場)이 있다.

· 공간에 있어서 전기력의 식 ·

전하 Q [C]에 전압 V [V]가 걸렸다. 길이 l [m]의 공간에서 받는 힘 (전기력) F은 다음 식을 만족한다.

$$F = Q\frac{V}{l} \quad\text{...}\quad 1\cdot3$$

여기서, 전기력 F의 단위는 뉴턴 $N = \mathrm{kg \cdot m/s^2}$ 이다.

위 식은 만유인력의 식 $F = mg$ 와 비슷하다. Q 는 질량 m, $\dfrac{V}{l}$ 은 인력의 가속도 g 에 각각 대응된다.

전하 Q 는 전압 V 로 끌어당기는 것은 다르지 않으나 미시적 (micro) 으로 보면, 전압의 경사 $\dfrac{V}{l}$ 로 끌어당기고 있다. $\dfrac{V}{l}$ 전위경도 (電位傾度) 라고 한다.

그림 1−21 은 인력과 전기력을 비교해서 나타내고 있으며, 중력장에서 사과가 가지에서 떨어져 지면에 가까워질수록 그 속도가 증가하는 것과 같이 전장에 있는 전자도 형광면이 가까워질수록 속도가 증가해서 고속으로 형광면에 충돌해 빛이 나오게 된다.

브라운관과 같은 전장 중에서의 전자의 움직임은 마치 나무에서 사과가 떨어지는 것과 같이 운동한다.

브라운관에 걸리는 전압을 바꾸는 일로 전기력의 크기를 바꾸어서 전자의 속도를 바꾸어, 텔레비전의 화면의 밝기를 조정하고 있다. 브라운관 내의 전자의 흐름도 일종의 전류로 전류는 형광면에서 전자총에 흐르는 것으로 되며, 전자 흐름을 음극선 (cathode ray) 이라 한다.

텔레비전의 브라운관 내부와 같이 전기회로 부품인 콘덴서의 내부에도 전장 (電場) 이 작용한다.

5 자기(磁氣)는 전기의 그림자

5-1 자석(磁石)

자기는 전기의 그림자라 할 수 있다. 자기라면 제일 친근한 예가 자석이다. 어렸을 때 자석으로 못을 모으는 놀이가 생각나지 않는가?

가구나 냉장고의 문을 닫을 때에도 자석이 사용되고 있다. 자석에는 N극과 S극이 있어 전하끼리 당기거나 밀어내는 것처럼 다른 자극끼리는 끌어당기고, 같은 자극끼리는 밀어내는 힘이 작용한다. 자극에서 작용하는 힘을 자력(磁力)이라고 한다.

그림 1-22는 막대자석을 종이 아래에 놓고 종이 위에 철가루을 뿌려 놓았을 때, 나타나는 모양으로 N극에서 S극으로 향하는 선의 모양을 보여주고 있다. 이 선은 자극이 끌어당기는 힘, 즉 자력의 방향을 나타내는 자력선(磁力線)이라 한다. 그림 1-22(b)는 자력선의 분포를 간략하게 나타낸 것이다.

자력선이 작용하는 공간을 자장(磁場), 자계(磁界)라고 한다. 앞 절에서 배웠던 인력이 작용하는 중력장, 전기력이 작용하는 전장, 그리고 자력이 작용하는 자장, 이들의 장소, 공간에는 명확히 다른 성질의 힘이 작용한다.

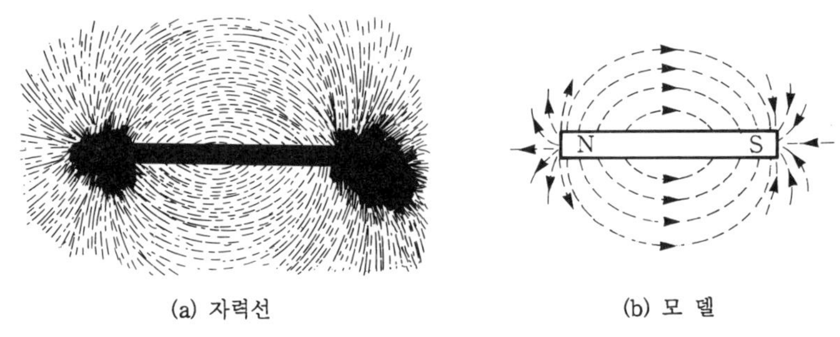

(a) 자력선　　　　　　　　(b) 모 델

그림 1-22 막대자석과 자력선

이제까지는 전기와 자기는 전혀 관계가 없는 것처럼 생각했으나, 사실은 자기는 전기의 그림자라고 하는 깊은 관계가 있다. 전기와 자기의 관계를 알아보자.

5 - 2　N극과 S극이 분리되지 않는 이유

　물질이 자기 (磁氣) 를 띠는 주된 원인은 전자가 자전 (自轉 ; spin) 운동을 하고 있는
데 있다. 물질의 기본 단위인 원자가 갖는 자기량은 원자핵 (양성자) 이 발생하는 자기
와 전자의 공전운동에 의한 자기와 자전운동에 의한 자기를 합성하는 양으로 된다. 이
중에서 주로 자전운동에 의한 자기가 핵운동과 공전운동에 의한 자기보다 훨씬 크다.
　전자의 자전운동에 의한 자기에 대해서 알아보자.

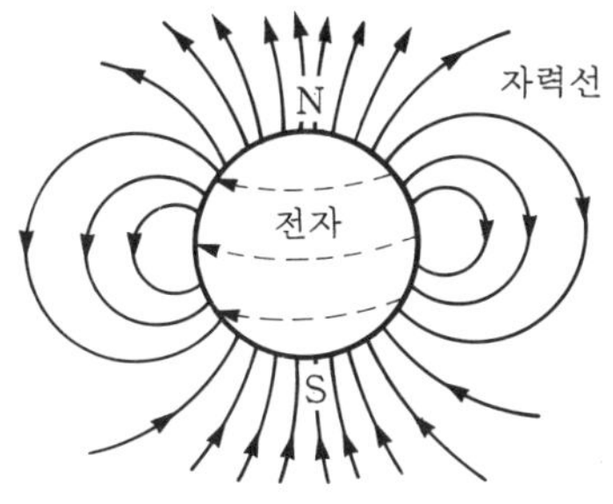

그림 1-23　전자의 자전운동

　그림 1-23 과 같이 부전하를 갖는 전자가 점선의 화살표 방향으로 돌면 반대 방향
으로 전류가 흐르게 되어 자기가 발생하게 되므로 전자는 N극과 S극을 갖는 마이크로
(micro) 적인 자석이 된다.
　따라서, 전자의 전하가 전기량의 최소 단위로서 이 이상 작은 것은 존재하지 않는 것
같이, 자기의 최소 단위로서 한 개의 전자의 자전운동에 의한 자기량을 보어 (Bohr) 자
자 (磁子) 라 한다.
　예를 들면 철 (Fe) 원자는 4개의 보어자자, 코발트 (Co) 원자는 3개의 보어자자, 니켈
(Ni) 원자는 2개의 보어자자를 갖고 있어 강자성체 (強磁性體) 로 쓰여지고 있다.
　또 하나 알아 두어야 할 것은 전자가 N극과 S극을 가지고 있기 때문에 자력선은 N
극에서 나와 S극으로 들어가기 때문에 자력선은 끊어지지 않는 닫혀진 루프 (loop) 를
이룬다는 것과 N극과 S극을 분리할 수 없다는 것이다. 전자가 N극과 S극을 갖는 자기
쌍극자(磁氣雙極子) 이기 때문이다.

5-3　전류는 자장을 만든다

　자석과 번개는 관계가 있다고 생각하십니까?

　옛날에는 인연도 근거도 없다고 생각했으나, 18세기경 전기나 전자가 점차 알려져, 지금은 번개도 자석도 전자의 기능을 표현하는 것으로 알려져 있다. 번개는 정전기, 전자의 고여 있는 현상에 의해서 높은 전압이 상공의 대전층과 지상 사이에 자연발생하는 방전현상으로 이해되고 있다.

　한편, 전류가 흐르면 (전하가 움직이면) 반드시 전류의 주위에는 자장이 발생한다. 원자의 내부에서는 전자가 원자핵 주위를 돌고 있어 원자는 미약한 자장을 주위에 가지게 된다. 따라서 자석이란 자석을 구성하고 있는 원자, 분자의 자장이 같은 방향으로 더해지도록 특별한 구조를 갖는 결과, 외부로 강력한 자장을 발생시키고 있다는 것을 알 수 있다. 결국 번개도 자석도 지금까지 알아봤던 전류도 모두 전자에 의한 전하의 행위라고 볼 수 있다.

　전류와 자기와의 관계를 모으면 다음과 같은 세 가지의 현상이 존재하고 있다.

　관계 1.　전류가 흐르면 그 주위에는 자장이 발생한다.
　관계 2.　자장이 변화하면 전류가 발생한다.

　이 두 가지의 현상은 하나의 진리를 양쪽에서 본 것으로 전류와 자장은 앞과 뒤와 같은 관계에 있다.

　관계 3.　전류와 자장 사이에는 힘이 발생한다.

　이것은 새로운 힘으로 이 힘은 전기력일까? 자기력일까?
　다음은 이 세 가지 현상을 설명한다.

5-4　자기는 전기의 그림자

　그림 1-24 (a) 에서와 같이 전선에 전류를 흐르게 하고 그 전선에 직각 방향으로 종이를 놓아 철가루를 뿌려 놓고 두드린다. 그러면 자석도 아닌 종이에 철분은 동그란 소용돌이 모양을 나타내어, 여기에도 자장이 발생하고 있다는 것을 보여 준다.

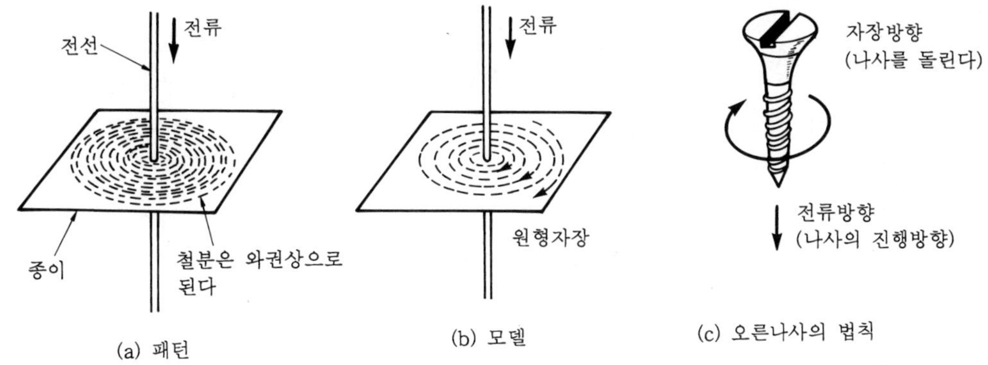

그림 1-24 직류전류는 원형 자장을 발생한다

처음에 이 말을 듣는 사람은 "그렇겠지요" 하고 가볍게 넘길 줄도 모른다.

전기가 현대문명의 기반으로서 인류에게 이용되고 있는 이유중 하나는 전기와 자기의 상호관계에 있다.

그림 1-24 (a) 를 모델화해서 나타내면 그림 1-24 (b)와 같다. 자력선은 전류의 흐름 방향에 직각인 평면상을 동심원상으로 발생한다.

자장의 방향은 전류와 관계가 있으며, 「암페어의 오른나사 법칙」이 성립한다 (그림 1-24 (c) 참조).

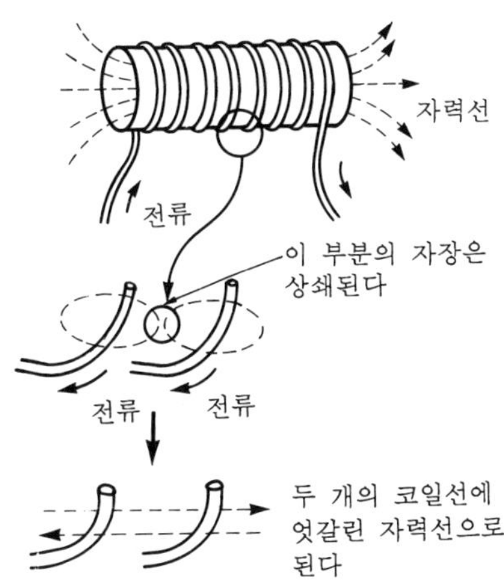

그림 1-25 코일은 강한 한방향성 자장을 만든다

위 그림 1−25 에서와 같이 도선을 원형 (나선상) 으로 감은 코일을 만들고 이 코일에 전류를 흐르게 하면 직선의 도선과 다르게 코일의 각부분에서 발생하는 원형 자장이 서로 효과적으로 더해져서 강한 자장이 얻어진다.

또한, 코일의 가운데에 철심을 넣어 자장을 강력하게 한 것이 전자석 (電磁石) 으로 영구자석과 같이 작용하나 자력을 제어할 수 있는 점 (전류를 끊으면 자력은 0 이 된다) 이 다르다.

또, 단지 세다고 한 것만 아니고, 코일의 각부분의 전류는 자장을 내어서 서로 영향이 미치는 것이므로, 직선 도선과는 전혀 다른 전기적인 동작을 하게 된다.

제 3 장에서 자세히 다루지만 코일은 전기회로에서 대단히 중요한 역할하며 코일의 전기적 기능을 인덕턴스 (inductance) 라 한다.

6 전자유도 (電磁誘導) 작용이란

전류에 의해서 자장이 얻어진다면 반대로 자장에 의해서 전류가 얻어지지 않은가 하고 생각하는 것은 당연하다. 이런 생각을 갖고 끈기있게 실험을 계속하는 사람들이 있었다. 영국의 패러데이 (Faraday), 러시아의 렌츠 (Lentz), 미국의 헨리 (Henry) 이었다.

전자유도 (電磁誘導) 라는 중요한 현상이 이들에 의해서 같은 시기에 각각 독립으로 발견되었다. 그러나 1831년에 발표한 패러데이 쪽이 빨랐기 때문에 패러데이의 업적으로 되었다.

패러데이는 유도 기전력의 크기에 관해서 「유도 기전력은 코일을 쇄교하는 자력선의 변화하는 속도에 비례한다」고 밝혀 내고, 이것을 패러데이의 전자유도 법칙이라 했다. 이 법칙은 보기에는 간단하게 보이나, 아주 중요한 현상을 나타내는 대법칙이라 할 수 있다. 이 법칙을 응용해서 발전기나 변압기가 발명되었다.

한편, 유도 기전력의 방향에 대해서는 렌츠가 「유도 기전력은 유도전류가 만드는 자장이 원래의 자장의 변화를 방해하는 방향으로 생긴다」는 법칙을 알아냈다. 이 법칙을 렌츠의 법칙이라 하며, 코일에 흐르는 유도전류의 방향을 알 수 있게 되었다.

6 - 1 자장 속에서 도체가 움직이면

앞에서 전하 (전자) 가 이동하면 자장이 발생하고, 또 그 반대로 자장이 변화하면 전류가 흐르게 된다는 것을 다루었다.

그림 1-26 에서처럼 코일 옆에 자석을 가까이 하거나 멀어지게 움직여 주면 코일의 양단에 연결한 전류계의 지침이 움직여 전류가 흐르고 있다는 것을 알 수 있다.

여기서 전류의 크기와 자석의 운동 방향의 관계를 알아보면 자석의 운동이 빠른 만큼, 자석의 자장이 센 만큼 (단위 시간에 코일이 끊는 자력선의 수가 많은 만큼) 큰 전류가 흐르게 된다.

또는 반대로 자석을 움직이지 않고 코일쪽을 움직여도 똑같이 운동속도에 비례한 전류가 흐르게 된다.

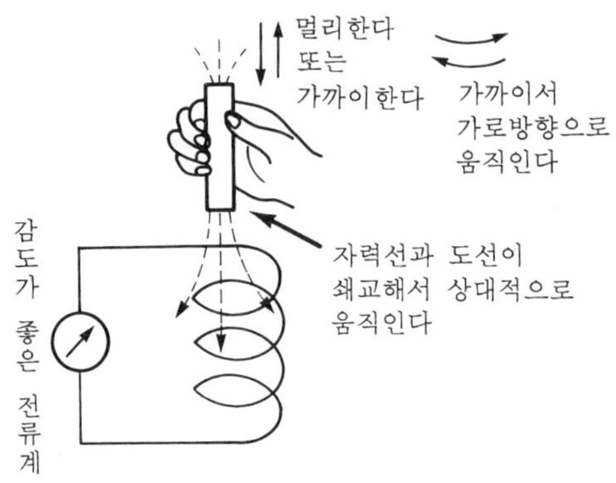

그림 1-26 자장이 변화하면 전류가 발생한다

이들을 수식으로 표현하면 다음과 같이 된다.

• **유도전류의 식** •

발생전압의 크기 V[V]는 자장의 자속밀도 B[Wb/m²], 자장과 쇄교(鎖交)하는 도선의 길이 l[m], 상대운동속도 v[m/s]로 하면,

$$V = Blv \quad\cdots\cdots 1\cdot4$$

도선으로 자장을 쇄교할 때 도선에 전압이 발생하는 현상을 전자유도(電磁誘導)라 하며, 이때 발생하는 전압을 유도기전력(誘導起電力), 흐르는 전류를 유도전류(誘導電流)라 한다.

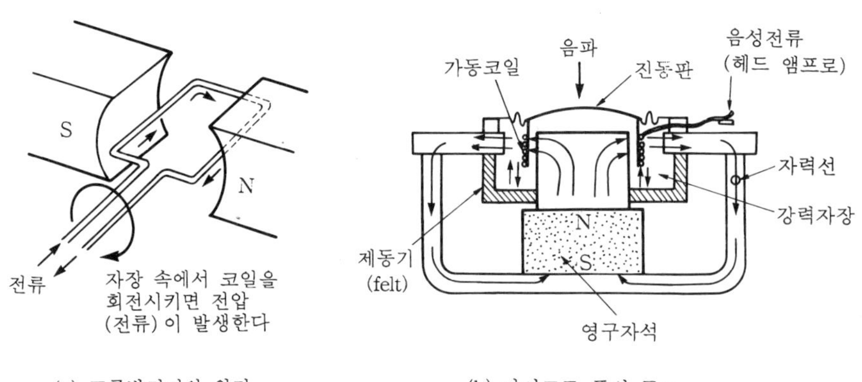

(a) 교류발전기의 원리   (b) 마이크로 폰의 구조

그림 1-27 전자유도의 응용 예

자석과 도선이 상대운동을 하면 반드시 전기 (전압) 가 발생하게 된다. 발전기나 마이크는 이 전자유도를 응용한 것이다.

그림 1-27 (b) 는 마이크로 폰 (micro phone) 으로 음파가 진동판을 떨게 하면 영구자석으로 만들어진 자장 속에서 코일이 자력선에 직각으로 진동하게 된다.

코일에는 식 1·4 에 따라 음파에 대응한 전압이 발생하게 된다.

6-2 자장 속에 있는 도선에 전류가 흐르면

제3의 전류와 자장의 관계, 즉 전류가 자장 내에서 자장으로부터 힘을 받는 현상을 알아본다. 공장이나 가정에서 많이 사용되고 있는 전동기는 이 현상을 잘 이용해서 전류로부터 힘을 발생하는 기계이다.

스피커는 커다란 힘을 발생하지 않으나 음파를 발생하는 도구로 원리는 같다.

그림 1-28 에 나타낸 바와 같이 자장중에 도선을 놓고 전류를 흐르면 도선에는 힘이 가해져서 움직인다. 이 힘 방향은 자장의 자력선 방향과 전류방향의 양쪽에 직각으로 전장이 전기력의 방향에 전자를 움직이는 것과 다르다.

이와 같이 전류와 자장 사이에 일어나는 힘의 원인은 어떻게 생각하면 좋을까 ?

자장에서 받는 힘은 인력 (引力) 도 전기력 (電氣力) 도 자력 (磁力) 도 아닌 다른 힘으로 전자력 (電磁力) 또는 로렌츠 (Lorenz) 힘이라 한다.

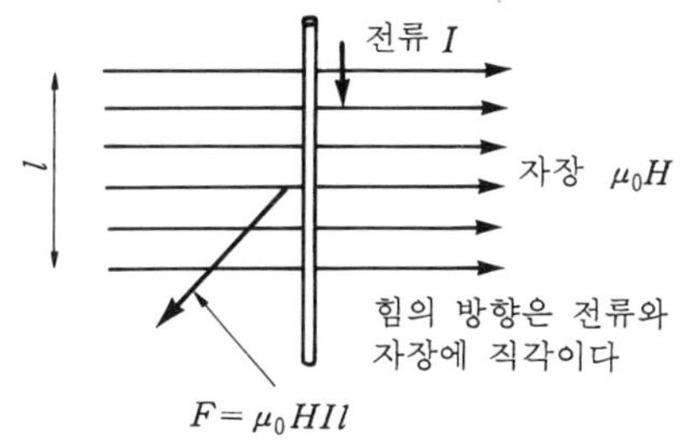

그림 1-28 자장중의 전류는 힘을 받는다

• 전류가 자장으로부터 받는 힘 •

$$F = \mu_0 I l H \quad\cdots\cdots\cdots\cdots\cdots\cdots\cdots\cdots\cdots\cdots\cdots\cdots\cdots\cdots 1 \cdot 5$$

여기서,　F : 전자력, 단위는 뉴턴 (N) 이다.

μ_0 : 상수, 진공중의 투자율이라 부른다. $\mu_0 = 4\pi \times 10^{-7}$ [H / m]

I : 도선의 전류, 암페어 (A)

l : 자장을 받는 도선의 길이 (m)

H : 자장의 세기 (AT / m)

그림 1-29 는 스피커의 구조를 보여 주고 있다.

이 그림에서 알 수 있는 바와 같이 강력한 영구자석으로 만들어진 강력한 자장중에 코일을 놓고 전류를 흐르게 하면 식 1·5 와 같이 전류 I 에 비례한 힘 F 가 발생하여 코일이 감겨진 보빈 (vobin) 은 자장방향과 전류방향에 직각인 상하방향으로 전류변화 에 따라서 진동하게 된다.

결국 콘 (corn) 종이는 음성전류에 따라 떨리게 되어 소리를 공기의 진동으로 생기게 된다.

스피커는 그림 1-27 의 마이크의 구조와 같으며 마이크로 폰의 대용으로 사용할 수 있다.

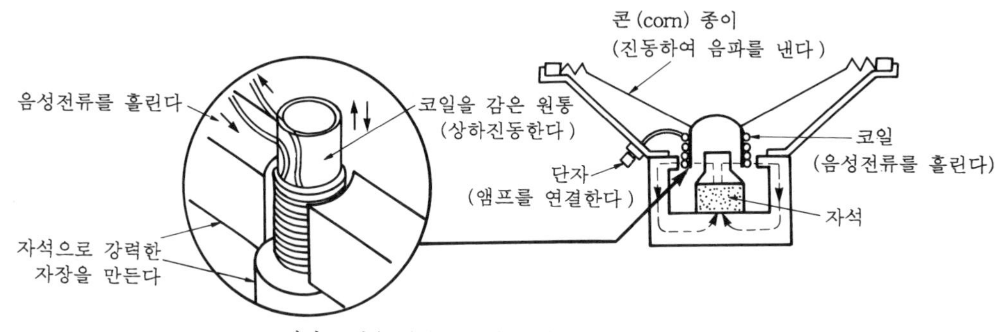

그림 1-29　스피커 (speaker) 동작원리

7 코일은 전류변화를 방해한다

코일의 성질을 좀더 알아보기로 한다.

그림 1-30 (a) 와 같이 코일에 전지를 연결해서 전압을 걸어 본다.

코일에 흐르는 전류는 그림 1-30 (b) 와 같이 스위치를 넣는 순간은 전류가 흐르지 않으나, 시간이 지날수록 점점 증가하여 일정한 전류값에 도달하게 된다.

코일에 전류를 흐르게 하면 코일에는 전류에 의한 자장이 발생한다. 코일에 흐르는 전류가 변화하면 자장이 변화하여 코일에는 당연히 유도 기전력이 발생하게 된다.

전류의 흐름이 일정하면 자장의 변화가 없어 유도 기전력은 생기지 않는다.

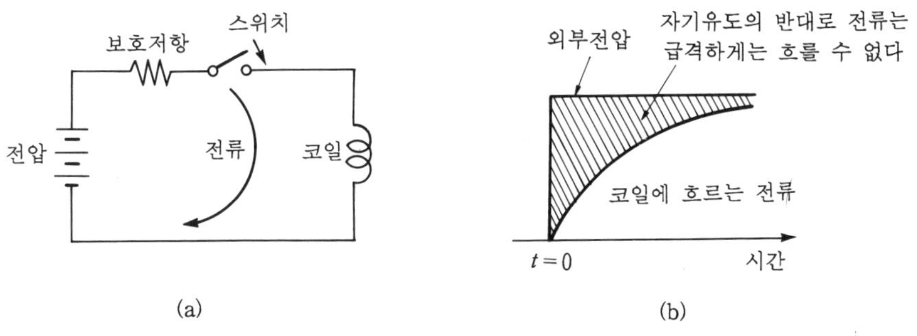

그림 1-30 자기유도 기전력은 전류변화에 방해한다

전류가 변할 때 코일에 발생하는 유도 기전력은 외부에서 가해진 전지의 전압을 없 애려는 방향으로 생기게 된다.

이 유도 기전력은 전지의 전압을 약하게 해서 전류의 흐름을 방해한다. 하지만 시간이 지나면 전류는 일정값으로 되어 유도 기전력은 생기지 않는다. 따라서, 코일은 전류가 급격히 흐르는 것을 순간적으로 늦추는 효과가 있다.

이와 같이 코일은 코일 자신의 자장의 변화에 의한 유도 기전력을 가진다. 이 현상을 자기유도 (自己誘導), 발생하는 기전력을 자기유도 기전력이라 부르고, 이와 같은 코일

의 성질을 인덕턴스 (inductance) 라고 하는 양으로 표시한다. (제 3, 4 장 참조)

이처럼 전류변화에 저항하는 코일의 성질은 3.항에서 설명한 코일의 성질, 코일의 각 부분이 자장을 통해서 서로 결합하고 있기 때문이다.

또, 변화를 방해하는 것은 코일뿐만 아니고, 질량이 속도의 변화를 방해하는 관성 (貫性) 을 갖고 있는 것과 똑같은 것으로 자기유도의 크기를 나타내는 인덕턴스를 전기적 관성 (電氣的 貫性) 이라 하기도 한다.

8 전기는 어떤 일을 하는가

전기란 무엇인가를 마무리하기 전에 전기는 어떤 일을 하는가를 알아보자. 전기가 일을 하려면 전류가 흘러야 한다. 전류가 흐르면 발열작용, 자기작용, 화학작용이 일어난다. 이들을 전류의 3대 작용이라 하며, 다음과 같다.

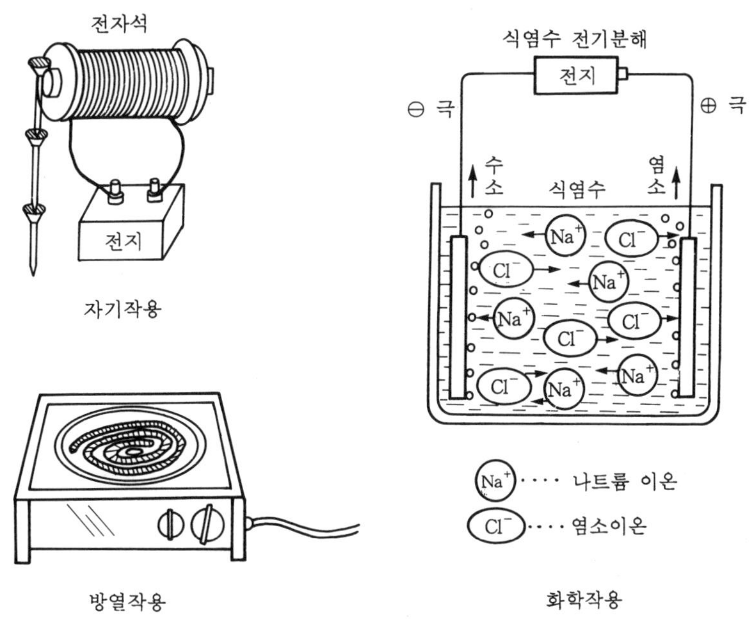

그림 1-31 전류 작용

8-1 발열 작용

이 작용은 전등, 전열기, 다리미, 전기히터 등에 널리 이용되고 있다.

금속에는 전류의 흐름을 막으려고 하는 전기저항이 있다. 이 전기저항에 전류가 흐르면 열이 발생한다. 일정한 시간 내에 발생하는 열량은 저항의 값이 크고, 전류가 많이 흐를수록 많아진다. 발열부분의 온도가 높아지게 되면, 적열에서 백열로 바뀌어 빛이 발생한다. 빛을 이용하는 것으로 각종 전구가 사용되고 있다.

8-2 자기 작용 (제 1 장 5, 6, 7절 참조)

전기 에너지를 기계 에너지로 바꾸고, 또 기계 에너지를 전기 에너지로 바꾸는 작용을 한다. 전기가 하는 일 (動力) 은 거의가 이 작용을 응용한 것이다.

철심 (鐵芯) 에 코일을 감아 전류를 흐르게 하면 전자석 (電磁石) 이 된다.

전자석의 세기는 코일의 권수 (감은 횟수) 가 많을수록, 그리고 전류가 클수록 강하다. 이 원리는 전동기에도 이용되고 있다.

전기 에너지를 기계 에너지로 바꾸는 작용을 이용하는 것으로는 전동기 외에 릴레이 등이 있다. 기계 에너지를 전기 에너지로 바꾸는 작용을 이용한 것으로는 발전기가 있다.

철심에 2개 이상의 독립된 코일을 감은 다음, 하나의 코일에 전류가 흐르면 자기가 발생한다. 이 전류의 흐름을 주기적으로 변화시키면, 그에 따라 자기의 세기도 주기적으로 변화하고 다른 코일에 전기를 발생시킨다.

이것을 상호유도라 하며, 변압기의 원리가 된다. 변압기는 전압을 올리거나 내리는데 사용되고 있다.

8-3 화학 작용

전류가 물질 속에 흐름으로써 화학반응이나 전기분해를 하는 작용이다.

예를 들면 축전지 (蓄電池) 는 황산과 증류수의 혼합물에 전류를 흐르게 하여 일어나는 화학반응을 이용해서 전기 에너지를 화학 에너지로 변환하여 저장한 것이다.

이와 같이 전류에 의해 발생하는 화학변화의 작용을 전류의 화학작용이라 한다.

전해 (電解) 란 전기분해를 말하며, 전해질은 양전기와 음전기를 갖고 분자나 원자로 분리되는 현상을 전리 (電離) 라 하며, 전리된 분자나 원자 등을 양이온 또는 음이온이라 한다.

묽은 황산 속에 전류가 흐르면 음극에는 수소가스가 발생하고, 양극에는 산소가스가 발생한다.

이것은 액 속의 황산 (H_2SO_4) 의 분자가 수소이온과 황산이온으로 분리되어 수소이온은 음극으로 이동하고, 황산이온은 양극으로 이동하기 때문에 일어나는 것이다.

수소이온은 음극판에 전하를 방출하여 수소가스로 되고, 황산이온은 물과 작용하여 전하를 방출하여 산소와 황산이 된다.

이러한 화학작용을 응용한 것으로는 축전지가 있다. 축전지의 내부에는 과산화납의 양극판과 해면상으로 된 납인 음극판, 묽은 황산의 전해액이 들어 있어 전기를 방전 (放電) 또는 충전 (充電) 의 화학작용을 한다. (제 1 장 3절 볼타의 전지 참조)

· *NOTE* ·

═══ **형광등 (螢光燈) 은** ═══════════════

　조명기구라 하면 형광등이라 할 정도로 많이 사용되고 있는 형광등은 기체나 증기중의 방전을 이용한 것으로 백열전구가 필라멘트 저항에 의한 줄열을 이용하는 것과는 발광원리가 근본적으로 다르다.

　형광등은 진공으로 한 유리관 속에 적은 양의 수은증기와 방전을 쉽게 일어나도록 하기 위해 알곤가스를 봉입하고 유리관의 양단에 전극을 붙여 놓은 것으로 전극 사이에 전압을 걸면 방전이 일어나 발광하게 된다.

　형광등은 형광방전관, 글로우램프, 안전기의 3개의 부분으로 이루어져 있다.

. . . 제 2 장
정현파 교류

전기를 배우고자 하는 입문자의 첫 난관은 교류를 이해하는 데에 있다.

교류는 시간적으로 빠른 속도로 변화를 되풀이하는 전압 (전류) 이며, 시간적으로 크기가 변화하지 않는 전압 (전류) 를 직류라고 한다. (제 1 장에서 다루었던 전압 (전류) 는 직류였다.)

이 장에서는 교류를 이해하는데 역점을 두고 전기 세계에서 쓰이고 있는 여러 가지의 표현법을 알아본다.

1 직류와 교류의 차이는

1-1 시간 감각

지금까지는 엄밀히 다루지 않았지만, 전압과 전류는 시간과 함께 변화하는 교류 (AC) 와 변화하지 않는 직류 (DC) 가 있다.

교류는 처음에 누구도 감각적으로 알기 어려우므로, 완전히 자기 것으로 하기 위해서는 시간을 확대하고 멈추게 해서 관찰하는 감각이 필요하다.

전기에서는 수백분의 1초라 하는 순간적인 시간을 시간의 현미경으로 확대해서 다루는 경우가 많다.

직류란 건전지나 자동차의 축전지와 같이 시간에 대해서 전압이 일정하고 변화하지 않는 전기를 말한다. 직류는 영어 Direct Current 의 머릿자를 따서 DC 라고도 한다.

한편, 교류는 그림 2-1 에서와 같이 가로축을 시간으로 하고, 크기를 세로축에 그리면 직류와 같이 일정한 직선이 아니고 크기가 시간에 따라 변화하는 전압이나 전류를 말한다. 교류는 영어로는 Alternating Current 로 머릿자를 따서 AC 라고 부른다.

다시 말하면 직류는 DC, 교류는 AC 이다.

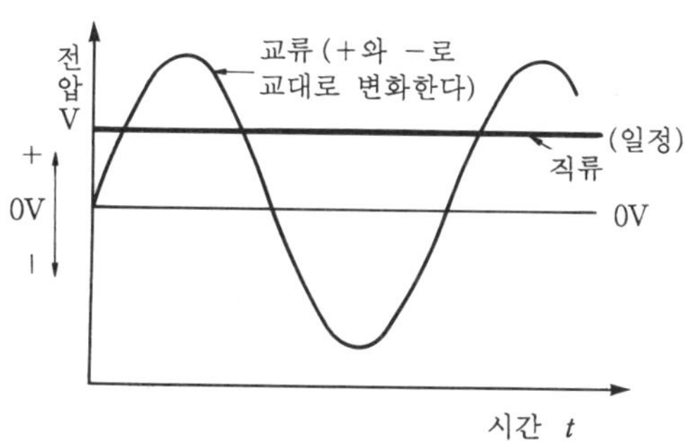

그림 2-1 직류와 교류

1-2 상용 전원

    교류는 가정에서나 공장에서 사용하는 전기이며, 교류 (AC) 의 110 V, 220 V 를 매일 편리하게 쓰고 있는 전기이다. 이 교류 전기를 보통 상용전원 (常用電源) 이라고 한다.

    공장에서나 가정에서 사용하는 상용전원은 그림 2-2 와 같이 발전소에서 공급 받는다.

    발전기에서 발생되는 전기를 변압기를 이용하여 높은 전압 (345 kV) 으로 올려 송전선로에 공급된다. 큰 공장이나 도시 근처에 있는 변전소에서는 송전선로에서 전기를 공급받아 사용할 수 있는 전압으로 낮추어 가정이나 빌딩 및 공장에 상용전원을 공급해 주고 있다.

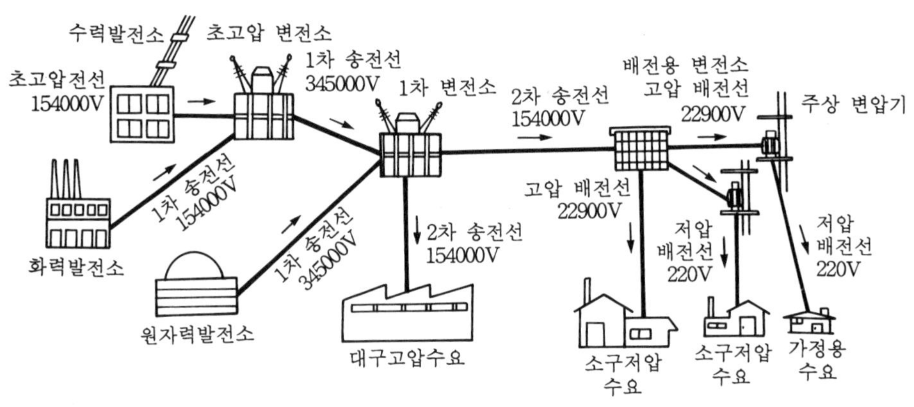

그림 2-2 발전소에서 공급하는 전기도 교류이다

    그림 2-3 과 같이 상용전원에 오실로스코프 (osiloscope) 라고 하는 파형 측정장치를 연결해서 시간에 대한 전압의 변화를 보면 그림 2-1 과 같은 패턴 (pattern) 을 볼 수 있다.

    오실로스코프의 가로축은 시간의 진행을 표현하고 있으며, 이와 같은 패턴을 전압 (또는 전류) 의 파형 (波形 ; waveform) 이라고 한다.

    그림 2-1 에서 직류는 시간에 관계없이 변화하지 않아 파형은 일직선으로 나타내고 있다.

한편, 교류전압은 시간과 함께 크기가 변화하고 있을 뿐만 아니라, 전압의 방향이 +와 −로 교대로 바꾸고 있다.

이 파형의 패턴은 수학에서 삼각함수 사인 (sine) 으로 정현파 (正弦波 ; sine wave) 라고 한다. 전압이 +나 −로 변화하므로 전구에 흐르는 전류는 전압의 변화에 따라 똑같이 크기와 방향이 바뀌게 된다.

점멸하는 속도가 1초 동안에 120번으로 우리 눈으로 느끼지 못한다. 상용전원이 직류가 아니고 교류를 사용하고 있는 이유는 변압기 (變壓器) 에 의해서 간단히 전압의 크기를 바꿀 수 있기 때문이다 (변압기의 원리는 나중에 설명한다).

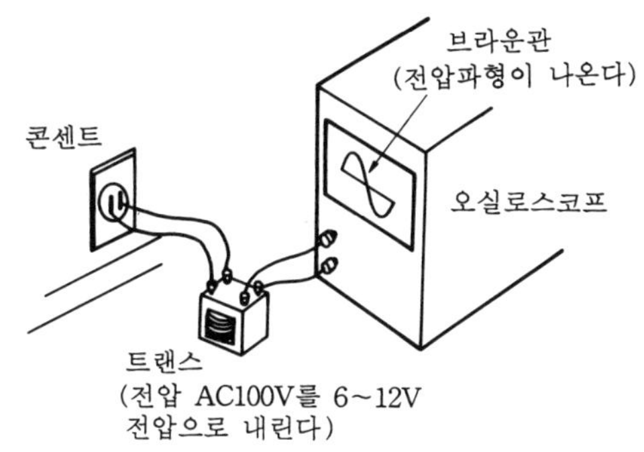

그림 2−3 오실로스코프로 전기파형을 본다

2 정현파 교류란

여기서 교류에 대해서 더 자세히 알아보자.

2-1 시간축에서 주파수, 주기, 위상을 알 수 있다

오디오 (audio) 나 비디오 (video) 의 신호 혹은 컴퓨터에서 사용하는 펄스 (pulse) 등은 모두 가로축을 시간으로 한 복잡한 파형이나, 정현파 교류의 파형은 모든 파형을 다루는데 있어서 가장 기본이 되는 파형이 된다. 나중에 알겠지만 모든 파형은 정현파 성분으로 구성되어 있으며 정현파 성분으로 표현할 수 있다.

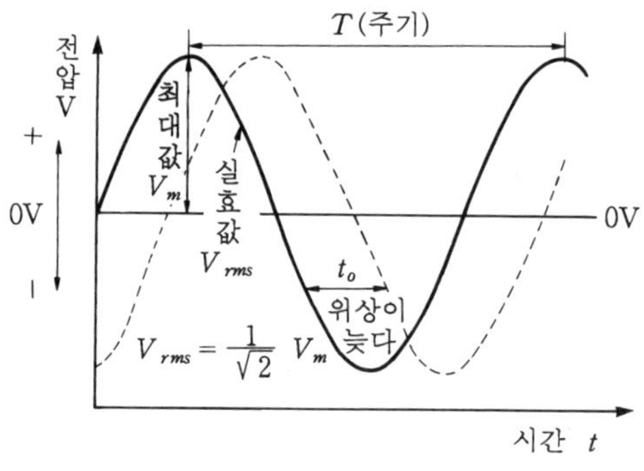

그림 2-4 정현파 교류 파형의 각 부분 명칭

이와 같은 정현파 교류를 이해하기 위해서 무엇보다도 먼저 파형의 각부분의 명칭을 알 필요가 있다.

그림 2-4 는 정현파 교류파형의 각부분의 명칭을 보여 주고 있다.

하나의 산 (파형의 꼭대기) 에서 다음의 산까지의 시간 (같은 전압에 도달할 때까지의 시간) 을 주기 (周期 ; period) T 라 하며, 단위는 초 (秒 ; second : [s]) 를 사용한다.

주기 T[s]로 1초를 나눈 값 $\dfrac{1}{T}$ 는 1초 사이에 "파의 산이 몇 개 들어 있는가" 즉, 파가 몇번 되풀이 하는가의 횟수를 나타내는 것으로 된다. 이 1초 사이에 파의 되풀이 횟수를 주파수 (周波數 ; freqency) 라 부르며 단위는 헤르츠 (Herz : Hz) 를 사용하고 있다. 주파수는 파형의 빠르기를 나타낸다.

• 주파수 (f) 와 주기 (T) 의 관계 •

$$f = \frac{1}{T} \ [\text{Hz}] \cdots\cdots\cdots\cdots\cdots\cdots\cdots\cdots\cdots 2\cdot1$$

그림 2-4 에서 점선의 파와 실선의 파와 비교해 보면 파의 모양은 차이가 없으나, 점선의 파는 시간 t_0 만큼 늦는 점이 다르다. 이때 「점선의 파는 실선의 파보다 위상 (位相) 이 늦다」 또는 「점선의 파는 실선의 파보다 위상이 앞선다」라고 구별하고 있다. 위상은 파형의 앞섬과 늦음을 나태내는데 쓰이는 용어이다.

2-2 교류의 크기는 실효값으로 나타낸다

이제 파형의 세로축에 대해서 알아보기로 한다.

세로축은 파의 크기를 나타내며 진폭 (振幅) 이라고 한다. 먼저, 임의의 시간에 있어서 파의 진폭을 순시값 (瞬時値 : v) 이라 하며 순간시간의 진폭값을 말한다. 파의 산의 정상과 영 (0) 의 위치와 차 (산의 높이) 를 최대값 (最大値 : V_m) 라 한다.

또, 하나의 중요한 진폭값으로 실효값 (實效値 : V ; effective value ; root mean square value) 이 있다.

정현파 교류는 시시각각 크기가 변화하며, 직류와 똑같은 일량에 해당하는 교류의 진폭을 정해 놓으면, 직류와 교류의 구별없이 같이 다루게 되어 편리하게 된다.

직류와 같은 일에 해당하는 진폭값을 실효값이라 하며 V_{rms} 라 쓰기도 하나, 보통 지금까지 써 왔던 직류와 같은 기호 V 를 사용하고 있다. 정현파 교류의 실효값은 당연히 최대값보다 작으며, 다음과 같은 관계가 있다.

$$V = V_{rms} = \frac{V_m}{\sqrt{2}} \ \cdots\cdots\cdots\cdots\cdots\cdots\cdots\cdots 2\cdot2$$

왜, 정현파 교류에서 실효값이 최대값의 $\dfrac{1}{\sqrt{2}}$ 로 되는가는 그림 2-5 에 자세히 설명하고 있다.

우리가 보통 말하고 있는 교류의 전압, 전류의 크기는 실효값이며, 가정에서나 공장에서 110 V, 220 V 라 말하는 크기는 실효값으로 나타낸 값임을 알아 두자.

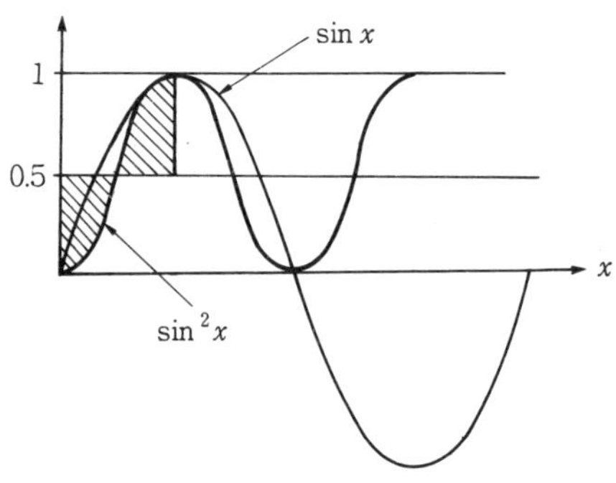

정현파형은 x 를 변수로 놓으면 $\sin x$ 로 표현된다. 전압 혹은 전류가 발생하는 에너지는 순시값의 2승에 비례하므로 자승값을 구하면 $\sin^2 x = \dfrac{1}{2}(1 - \cos 2x)$ 가 되며 주기가 절반의 곡선으로 된다. 여기서 그 면적을 구하면 빗금부분과 같으므로 진폭 $\dfrac{1}{2}$ 의 면적과 같게 된다. 지금 2승해서 에너지를 비교한 것이므로 진폭은 평방근 ($\sqrt{}$) 할 필요가 있다. 따라서 실효값 $= \dfrac{1}{\sqrt{2}}$ 최대값으로 되는 것이다.

그림 2-5 정현파 교류의 실효값을 구한다

2-3 220 V 상용전원의 예

여기서 가정에서 사용하고 있는 220 V 상용전원의 예를 들어 주파수, 주기, 전압의 진폭을 알아보자.

우리 나라의 상용전원 주파수 (f) 는 60 Hz이며, 1초 동안에 60회라는 전기의 파가 반복된다.

　그림 2-6 은 오실로스코프로 측정한 파형이다.

　오실로스코프는 아주 높은 주파수의 파형도 보기 쉽게 관찰할 수 있으며 대단히 짧은 시간의 확대경으로 파형의 시간을 멈추어서 관측할 수 있도록 해주는 장치이다.

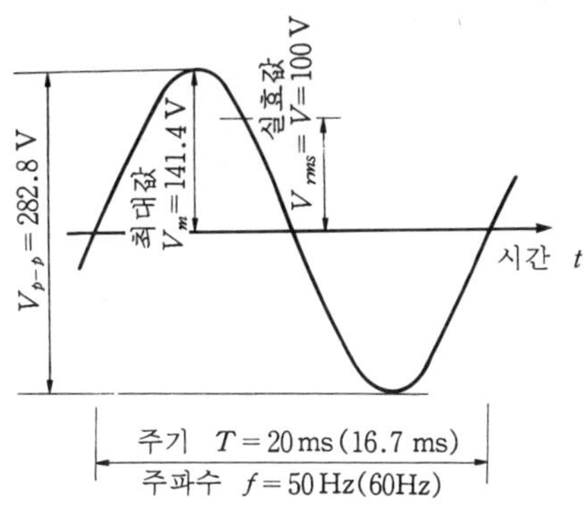

그림 2-6　220 V 전원의 전압 파형

　주기는 60 Hz 을 식 2·5 에 대입해서 풀면, 16.7 ms 가 된다. 전압 220 V은 실효값을 나타내는 것이므로 최대값은 식 2·6 에서 약 311 V 가 되며, +의 산에서 −의 산까지의 전압을 V_{pp} 로 표현하며 V_{pp} 는 622 V 가 된다. 여기서 p 는 첨두값 (尖頭値 ; peak) 를 말하며, 첨두값은 최대값과 같다.

2-4　주파수대 (周波數帶)

　상용전원의 주파수는 60 Hz이나 전자장치에 사용하고 있는 음이나 영상을 표현하는 전기신호는 넓은 주파수 범위의 정현파 교류를 조합해서 쓰는 일종의 교류이다.

　그림 2-7 은 교류의 주파수를 직류에서 광 (光) 까지 용도별 주파수 범위를 나타내고 있다.

　음성신호는 사람이 들을 수 있는 주파수 범위에 대응해서 약 30~20000 Hz 의 범위의 주파수를 포함하고 있으며 이 주파수를 가청주파수 (可聽周波數) 라 부른다.

　영상신호는 약 60 Hz ~ 4 MHz (MHz : 10^6 Hz) 의 높은 주파수를 포함하는 넓은 범위 주파수로 되어 있다.

음성신호와 영상신호를 실어서 아침에서 저녁까지 온 종일 끊임없이 보내고 있는 AM／FM 라디오, 텔레비전의 방송 전파도 정현파에 가까운 교류로 그 주파수는 방송국을 튜너로 선택할 때 기준이 되는 것이므로 약 500 kHz∼12 GHz 라는 높은 주파수를 사용하고 있다.

한편, 주파수를 1 Hz 보다 낮은 경우를 생각해 보자. 10초 사이에 1회 반복하는 파의 주파수는 소수점 이하의 수로 되어 0.1 Hz 가 된다. 이보다 더욱 낮은 주파수도 있다. 예를 들면, 지진이 일어날 때의 건물의 흔들임이나, 태풍이 불 때의 큰 다리의 흔들림은 1Hz 이하의 주파수를 포함하고 있다.

이와 같이 주파수를 점점 낮게 해가면 주파수의 0 의 의미는 무엇을 뜻하는 것일까？ 이것은 진폭이 거의 변화하지 않는 파이므로 직류가 된다. 즉, 직류란 교류의 특별한 경우로 교류에 포함시킬 수 있다고 생각한다.

이 책에서는 이후에 나오는 계산이나 고찰방법은 직류는 주파수의 크기가 0 인 교류의 특별한 경우로 다루고 있다.

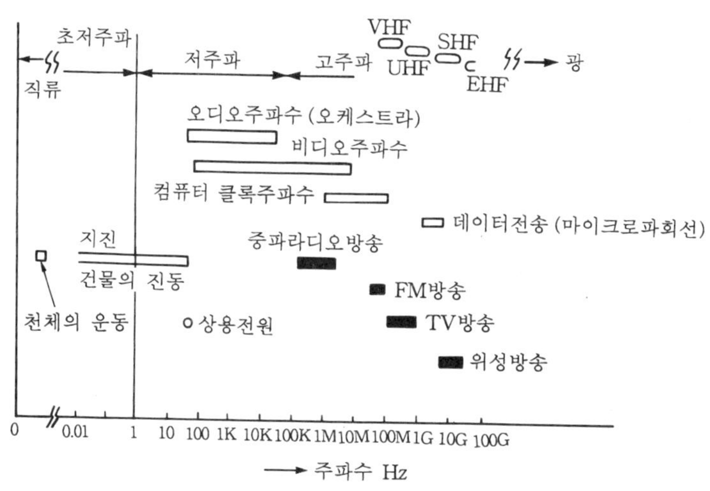

그림 2-7 교류의 주파수와 용도

3　정현파 교류의 수식 표현

이제부터는 정현파 교류를 수식으로 어떻게 표현되는지 알아보자.

3-1　각도(角度)와 호도(弧度)

유원지의 회전 그네나 전자 레인지의 회전 원판과 같이 원주상을 일정 속도로 하는 운동을 등속 원운동이라 하며, 여러 가지의 진동현상이나 파형현상을 다루는데 기본이 된다. 등속 원운동의 속도를 나타내는 데에는 각도의 변화를 사용하는 것이 편리한 경우가 많다. 전기의 파를 다룰 때 각속도(角速度)　ω (오메가)를 사용하고 있다. 원운동의 각속도는 단위시간에 각도의 변화로 다음 식과 같이 된다.

$$\omega = \frac{\Delta\theta}{\Delta t} \quad\cdots\cdots\cdots\cdots\cdots\cdots\cdots\cdots\cdots\cdots\cdots\cdots\cdots\cdots\quad 2\cdot3$$

각도를 원주상의 길이로 나타내는 호도(弧度 ; radian)를 사용하면 전기의 파를 다루는데 편리한 점이 많아 널리 쓰이고 있다. 호도(라디안)는 전기각(電氣角)이라고 한다.

다음 식은 각도와 호도 사이의 관계식을 나타낸다(그림 2-8 참조).

$$\text{호도 [rad]} = \frac{2\pi\theta}{360°} \quad\cdots\cdots\cdots\cdots\cdots\cdots\cdots\cdots\cdots\cdots\cdots\cdots\quad 2\cdot4$$

따라서,　$360°$ 는 2π [rad], $30°$ 는 $\pi/6$ [rad]가 된다.

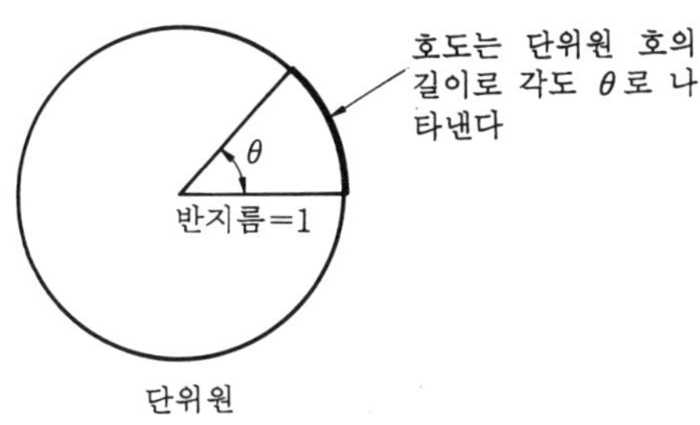

그림 2-8　각도와 호도

3-2 회전수와 주기

각속도 ω로 1회전하는데 걸리는 시간, 즉 주기는 다음과 같이 된다.

$$T = \frac{2\pi}{\omega} \ [\mathrm{s}] \ \cdots\cdots\cdots\cdots\cdots\cdots\cdots\cdots\cdots\cdots\cdots\cdots 2\cdot5$$

매초당 회전수 n 는 주기의 역수이므로 다음과 같이 된다.

$$n = \frac{1}{T} = \frac{\omega}{2\pi} \ [1/\mathrm{s}] \ \cdots\cdots\cdots\cdots\cdots\cdots\cdots\cdots\cdots\cdots\cdots 2\cdot6$$

따라서, 각속도 ω는

$$\omega = 2\pi n \ \cdots\cdots\cdots\cdots\cdots\cdots\cdots\cdots\cdots\cdots\cdots\cdots\cdots\cdots\cdots 2\cdot7$$

3-3 각속도와 정현파의 관계

각속도는 정현파와 중요한 관계가 있으며 그림 2-9와 같이 각속도로 회전하고 있는 반지름의 크기가 1인 원주상의 임의 점 P_1 을 잡으면 다음과 같이 된다.

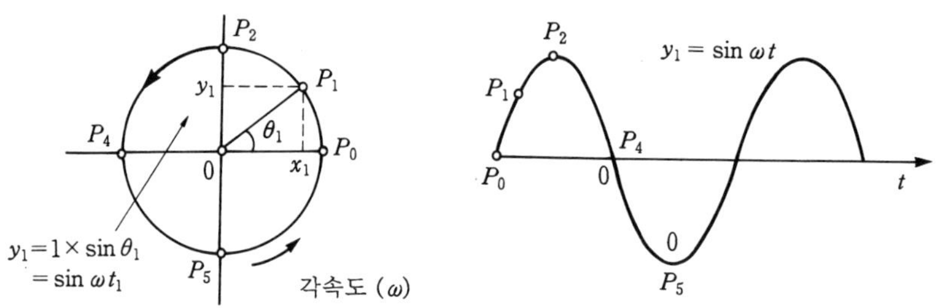

그림 2-9 등속운동은 정현파(시간에 대해서)로 된다

$$\angle P_1 O P_0 = \theta_1 = \omega t_1$$

$$y_1 = 1 \times \sin\theta_1 = \sin\omega t_1$$

여기서 그림 2-9와 같이 가로축에 θ 또는 t 을 변수로 해서 y 의 값을 그리면 $y = \sin\theta = \sin\omega t$ 를 만족하는 곡선이 얻어진다. 이와 같이 등속 원운동하고 있는 유원지의 회전 그네나 전자 레인지의 회전 원판의 운동은 정현파 함수가 된다.

3-4 정현파 교류의 식

정현파 교류를 나타내는 식은 다음과 같다.

• **정현파 교류의 식** •

$$v = V_m \sin(\omega t + \theta) \quad\cdots\cdots\cdots\cdots\cdots\cdots\cdots\cdots\cdots\cdots\cdots\cdots 2\cdot8$$

여기서, v : 순시값 (전압), V_m : 최대값 (전압)
  $\sin$: 정현파 교류의 파형
  ω : 각속도, t : 시간
  θ : 위상의 앞섬 (+) 또는 늦음 (−)

등속 원운동의 회전수 n 을 f 로 대신하면, 식 2·7 에서 각속도 ω 는 다음과 같이 된다.

$$\omega = 2\pi f \quad\cdots\cdots\cdots\cdots\cdots\cdots\cdots\cdots\cdots\cdots\cdots\cdots\cdots\cdots\cdots\cdots 2\cdot9$$

따라서, 정현파 교류의 식은 다음과 같이 쓸 수 있다.

$$v = V_m \sin(2\pi ft + \theta) \quad\cdots\cdots\cdots\cdots\cdots\cdots\cdots\cdots\cdots\cdots\cdots 2\cdot10$$

각속도 ω 를 사용하면, 이와 같이 간단하게 되므로 전기회로 계산에서는 일반적으로 식 2·9와 같이 ω 의 표현을 이용하고 있다.

4 정현파 교류를 벡터 (vector) 로 나타내면

정현파 교류의 식 $2 \cdot 8$ 와 $2 \cdot 10$ 을 보면 교류는 다음의 4개의 변수로 되어 있고, 이 변수를 결정하면 교류는 완전하게 표현할 수 있다는 것을 알 수 있다.

4개의 변수는 다음과 같다.

① 진폭 (여기서는 최대값 V_m)
② 파형 (여기서는 정현파 sin)
③ 주파수 또는 각속도 (f 또는 ω)
④ 위상 (여기서는 θ)

이 중에서 전기회로에서는 다루는 파형이 정현파이고, 주파수가 일정한 경우는 파형과 주파수를 생략하여 진폭과 위상 2개의 변수로 충분히 표현할 수 있게 되므로, 크기와 방향을 갖는 벡터 (vector) 로 나타내는 방법이 사용되고 있다.

교류회로의 계산은 대부분 벡터로 다루고 있다.

벡터란 크기와 방향을 갖는 양을 말하며, 그림 2−10 과 같이 하나의 화살표를 갖는 직선으로 나타낼 수 있다. 직선의 크기는 벡터의 양을, 화살표는 벡터의 방향을 나타낸다.

정현파 교류를 표현할 때는

① **화살의 길이** : 정현파의 실효값 $V_{rms} = V$

② **화살의 방향** : X축과 짓는 각도, 즉 위상 ϕ 로 한다.

벡터표시에서 주의해야 할 것은

① 화살의 길이는 최대값이 아니고, 실효값으로 약속되어 있다.

② 파형은 정현파이고, 주파수 f 는 특정되어 있다는 두 가지이다.

다른 기호와 구별할 때나 벡터량 기호로서 벡터를 강조할 때는 $\dot{I}$, $\dot{V}$ 와 같이 문자 위에 점 (dot) 을 붙인 대문자를 사용하며 I 도트, V 도트라고 읽는다.

도트를 붙이지 않는 경우도 있다. 이것은 교류의 전기량은 대부분 위상이 포함되어 있고 벡터이므로 하나 하나 도트를 붙이면 번거롭게 되기 때문이다.

또, 벡터는 다음과 같이 표현하기도 한다.

$$\dot{I} = I \angle \phi, \quad |\dot{I}| = I, \quad \angle \dot{I} = \phi$$

벡터를 발명한 수학에서는 $|\dot{I}|$를 벡터의 절대값, $\angle \dot{I}$를 편각이라 하지만, 전기에서는 $|\dot{I}|$는 실효값, $\angle \dot{I}$는 위상이라고 한다.

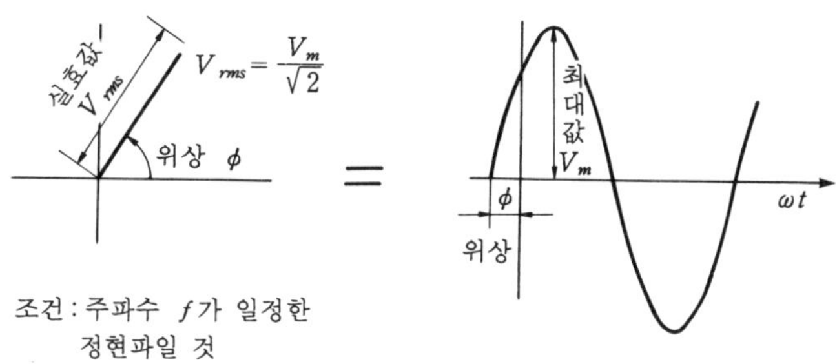

그림 2-10 벡터는 정현파의 실효값과 위상을 표시한다

이상으로 정현파 교류를 수식으로 표현하는 방법을 알아봤으며, 또한 벡터로 표현될 수 있음을 알았다.

벡터는 다음 장에서 다루는 전기회로 계산법에 밑거름이 된다.

· NOTE ·

전자 레인지

전열기는 줄열을 이용하나, 전자레인지는 전파로 식품을 데우는 조리기이다. 전열기나 가스 레인지는 식품을 외측에서 가열하나, 전자레인지는 식품 전체가 전파의 에너지를 받아서 균일하게 안과 밖이 가열된다.

여기서 사용되는 전파는 마이크로파로 레이더나 통신중계에 이용되는 전파와 같은 것으로 2,450MHz, 파장은 약 12cm 정도이다.

식품이 마이크로파로 가열되는 이유는 전분이나 단백질 등으로 구성된 생물체로 콘덴서의 전극에 넣은 유전체와 같은 데에 있다.

...제3장
전기회로소자 R, L, C

음악에서 피아노의 트리오라고 하면 피아노와 바이올린, 첼로의 3중주이다. 세 가지의 음색, 음역 혹은 성격, 표정이 다른 악기의 합주에 의해서 보다 풍부한 표현을 할 수 있게 된다.

소설이나 영화에서도 삼총사, 세자매 등의 성격이 전혀 다른 3명의 주인공에 의해서 이야기가 흥미있게 전개되기도 한다.

전기회로의 트리오 역시 전혀 성질이 다르고 혹은 반대되는 요소로 이들의 조합에 의해서 복잡하고 교묘한 전기회로의 기능을 만들어 내게 된다.

이 장에서는 전기회로의 트리오인 저항, 인덕턴스, 정전용량의 기본적인 기능을 알아본다.

1 *R, L, C*의 성격은

*1-1 R, L, C*를 공기와 같이

전기회로를 구성하는 기본적인 소자를 공기나 물과 같이 친밀하게 이용하기 위해서는 각기 전기적인 성질을 아는 것이 중요하다.

먼저, 저항 R을 중심으로 인덕턴스 L과 정전용량 C는 성질이 정반대가 된다는 것을 알아 두자.

*1-2 어떤 전기회로도 R, L, C*의 조합

제 3 장의 목적은 $E[V]$의 전압을 R, L, C에 각각 걸어 줄 때 어떤 전류가 흐르게 될 것인가를 조사해 충분히 이해하는 데에 있다. 이것을 알게 되면, 어떤 복잡한 전기회로라 할지라도 R, L, C의 조합에 지나지 않으므로 전기회로를 쉽게 이해할 수 있게 된다.

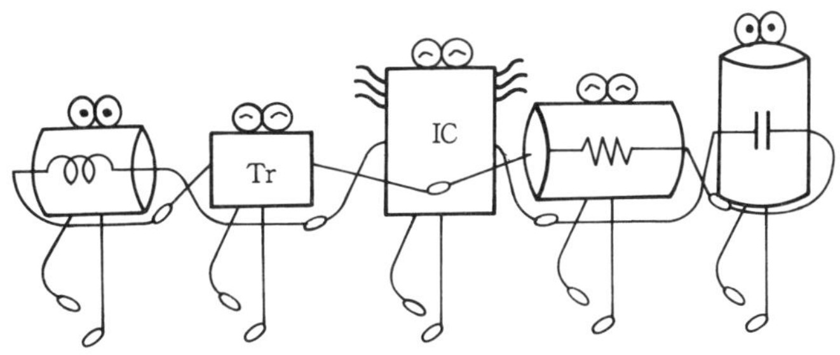

2 성격이 평범한 저항

2-1 전류의 흐름을 조절하는 저항

트리오 중에서 제일 성격이 단순한 저항　*R*부터 알아보자.

전기부품으로서의 저항은 그림 3-1과 같이 양측에 두 개의 도선을 갖는 전기의 저항체이다.

수도관으로 예를 들면 굵은 수도관과 가는 수도관에서 어느 쪽이 물이 잘 흐르는가를 비교해 보자. 같은 압력을 걸면 가는 관 쪽이 물이 흐르기 어렵고, 굵은 관이 많이 흐른다는 것은 경험적으로 알 수 있다.

이와 같이 저항　*R*이란 전류를 보통의 도선보다 전류가 흐르기 어렵게 만든 부품으로 도선보다도 전류의 흐름이 어려운 특별한 재료를 써서 만들어진다.

부품으로서의 저항의 기능, 다시 말하면 어느 정도 전류가 흐르기 어려운가의 정도를 그 저항부품의 저항값, 저항의 크기, 또는 단순히 저항이라고 부른다. 그러므로 저항이라는 말은 그림 3-1에 나타낸 부품의 명칭이고, 전기적인 기능으로서의 저항값의 양쪽을 가리키고 있다. 특히, 이 둘을 구별할 때는 부품의 명칭으로 저항기라고 기를 붙인다. 또 이미 말한 바와 같이 값을 나타내는 경우에는 저항치라고 치를 붙인다.

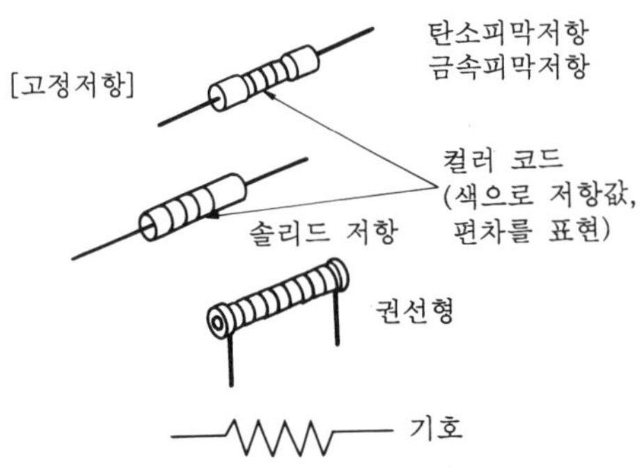

그림 3-1　저항은 전류의 흐름을 방해 또는 조정하는 부품

저항의 양기호는 R, 저항값의 단위기호를 [Ω] (옴 : Ohm), 도기호는 그림 3-1과 같다.

보통 사용하고 있는 저항부품의 저항값은 수 [Ω] 에서 수 [MΩ] (MΩ은 10^6 [Ω]) 의 값, 즉 100만배의 범위의 저항부품이 사용되고 있으며, 이들의 조합으로 전기회로로서의 일을 해낼 수 있게 된다.

여기서, 전기저항에 대해서 자세히 알아보자.

자동차를 운전하는 경우 포장되지 않은 도로나 진흙탕 길에서는 속도가 떨어진다. 이와 같은 도로의 굴곡이나 수렁은 자동차의 진행에 저항을 준다고 한다.

전기에서는 송전선이나 전선의 전기저항은 전기 흐름을 방해하거나 전력손실이 발생하는 원인이 된다. 따라서 가능한 저항값이 적은 전선을 선택하지 않으면 안 된다. 이와 반대로 전기저항이 없어서는 안 되는 경우도 많다. 전열기의 니크롬선이나 백열전구의 필라멘트 등이 이 경우에 속하며 저항을 역으로 이용하고 있다.

전기저항은 옴의 법칙에 따라 전류를 제한하거나 전압을 내리기도 한다. 중요한 성질로서는 전기 에너지를 열에너지로 변환, 즉 줄 (Joule) 열의 발생이 있다. 전열기나 다리미 등 히터를 설치한 전기기기는 모두 저항에 의한 줄열의 원리를 이용한 것이다.

줄열에 의한 발열체의 온도를 높게 해가면 백색광이 많이 나오게 된다. 이것이 전구의 원리이다. 일반적으로 발열체의 온도가 높게 됨에 따라 파장이 짧은 광이 많이 나오게 된다. 적외선 전구는 필라멘트의 온도를 낮추어서 파장이 긴 적외선이 많이 나오도록 한 전구이다.

여기서 도체의 전기저항의 성질에 대해서 알아보자.

같은 재질의 도체에서도 길이나 단면적이 저항에 관계하는 일은 쉽게 알 수 있다.

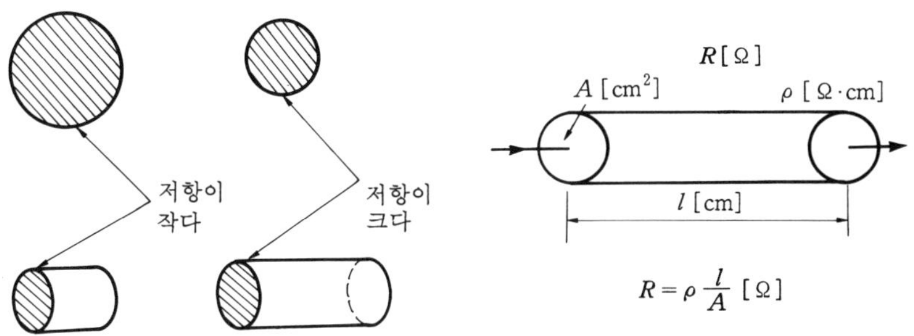

그림 3-2 저항은 단면적과 길이에 따라 변한다

도선의 전기저항은 도선의 길이에 비례하고 단면적에 반비례한다. 도선의 길이를 l[m], 단면적을 A[m^2]로 하면 저항 R은 다음 식과 같이 된다.

$$R = \rho \frac{l}{A} \, [\Omega] \quad\cdots\cdots\cdots\cdots\cdots\cdots\cdots\cdots\cdots\cdots\cdots\cdots\cdots\cdots\cdots\cdots\cdots\cdots\cdots\cdots\cdots 3\cdot1$$

여기서 비례정수 ρ(rho)는 저항률이라 하며, 물질에 따라 정해지는 정수로 단위는 옴 미터[Ωm]로 표시한다.

일반적으로 도체의 저항은 온도에 의해서 변한다. 금속의 저항은 온도가 상승하면 증가한다. 이것은 금속원자의 열진동이 심하게 되어 자유전자의 운동을 방해하기 때문이다. 온도가 1℃ 상승에 의한 저항 증가 비율을 저항온도계수(抵抗溫度係數)라 부르고 있다.

탄소, 반도체, 전해질, 방전관 등은 온도가 올라가면 저항이 감소한다. 이것을 부성저항(負性抵抗)이라 한다.

표 3-1은 여러 가지의 물질의 저항률과 저항온도계수를 나타내며, 그림 3-3은 저항률이 적은 순서대로 나타내면 은(Ag)이 금메달, 동(Cu)이 은메달, 금(Au)이 동메달이 됨을 나타낸다. 다시 말하면 은(Ag)이 가장 저항이 적다.

표 3-1 저항률과 저항온도계수

물 질	저항률 $\rho\,[\Omega\cdot\mathrm{m}]$	저항온도계수 [1/deg]
은(銀)	1.62×10^{-8}	4.1×10^{-3}
동(銅)	1.72×10^{-8}	4.3×10^{-3}
금(金)	2.40×10^{-8}	4.0×10^{-3}
알루미늄	2.75×10^{-8}	4.2×10^{-3}
철(鐵)	$9.8 \ \times 10^{-8}$	4.6×10^{-3}
황동(黃銅)	$6 \ \times 10^{-8}$	1.7×10^{-3}

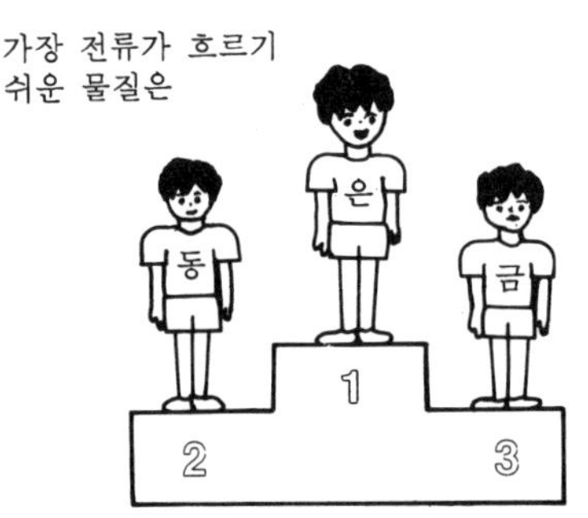

그림 3-3 은(銀)이 금메달

2-2 옴의 법칙 (Law's Ohm)

전압과 전류의 관계는 수압과 수류, 혹은 치약튜브와 손의 압력의 이미지로 설명했으나, 여기에 저항의 개념을 관련시키면 참뜻을 분명히 알 수 있게 된다.

수류에서 저항에 해당하는 것은 수도관의 굵기이고, 치약의 튜브나 마요네즈 튜브에서는 출구부분의 굵기라고 말할 수 있다.

전기 세계에서는 전압과 전류, 그리고 저항의 3가지의 양 사이에 정확하고 간단한 관계식이 성립한다. 발견자의 이름을 따서 「옴의 법칙」이라 한다.

· 옴의 법칙 ·

저항 $R[\Omega]$, 저항에 흐르는 전류 $I[A]$, 저항의 양단에 걸리는 전압 $V[V]$일 때 다음 식이 성립한다 (그림 3-4 참조)

$$I = \frac{V}{R} \quad\cdots\cdots\cdots\cdots\cdots\quad 3\cdot2$$

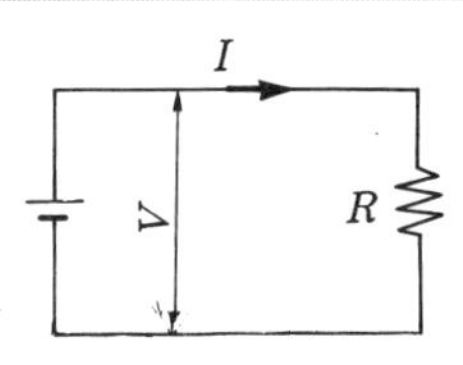

그림 3-4 저항 회로

옴의 법칙은 전기에 관계하는 사람에게는 기본에 기본이 되는 으뜸되는 중요한 법칙이며 「모든 전기회로의 동작은 옴의 법칙을 따른다」라고 말할 수 있다.

식 3·2는 매우 간단하나 다음과 같이 해석된다.

$I = V/R$: 저항에 흐르는 전류는 양단의 전압 V에 비례하고, 저항값 R에 반비례한다.

$V = I \cdot R$: 저항에 걸리는 전압 V는 흐르는 전류와 저항값에 비례한다.

$R = V/I$: 저항값 R은 저항 양단의 전압 V를 전류 I로 나누면 구해진다.

이상은 직류에 대해서 설명한 것이나 교류에 대해서도 전압, 전류의 크기를 실효값으로 사용한다면 똑같이 성립한다.

예제 1. 어떤 저항에 $1\,mA$의 전류가 흐를 때, 저항 양단의 전압을 측정하였더니 5 V 이었다. 저항값은 얼마인가? (그림 3-5 참조)

해설 $R = V/I$에 $V = 5\,V$, $I = 1\,mA$을 대입해서 저항값을 산출한다.

$$R = \frac{V}{I} = \frac{5}{1 \times 10^{-3}} = 5 \times 10^3 \ \Omega$$

$$R = 5\,k\Omega$$

그림 3-5 저항값은?

3 인덕턴스 (inductance)

코일의 성질을 나타내는 인덕턴스에 대해서 알아보자.

3-1 자기를 저장하는 인덕턴스

인덕턴스는 전선을 원통에 몇회 감은 코일의 전기적인 기능을 나타내는 용어이다.

실제의 코일 부품은 그림 3-6과 같이 원통에 감은 것, 철이나 페라이트의 자성체 (磁性體) 에 코일을 감은 것, 두 개의 권선을 갖은 트랜스 등 여러 가지가 있다.

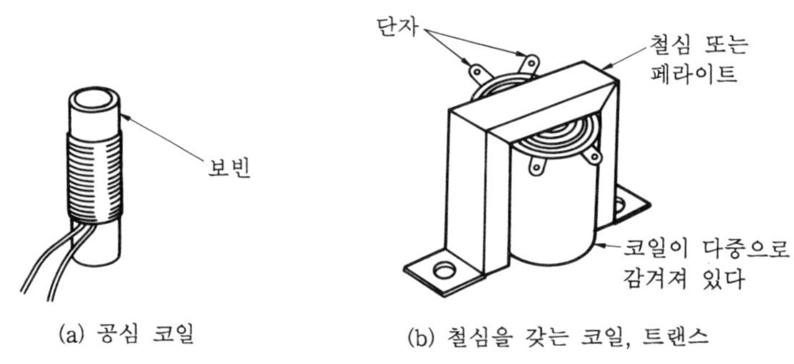

그림 3-6　인덕턴스를 갖는 부품

저항의 전기적인 기능을 R[Ω] 으로 나타내지만, 코일의 기능은 인덕턴스 L[H] (H : Henry) 로 표현하며, 보통의 코일 부품의 인덕턴스는 수 μH 에서 수 H 의 범위의 것이 사용되고 있다.

코일은 전류가 흐르면 코일과 쇄교하는 자장을 가지므로 코일의 전기적 특징이 있게 된다.

인덕턴스 L 이란 1A 의 전류를 흐릴 때 코일이 갖는 자장의 세기를 나타내며 다음 과 같다.

• 인덕턴스와 자장 •

I [A] 의 전류를 흘릴 때 권수 n 의 인덕턴스에 생기는 자속 ϕ [Wb] (weber) 는 다음 식과 같이 된다.

$$L \cdot I = n \cdot \phi \quad \cdots\cdots\cdots\cdots\cdots\cdots\cdots\cdots\cdots\cdots\cdots\cdots\cdots\cdots\cdots\cdots\cdots\cdots\cdots\cdots\cdots\cdots\cdots\cdots\cdots\cdots\cdots\cdots\cdots\quad 3 \cdot 3$$

인덕턴스의 단위는 H 이다.

1A 의 전류를 인덕턴스 1H 의 코일에 흘리면 1Wb 의 자속이 발생하게 된다.

제 1 장에서 나왔던 전류의 변화에 저항하는 성질, 자기유도의 크기도 인덕턴스로 나타낼 수 있다.

코일이란 도선을 감은 것이므로 직류전류는 쉽게 흐르며, 직류적인 저항은 이상값으로서는 0 이 된다. 이것은 다음에 나오는 커패시턴스의 직류적 저항이 무한대인 것과 반대의 성질을 갖는다.

코일의 크기 및 권수와 인덕턴스 L 과의 관계는 다음 식과 같다.

• 코일의 크기와 인덕턴스 L •

$$L = K \cdot \mu \cdot n^2 \cdot S / l \,[\text{H}] \quad \cdots\cdots\cdots\cdots\cdots\cdots\cdots\cdots\cdots\cdots\cdots\cdots\cdots\cdots\cdots\quad 3 \cdot 4$$

여기서, μ : 코일의 내부에 사용한 물질의 투자율, 진공 (공기) 에서는 $4\pi \times 10^{-7}$ [H/m]
     값을 갖는다.
     n : 코일의 권수
     S : 코일의 단면적 (m^2)
     r : 코일의 반지름 (m)
     l : 코일의 길이 (m)
     K : 코일의 보정계수 (r/l) (표 3−2 참조)

표 3−2 코일의 보정계수

r/l	K	r/l	K
0.025	0.98	0.70	0.61
0.05	0.96	0.80	0.58
0.10	0.92	0.90	0.55
0.20	0.85	1.00	0.53
0.30	0.78	2.00	0.37
0.40	0.74	3.00	0.29
0.50	0.69	4.00	0.24
0.60	0.65	5.00	0.20

인덕턴스는 권수 n의 제곱에 비례한다. 그리고 단면적 S가 크고 코일의 길이 l 이 작을수록 크게 된다.

소형으로 큰 인덕턴스를 얻기 위해서는 권수 n을 크게 하고, 투자율이 큰 재료(페라이트 등의 자성재료)를 사용하는 일은 식 3·4로부터 알 수 있다.

3-2 인덕턴스와 전류

인덕턴스 L의 전기적 특성을 커패시턴스 C와 비교하면 직류에 대해서도 교류에 대해서도 정반대가 된다.

그림 3-7(a) 처럼 코일의 양단에 신호발생기를 접속해서 교류전압을 가해 전류를 측정하면 그림 3-7(b)와 같은 패턴이 얻어진다.

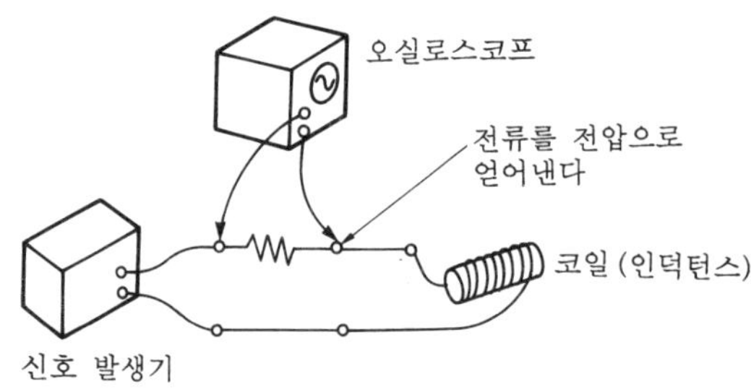

(a) 전류의 측정

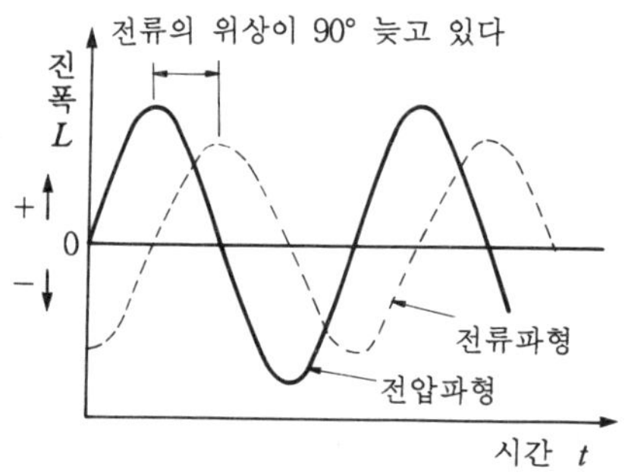

(b) 인덕턴스에 흐르는 전류와 전압

그림 3-7 인덕턴스와 전류

코일에는 정현파 전류가 흐르나 전류의 위상이 전압보다 90° 늦다.

인덕턴스는 L 의 값이 큰 만큼, 주파수 f 가 높은 만큼, 가해준 교류전압이 적은 만큼, 전류는 흐르기 어렵게 된다.

• 인덕턴스의 전압과 전류의 관계식 •

$$I = \frac{V}{j\omega L} \quad \cdots\cdots\cdots\cdots\cdots\cdots 3 \cdot 5$$

가해준 전압 V[V], 흐르는 전류 I[A] 각속도 $\omega = 2\pi f$, 인덕턴스 L[H], $1/j$ 는 위상을 90° 늦게 하는 기호

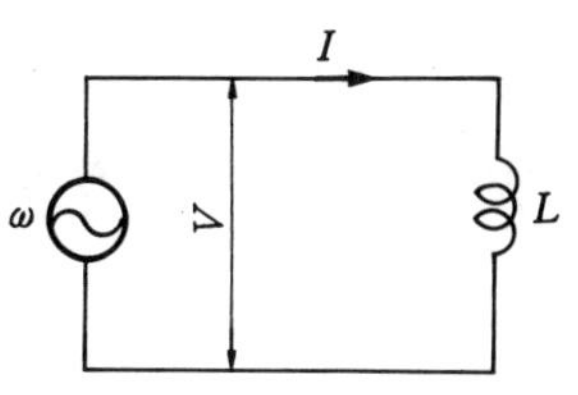

그림 3-8　인덕턴스 회로

j 는 진폭에 무관하고 단지 위상 90°를 앞세우는 기능을 갖는 기호이다.

j 는 허수(虛數)로, $\sqrt{-1}$ 의 크기를 갖는다. $j^2 = -1$ 이므로 $\frac{1}{j}$ 의 분자, 분모에 j 를 곱해주면, $\frac{1}{j} = -j$ 로 된다.

j 는 위상을 90° 앞세우므로 $\frac{1}{j} = -j$ 는 위상을 90° 늦게 한다는 것을 나타낸다 (제 4장 참조).

4 정전용량 (靜電容量 ; capacitance)

4 - 1 전하의 저수지 정전용량

정전용량이란 전하를 축적하는 전기적 기능을 나타내는 말이며 커패시턴스라고 한다. 전기 부품으로서는 콘덴서 (condenser) 라 부른다.

콘덴서의 가장 기본적인 형은 그림 3-9 (a) 와 같이 평행한 두 장의 금속판으로 되어 있다.

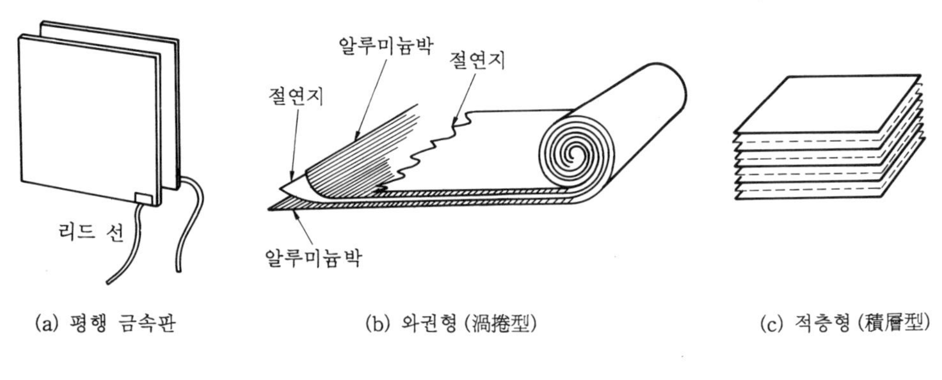

그림 3-9 콘덴서의 구조

실제의 콘덴서는 될 수 있는 한 금속판의 면적을 넓게 하면서 소형으로 하기 위해서 그림 3-9 (b), (c) 와 같이 금속판이 아닌 얇은 금속박 (金屬薄) 에 대단히 얇은 절연물을 넣어 감거나, 여러 층으로 포갠 구조로 되어 있다.

실제의 부품에서는 절연물의 종류에 따라 그림 3-10 과 같이 종이 (paper) 콘덴서, 운모 (mica) 콘덴서, 자기 (ceramic) 콘덴서, 전해 콘덴서 등 여러 가지가 있다.

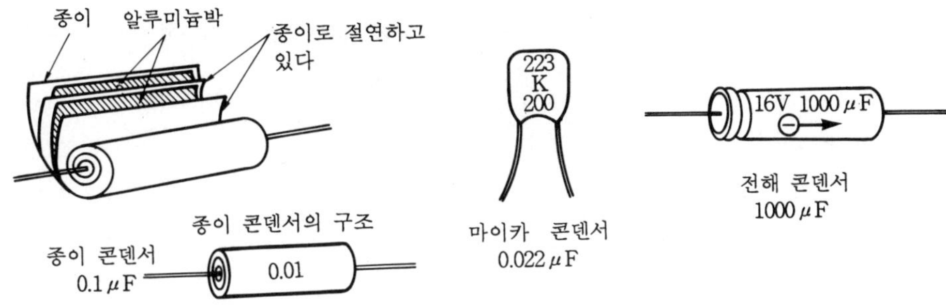

그림 3-10 콘덴서의 종류

콘덴서의 전기 기능의 기본을 그림 3-9(a)의 금속판형으로 알아보기로 한다.

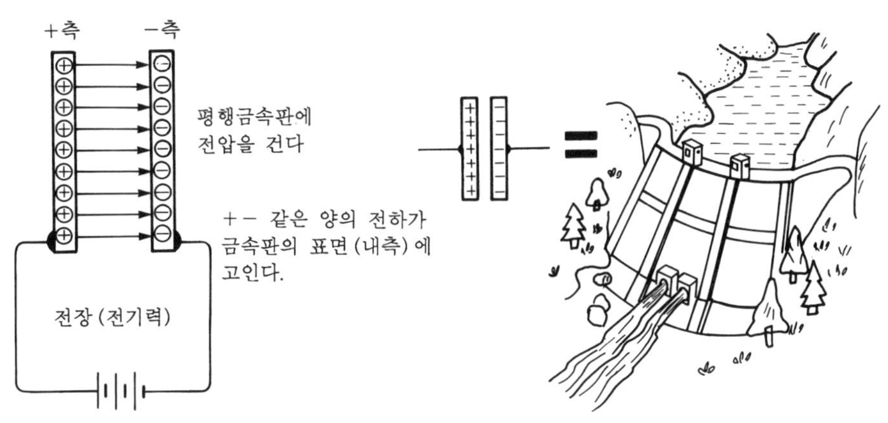

그림 3-11 콘덴서에 전압을 걸면 전하가 축적된다

그림 3-11과 같이 두 장의 금속판에 전압을 걸면 금속판 사이의 공간에는 전장이 발생한다. 전장에는 전기력선이 있어 전하에 대해서 힘이 작용하므로 +전압측의 판의 안쪽 표면에는 +의 전하가, -의 전압을 건 금속판의 표면에는 -의 전하가 생겨 마치 +의 전하는 상대쪽의 -전압에, -의 전하는 상대쪽의 +전하에 끌어당기게 되어 같은 양의 +, -의 전하가 금속판의 대항한 내측 표면에 모이게 된다. 또, 전압을 제거해도 전하는 그대로 남게 된다.

콘덴서의 동작의 기본은 이와 같이 전하를 모으는, 축적하는 기능을 가지고 있다.

얼마의 양이 전하를 모으는가의 능력을 콘덴서의 커패시턴스(capacitance), 정전용량(靜電容量), 간단하게 용량이라 부르기도 한다.

콘덴서의 역할은 마치 저수지가 물을 모으는 것과 같은 동작을 한다. 커패시턴스 C 는 저수지의 면적에 해당하고, Q 는 저수지에 모은 물의 총량, V 는 저수지의 깊이에 해당된다.

• 커패시턴스 C의 정의와 단위 •

콘덴서의 커패시턴스 C는 가해 준 전압 V[V]과 축적된 전하량 Q[C]와의 비로 정해진다.

$$C = \frac{Q}{V} \text{ [F]} \quad \cdots\cdots\cdots\cdots\cdots \quad 3\cdot6$$

C의 단위는 패럿 (Farad) 으로, 기호는 F를 사용한다.

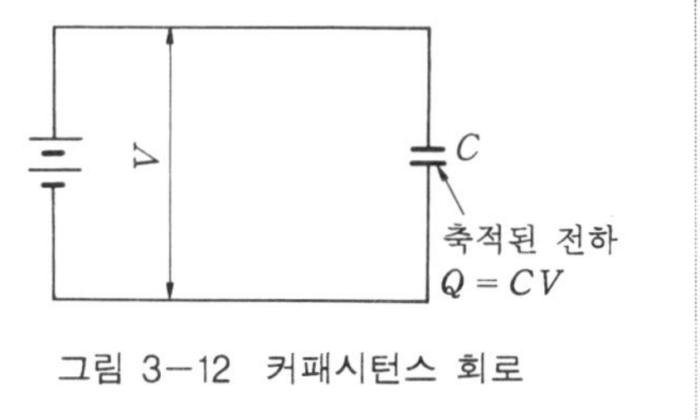

그림 3−12　커패시턴스 회로

식 3·6을 다시 쓰면 다음 식과 같다.

$$Q = C \cdot V \text{ [C]} \quad \cdots\cdots\cdots\cdots\cdots\cdots\cdots\cdots\cdots\cdots\cdots\cdots\cdots \quad 3\cdot7$$

콘덴서에 축적되는 전하의 양 Q는 커패시턴스 C 가 클수록 가해 주는 전압이 큰만큼 비례해서 크게 된다.

여기서, 전하가 모이면 정전기라고 제 1 장에서 배운 것과 같이 콘덴서에 모인 전하도 역시 정전기이다.

번개나 자동차의 정전기는 지면과 뇌, 지면과 자동차의 차체가 만든 커패시턴스에 전하가 모였다고 생각하면 전하, 정전기, 콘덴서, 커패시턴스는 지금까지 배운 지식이 모두 일관됨을 알 수 있다.

콘덴서의 커패시턴스 C 는 전하를 모으는 기능이 있으므로 극판의 면적이 넓은 만큼, 그리고 극판 사이의 전계가 센 만큼 크게 되며 다음 식이 성립한다.

• 콘덴서의 구조와 커패시턴스의 관계식 •

콘덴서의 극판면적 S [m²], 극판간의 거리 d [m] 일 때 다음과 같다. (그림 3−13 참조).

$$C = \frac{\varepsilon S}{d} \text{ [F]} \quad \cdots\cdots\cdots\cdots \quad 3\cdot8$$

여기서, ε 는 유전율이라 부르는 상수로 극판 사이에 넣은 절연물질의 성질로 정해지며, 진공 (공기) 에서는 $\varepsilon = 8.9 \times 10^{-12}$ [F/m] 값을 갖는다.

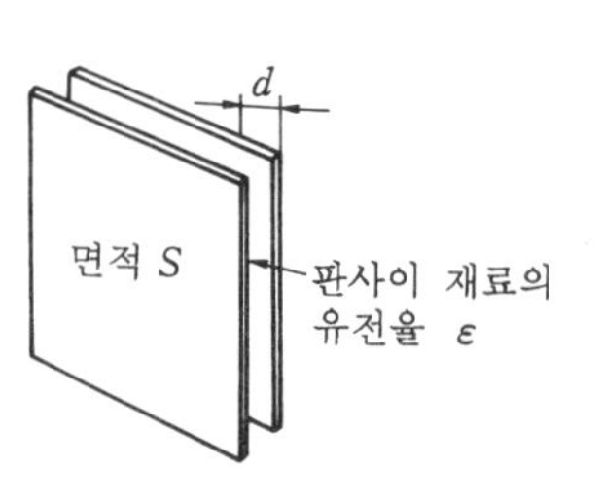

그림 3−13　평행판 콘덴서

4-2 커패시턴스와 전류 관계

콘덴서는 원리적으로는 두 장의 평행한 금속판으로 판 사이는 열려져 있어 직류는 통하지 않는다. 다시 말하면 직류에 대해서는 저항이 무한히 크게 된다. 그러면 교류전압에 대해서 커패시턴스 C는 어떻게 되는지 알아본다.

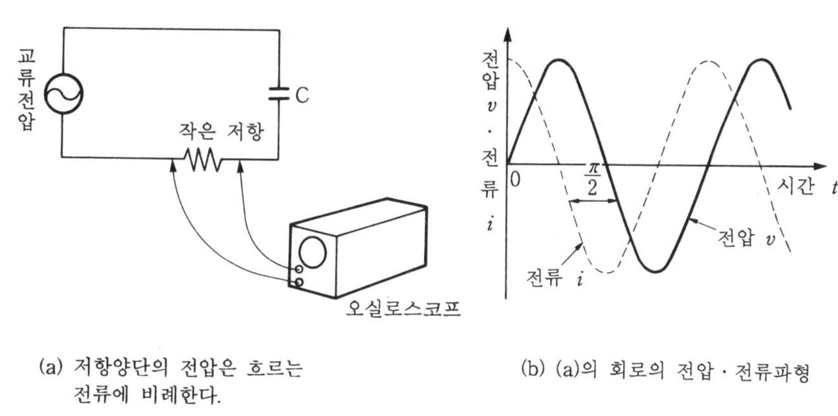

(a) 저항양단의 전압은 흐르는
전류에 비례한다.

(b) (a)의 회로의 전압·전류파형

그림 3-14 커패시턴스와 전류

그림 3-14 (a) 와 같이 콘덴서의 한쪽에 전류 측정용의 작은 저항을 연결해서 전체에 교류전압을 걸어 어떠한 전류가 흐르는지 조사하면 직류에서는 전류가 흐르지 않으나, 교류전압을 걸면 가해 준 전압과 비슷한 파형의 전류가 흐른다.

그림 3-14 (b) 에서 파형을 자세히 보면, 전류파형의 위상이 전압파형보다 90° ($\pi/2$ [rad]) 앞서고 있다. 커패시턴스는 전압보다 전류가 $\pi/2$ [rad] 앞서므로, 예를 들면 용건을 듣지 않고 집을 나가는 성급한 아이의 성격과 같다고 볼 수 있다.

콘덴서에 흐르는 전류는 커패시턴스나 가한 전압이 클수록, 교류의 주파수가 높을수록 크게 된다.

교류전압과 전류 사이의 식은 다음과 같이 된다.

• 커패시턴스의 전압과 전류의 관계식 •

$$I = V \cdot j\omega C \quad \cdots\cdots\cdots\cdots\cdots\cdots\cdots \quad 3\cdot9$$

전류 I[A], 전압 V[V], 커패시턴스 C[F], 각속도
$\omega = 2\pi f$[rad/s], j : 위상을 90° 앞세우는 기호

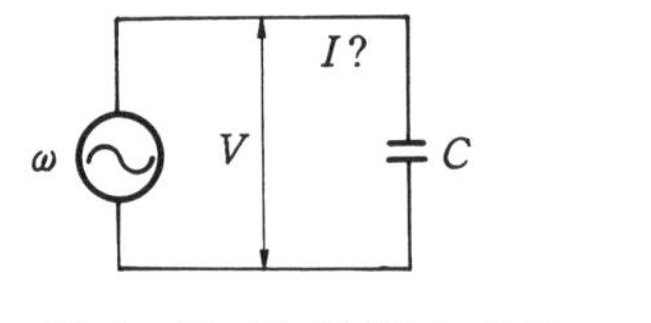

그림 3–15   커패시턴스 회로

여기서, 식 3·9의 $j\omega C$ 는 전류의 흐르기 쉬운 정도를 나타내며, 저항의 경우 옴의 법칙에 비교하면 $1/R$에 대응된다.

j 는 진폭의 크기에는 관계없이 「위상을 90° 앞세우는 기호」이다 (제4장 참조). 이 식은 전압, 전류의 관계를 진폭만이 아니고, 위상을 포함하고 있다.

직류, 즉 $\omega = 0$ 에서는 $I = 0$ 이 되어 직류전류는 전혀 통과하기 어렵다고 말하는 성질도 기술하고 있으므로 교류, 직류를 포함해서 성립하는 식이 된다.

예제 **2.** 주파수 $f = 1000\,\mathrm{Hz}$ 의 정현파 교류 전압 $V = 10\,\mathrm{V}$를 $C = 2\,\mu\mathrm{F}$인 콘덴서에 가할 때, 흐르는 전류는 얼마인가?

해설 식 3·9에 주어진 값을 대입하면

$$I = 10 \times j \times 2\pi \times 1000 \times 2 \times 10^{-6}$$

$$= j\,125.6\,\mathrm{mA}$$

I의 크기는 125.6 mA이고 전압보다 90° 위상이 앞서는 것을 알 수 있다.

5 임피던스 (impedance)

5-1 교류회로의 옴 법칙

이제 R, L, C에 대해서 이 장에서 나온 전압과 전류의 식을 정리하면 다음과 같다.

$$\text{저항 } R \qquad\qquad V = I \cdot R \qquad\qquad\qquad\qquad\qquad\qquad\qquad 3\cdot2$$

$$\text{인덕턴스 } L \qquad\quad V = I \cdot j\omega L \qquad\qquad\qquad\qquad\qquad\qquad\quad 3\cdot5$$

$$\text{커패시턴스 } C \qquad V = I \cdot \frac{1}{j\omega C} \qquad\qquad\qquad\qquad\qquad\qquad 3\cdot9$$

이 3가지 식에 대해서 관찰해 보면 하나의 새로운 기능, 저항 R과 커패시턴스 $\dfrac{1}{j\omega C}$ 와 인덕턴스 $j\omega L$ 는 같은 기능, 즉 각 요소에 각각의 전압 V [V] 가 걸릴 때의 전류의 흐르기 어려운 정도를 나타내므로 이 부분을 임피던스 (impedance) Z 라고 하며, 3개의 식은 식 3·10과 같이 통일된 하나의 식으로 나타낼 수 있다.

· 일반화된 옴의 법칙 ·

회로소자 R, L, C에 있어서 전압 V [V], 전류 I [A]로 하면

$$V = I \cdot Z \qquad\qquad\qquad\qquad\qquad\qquad\qquad\qquad\qquad 3\cdot10$$

여기서, Z : 회로 요소의 임피던스 (impedance) 이고, 단위기호는 [Ω]

$$\text{저항} \qquad\quad \rightarrow Z = R$$
$$\text{인덕턴스} \quad\ \rightarrow Z = j\omega L$$
$$\text{커패시턴스} \rightarrow Z = \frac{1}{j\omega C}$$

옴의 법칙은 저항에 대해서 발견된 전압 전류의 관계이나 이와 같이 일반화하면 식 3·10 은 직류에 대해서도 성립하는 식이 된다. 또, 임피던스 1개의 소자만이 아니고, 다수개의 소자가 복잡하게 조합된 경우에도 계산할 수 있게 된다.

지금 L, C의 임피던스는 저항과 성격이 현저하게 다르므로 특히 리액턴스 (reactance) 라 부르고 기호는 X를 사용하고, $j\omega L$는 유도 리액턴스, $\dfrac{1}{j\omega C}$는 용량 리액턴스라고 구별하여 사용하고 있다.

$$\left.\begin{array}{l} \text{유도 리액턴스}: X_L = j\omega L \\[6pt] \text{용량 리액턴스}: X_C = 1/j\omega C \end{array}\right\} \cdots\cdots\cdots\cdots\cdots\cdots\cdots\cdots\cdots\cdots\cdots\cdots\cdots\cdots\cdots 3\cdot 11$$

[예제] 3. R, L, C의 임피던스를 구하시오. (단, 각속도 $\omega = 1000\,\text{rad}/\text{s}$, $R = 1\,\text{k}\Omega$, $L = 1\,\text{H}$, $C = 1\,\mu\text{F}$ 이다.)

[해설] 식 $3\cdot 10$ 에서 $R = 1\,\text{k}\Omega$

$$j\omega L = j \times 1000 \times 1 = j1\,\text{k}\Omega$$

$$\frac{1}{j\omega C} = -j/1000 \times 10^{-6} = -j1\,\text{k}\Omega$$

5-2 R, L, C의 특성 비교

R, L, C에 대해서 회사나 연구소 등의 전문가 사이에도 기능명과 소자의 이름을 상당히 혼용해서 사용하고 있는 경우가 많다. 어쨌든 이야기는 통하지만, 여기서 용어를 정돈해 놓기로 하자.

표 3-3 에서 이들 관계를 다시 한번 확인해 보자.

표 3-3 R, L, C의 기능명과 소자명

* 기능기호	기 능 명	소 자 명	양 단 위
R	저 항	저 항	[Ω] 옴
L	인덕턴스	코 일	[H] 헨리
C	커패시턴스, 용량	콘덴서	[F] 패럿

[주] 기능을 나타내는 기호이나 소자, 부품의 기호로 사용되고 있다.

다음에 R, L, C의 전기의 흐름의 어려운 정도를 나타내는 임피던스는 R을 제외하고 각속도 ω를 포함하고 있으므로 주파수가 변화하면 임피던스의 크기도 다르게 된다.

따라서, 각 소자에 대한 임피던스의 주파수 특성을 정리하면 표 3-4와 같이 된다.

표 3-4 R, L, C의 주파수 특성

	임피던스	주파수 특성		
		직류에서는 ⇓		∞주파수에서는 ⇓
R	R	R	주파수와 관계없이 일정 ⟺	R
L	$j\omega L$	0	주파수에 비례해서 증가 ⟶	∞
C	$\dfrac{1}{j\omega C}$	∞	주파수가 증가하면 감소 ⟶	0

저항은 주파수가 변화해도 일정한 값을 가지나 커패시턴스의 임피던스는 주파수가 높을수록 주파수에 반비례해서 감소하므로 전류는 증가하게 된다.

한편, 인덕턴스의 임피던스는 주파수에 비례해서 증가하므로 주파수가 높을수록 전류는 흐르기 어렵게 된다.

직류는 $\omega = 0$에 해당하므로 커패시턴스의 임피던스는 무한대(∞)되어 회로가 개방된 것과 같이 전류가 흐를 수 없으나, 인덕턴스에서는 임피던스가 0이 되어 회로가 단락된 것 같이 크게 흐르게 된다.

표 3-5 R, L, C의 전압과 전류의 위상

	전압에 대한 전류의 위상	
R	동 상 (同相)	
L	90° 위상 늦음	
C	90° 위상 빠름	

표 3–5는 위상 관계를 나타내는 것으로 저항은 전압과 전류가 포개진 파형으로 위상이 같은, 다시 말하면 동상(同相)임을 알 수 있다. 그러나 인덕턴스와 커패시턴스는 전압과 전류의 위상, 임피던스의 주파수 특성이 정반대임을 알 수 있다.

5 – 3 R, L, C와 에너지 관계

R, L, C는 전압을 가해 전류를 흘리면 에너지를 소비하거나 축적하기도 한다.
각 소자의 에너지 관계를 알아보자.

① **저항과 에너지** : 저항은 에너지를 전부 열로 소비한다. 소비되는 에너지는 모두 열(熱)이 된다. 예를 들면 전열기, 백열전구, 헤어 드라이어 등을 들 수 있다. 따라서 전기회로의 저항성분은 열을 발생하는 원인이 된다.

　　전기회로를 집적한 IC (integrated circuit)는 대단히 작은 면적이므로 온도가 상승하지 않도록 하거나 소비전력이 적은 IC의 개발이 중요한 일로 된다.

• 저항의 소비 에너지 •

매초 소비되는 에너지량 P (소비전력 : 단위는 와트 [W])

$$P = VI = I^2 R = \frac{V^2}{R} \quad\cdots\cdots\cdots\cdots\cdots\cdots\cdots\cdots\cdots\cdots\cdots\quad 3 \cdot 12$$

(V, I에 실효값을 사용하면 직류, 교류 어느 쪽에도 성립된다.)

---

10 Ω의 저항에 100 V의 전압을 가할 때, 흐르는 전류는 10 A이며, 소비되는 전력은 1 kW가 된다.

② **인덕턴스와 에너지** : 인덕턴스는 직류전류가 흐르고 있을 때만 자장으로 에너지를 동적 (dynamic) 으로 축적한다. 전류가 끊어지면 에너지도 없어지나 에너지는 소비하지 않는다.

• 인덕턴스의 축적 에너지 •

축적 에너지량 $W = \dfrac{LI^2}{2}$ [J] $\cdots\cdots\cdots\cdots\cdots\cdots\cdots\cdots\cdots\cdots\quad 3 \cdot 13$

여기서, [J]는 에너지의 단위로 줄 (Joule) 이다.

　　지금 인덕턴스에 전류를 흘리면서 양단을 연결하면, 코일 중 계속해서 전류가 흐르게 된다.

　　실제의 코일에는 저항 성분이 얼마간 있으므로 축적된 에너지가 점차 열로 소비되어 없어지므로 흐르는 전류도 점차 감소해 간다. 만일, 코일의 저항 성분이 없다면 매우 강력한 자장을 안정적으로 얻을 수 있게 된다.

　　자기 부상식의 미래의 초특급 열차, 전력의 저장, 핵융합 발전 등에서 코일의 저항을 0으로 하는 「초전도 기술」의 목표는 이 인덕턴스의 축적 에너지를 활용하는 데에 있다.

　③ **커패시턴스와 에너지**：커패시턴스는 직류전압에 대응해서 전계로서 정적 (static) 으로 에너지를 축적한다. 그러나 저항과 같이 에너지는 소비하지 않는다.

　　가해 준 전압을 제거해도 그대로 전압은 유지된다.

• 커패시턴스의 축적 에너지 •

축적 에너지량　$W = \dfrac{QV}{2} = \dfrac{CV^2}{2}$ [J] .... 3·14

　　소형 카메라의 플래시는 커패시턴스에 축적된 에너지를 짧은 순간에 방출하여 섬광을 얻는데에 사용하고 있다.

　　그림 3−16 는 방금 설명한 각 소자 R, L, C 와 에너지 관계를 정리한 것이다.

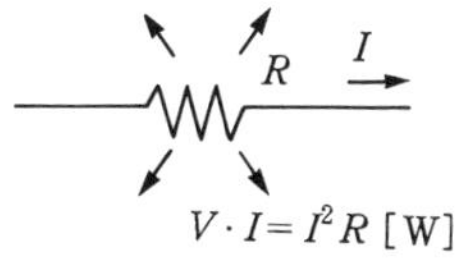

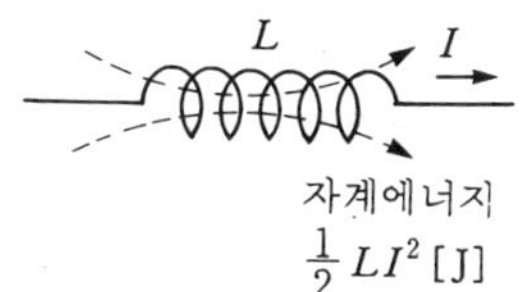

그림 3−16　R, L, C와 에너지 관계

·NOTE·

자기 조리기

전기를 열로 발생하는 장치가 전열기이지만 자기를 열로 바꾸는 것이 자기 조리기(磁氣調理器)이다. 전기와 자기는 형상이 달라도 이것도 하나의 에너지 형태이다.

자계에 의한 유도전류를 열원으로 하는 것으로 유도가열(誘導加熱)이라는 것이 있다.

유도가열은 공업 방면에서 물질의 가열이나, 금속의 용해 등에 이용되고 있다.

유도가열이 가정의 전기기구에 이용되기 시작한 것은 자기조리기가 처음이다.

자기 조리기의 특징은 불꽃이 없기 때문에 가열에 의한 오염이 없고 열효율이 80%로 높아 다른 열원, 예를 들면 가스가 40%, 전열기가 53%인 것에 비해 대단히 높다는데 있다.

...제4장
복소수 계산법

복소수라 하면 듣는 것만으로 어렵다고 생각하는 사람이 많다.

복소수를 사용하면 전기회로를 자유 자재로 다룰 수 있고 계산이 간단하게 된다.

자동차도 운전면허를 따는데는 고생하나, 한번 맛을 들어 버리면 자동차의 편리함은 생활에서 없어서는 안되는 것과 같다.

복소수를 다루는 방법은 자동차의 운전보다 상당히 간단하다.

이 장에서는 복소수를 다루는 방법을 배우게 된다.

1 복소수란

1-1 복소수 구조

복소수는 실수와 허수로 구성되며, 실수는 세상에 존재하는 수이지만, 허수는 존재하지 않는 수이다. 복소수는 크기와 방향을 갖는 벡터를 다루는데 이용하고 있다.

전기회로에서 직류는 실수로 표현할 수 있으나, 교류는 벡터량이므로 복소수를 이용하면 회로계산이 간단하게 된다.

여기서, 허수(虛數)는 제곱하면 -1로 되는 수, 즉 -1의 제곱근 $\sqrt{-1}$ 을 가리킨다.

수학의 세계에서는 $\sqrt{-1}$ 을 기호 i (imaginary number의 i)로 표시하나, 전기분야에서는 전류의 기호 I, i 와 혼동되므로 I 의 대신에 j 을 사용하고 있다.

지금 실수 A, B 가 있다 하면, 복소수는 다음 식과 같이 표현된다.

$$A + jB \quad\text{··} 4 \cdot 1$$

위 식에서 1항 A 는 실수이고, 2항 jB 는 허수를 나타낸다.

「실수와 허수」는 두 개의 성질이 다른 수를 복합한 것이므로, 영어로는 complex number(복합수)라 부른다. 복합수는 복소수보다 직감적으로 친근감이 든다.

1-2 복소수 계산의 요점

복소수의 계산에서 응용되는 요점을 나열하면 다음과 같다.

① $j \times j = j^2 = (\sqrt{-1})^2 = -1$

② $1/j = j/j^2 = j/-1 = -j$

③ $A \times j = jA, \quad A \div j = -jA$

④ **가감산 (덧셈, 뺄셈)**

$\quad (A + jB) \pm (C + jD) = (A \pm C) + j(B \pm D)$

실수는 실수끼리, 허수는 허수끼리 가감산한다.

실수부와 허수부는 가감산에서는 전혀 관계가 없다.

⑤ 승산(곱셈)

$$(A + jB) \times (C + jD) = AC + jBC + jAD + j^2 BD$$
$$= (AC - BD) + j(BC + AD)$$

⑥ 제산(나눗셈)

$$\frac{A + jB}{C + jD}$$

특히, 나눗셈에서는 분모의 j 를 없애서 실수부와 허수부로 분리해 복소수의 형태로 되도록 한다. 여기서는 대수공식 $(a + b)(a - b) = a^2 - b^2$ 을 생각하자.

분자, 분모에 $C - jD$ 를 곱해 주면, 분모의 쪽은 $C^2 - (jD)^2 = C^2 + D^2$ 으로 되어 분모에 있는 j 가 없어진다.

그러면 실제로 식을 전개하여 보자.

$$\frac{A + jB}{C + jD} = \frac{(A + jB)}{(C + jD)} \frac{(C - jD)}{(C - jD)} = \frac{AC + jBC - jAD + BD}{C^2 + D^2}$$
$$= \underbrace{\frac{AC + BD}{C^2 + D^2}}_{\text{(실수부)}} + j \underbrace{\frac{BC - AD}{C^2 + D^2}}_{\text{(허수부)}}$$

로 되어 복소수의 기본형으로 된다. 이 나눗셈의 계산은 전기회로에서는 대단히 많이 사용되므로 충분히 이해하고, 익혀 두길 바란다.

이상과 같이 복소수식들의 가감산, 승산, 제산은 결국 다음의 계산 예와 같이 □+j □의 복소수의 형으로 해서 실수부와 허수부를 명확히 하는 것에 목적이 있다.

예제 1. 그러면 구체적인 수치로 계산해 보자.

해설 • 가감산 : $(5 + j10) - (6 + j5) = (5 - 6) + j(10 - 5) = -1 + j5$

• 승 산 : $(5 + j10) \times (6 + j5) = (5 + j10) \times 6 + (5 + j10) \times j5$
$$= 30 + j60 + j25 - 50 = -20 + j85$$

• 제 산 : $\dfrac{(5 + j10)}{(6 + j5)} = \dfrac{(5 + j10)}{(6 + j5)} \dfrac{(6 - j5)}{(6 - j5)} = \dfrac{(80 + j35)}{(36 + 25)}$
$$= \frac{80}{61} + j\frac{35}{61} = 1.31 + j0.57$$

일반적으로 전기회로 계산에서는 유효숫자 3자리이면 충분하다 (4자리는 사사오입).

2 복소평면과 벡터

2-1 XY평면과 복소평면

여기까지는 복소수를 상징적인 수로서 다루어왔으나, 직감적으로 알기 쉬운 그래프(graph) 표현을 생각해 보자.

XY평면이란 여러분이 자주 사용하는 XY좌표축을 가리킨다. 물론 XY평면은 실수의 세계를 나타내는 평면으로 원점 0에서 직각으로 교차하는 실수의 좌표축 X와 Y로 성립되어 있다. XY평면상의 임의의 점 z를 좌표축의 값 x, y의 두 개의 실수에 대응하게 된다. 이 점을 $z(x, y)$로 표현된다.

복소평면은 XY평면과 거의 같으나 조금 다르다. 그림 4-1 (a) 와 같이 횡축 (가로축) 은 XY평면과 같이 실수축이며, 종축 (세로축) 은 허수축이다.

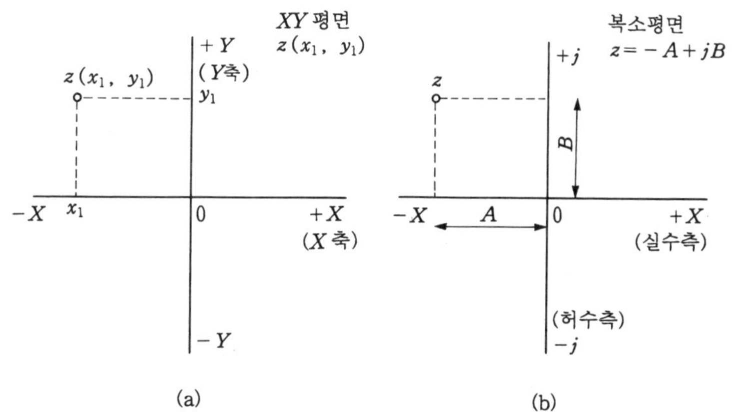

그림 4-1 XY평면과 복소평면

결국 XY평면의 Y축은 허수축 (j축) 으로 대신한 형태이다.

복소수 $z = -A + jB$의 값을 복소평면에 그려 보면 그림 4-1 (b) 와 같이 횡축상에서 $-A$, 종축상에서 B 의 값을 갖는 교점이 z 에 대응한다. 따라서 복소평면상에서는 어느 점을 잡아도 반드시 한 개의 복소수와 $1:1$ 로 대응하고 있다.

　복소평면은 생각할 수 있는 모든 복소수를 그 평면의 어딘가의 한 점으로 표현할 수 있다. XY 평면에서는 $z(x,\ y)$ 이라 한 것처럼, 두 개의 실수 x, y 로 하나의 교점이 정해졌으나 복소평면에서는 단지 하나의 복소수로 하나의 점이 결정된다.

2 - 2　복소수와 벡터

　복소수는 벡터와는 언뜻 아무런 관계가 없는 것처럼 보이나 복소평면에서는 벡터를 나타낼 수 있다.

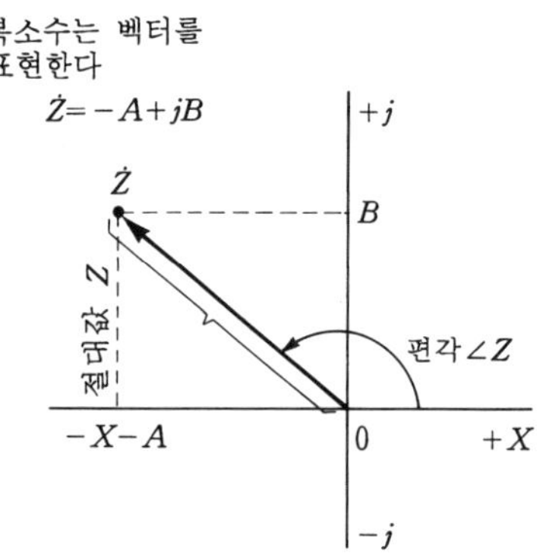

그림 4-2　복소수는 벡터이다

　그림 4-2 에서 Z 와 원점을 연결한 선분 ZO 는 방향과 크기를 복소수 Z 에 대응해서 자유롭게 얻을 수 있으므로 벡터량이라 본다.

　하나의 복소수는 복소평면상의 점에 대응함과 동시에 그의 점과 원점을 연결한 벡터량으로도 대응한다.

복소수 = 복소평면상의 한 점 = 그의 점과 원점을 이은 벡터

벡터의 크기 (절대값) 와 편각은 식 $4 \cdot 2$ 와 같이 된다.

$$\left.\begin{array}{l} \text{절대값}: |Z| = \sqrt{A^2 + B^2} \\[2mm] \text{편 \ 각}: \angle Z = \tan^{-1}(B/-A) \end{array}\right\} \quad \cdots\cdots\cdots\cdots\cdots\cdots\cdots\cdots\cdots\cdots\cdots\cdots\cdots\cdots \ 4\cdot2$$

편각은 그림 4-2에서와 같이 정(+)의 실수축과 벡터가 짓는 각도를 나타낸다는 것이 약속되어 있으므로 주의해야 한다.

부(−)의 실수축이나 j 축쪽에 가깝다고 해서 이들로부터 각도를 구하면 약속 위반으로 이야기가 통하지 않게 된다.

편각을 계산할 때는 벡터도를 그려서 벡터 방향을 확인한 후에 수치를 구해야 한다. $\tan^{-1}|B/A|$는 4개의 답(편각)이 있다. 또, A와 B가 정인가 부인가로 벡터의 방향을 판단할 수 있게 된다.

또 하나의 j의 불가사의한 동작을 소개한다.

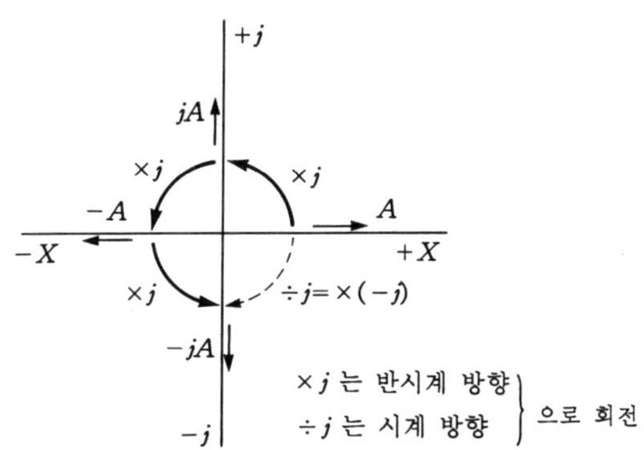

그림 4-3 j를 곱하거나, 나누면 벡터는 90° 회전한다

그것은 벡터에 j를 곱하면 복소평면상에서 벡터(복소수)가 90° 회전하는 성질이다. 이것은 이미 제3장의 커패시턴스와 인덕턴스에서 다루었으나, 사실은 복소평면상에서 복소수의 성질을 나타낸다.

그림 4-3에서 (+)실수축상의 벡터 A를 생각해 해보자.

이 벡터는 복소수 $Z = A + j \times 0$에 대응한다.

즉, 실수 A만의 복소수가 된다.

이 복소수 A 에 j 를 곱하면, jA 가 되어 $+j$ 축에 있게 되어 벡터 A 는 반시계 방향으로 90° 회전한 일로 된다. 반복해서 이 jA 에 j 를 곱하면 $jA \times j = j^2 A = -A$ 가 되어 90° 회전해서 부의 실수축으로 가고, 또 j 를 곱하면 $-A \times j = -jA$ 가 되어 부의 실수축상의 벡터는 $-j$ 축상에, 또 j 를 곱하면 $(+)$ 실수축으로 가게 되어 원래대로 된다.

또, $(-)j$ 를 곱하면 벡터는 시계 방향으로 90° 회전하게 된다. 이와 같이 벡터에 j 를 곱한다는 것은 벡터의 크기에는 변화 없이 방향만을 반시계 방향으로 90° 회전, $(-)j$ 는 시계 방향으로 90° 회전하는 기능이 있다.

앞 장에서 다루었던 인덕턴스와 커패시턴스의 전압·전류관계를 다시 한번 살펴보자.

$$I = \frac{V}{j\omega L} = \frac{-jV}{\omega L}$$

위 식을 복소평면상의 벡터로 나타내면 그림 4-4(a)와 같이 된다. 전류 I 는 전압 V 에 $-j$ 를 붙인 형으로 전압을 기준으로 정의 실수축으로 하면 전류 I 의 벡터는 90° 시계 방향으로 회전하여 $-j$ 축에 있고 절대값의 크기 $V/\omega L$ 로 된다.

또 전류의 벡터방향은 교류전류의 위상을 나타내는 것으로 $+$실수축에서 시계 방향으로 90° 회전한 $-j$ 축에 있으므로 전류의 위상은 가해 준 전압보다 90° 늦은 것을 나타낸다. 이와 같이 복소평면상의 벡터로서 다루면 인덕턴스의 동작을 시각적으로 바로 알 수 있다.

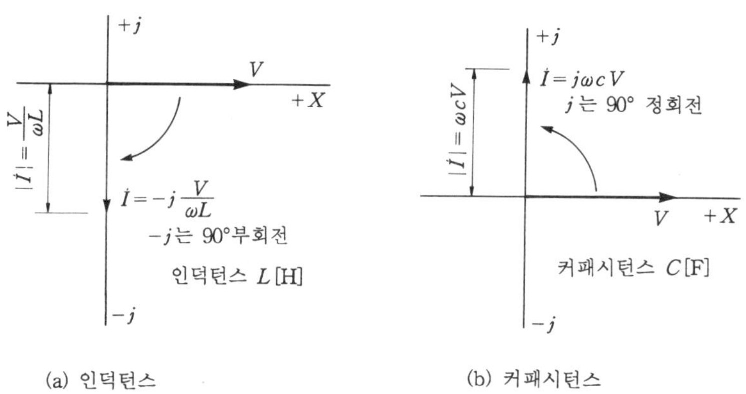

(a) 인덕턴스   (b) 커패시턴스

그림 4-4 L, C 의 전압과 전류의 벡터

커패시턴스에 대해서도 전압 전류식을 다시 써보면 다음과 같은 식이 된다.

$$I = V \cdot j\omega C$$

위 식도 역시 복소수식이며 복소평면상에 도시하면 그림 4-4 (b) 와 같이 전류 I 의 벡터는 j 축으로 간다. 커패시턴스에서는 교류전류는 가해준 전압에 대해서 90° 빠르고, 그의 크기는 ωCV 인 것을 나타내고 있다.

인덕턴스와 커패시턴스는 가해준 전압에 대해서 전류의 위상이 각기 90° 늦음, 90° 빠름으로 되어 정반대의 성질을 가지고 있다.

3 복소수와 전기회로의 관계

3 - 1 정현파 교류의 복소수 표현

제2장과 이 장에서 정현파 교류의 수학적 취급의 요점을 필요에 따라 알아봤으나, 여기서는 복소수와 전기회로의 관점에서 정리해 두기로 한다.

먼저 교류의 식

$$v = V_m \sin(\omega t + \phi) \cdots\cdots\cdots\cdots\cdots\cdots 4 \cdot 3$$

을 복소수로는 어떻게 표현되는지 알아보자.

여기서 기준화로서 $\sin \omega t$ 를 먼저 다룬다.

수학의 세계에서는 오일러 (Euler) 공식이 있어서 $\sin \omega t$ 를 복소함수로 표시하면 다음과 같이 된다.

$$\sin \omega t = \frac{1}{2j} \left(e^{j\omega t} - e^{-j\omega t} \right) \cdots\cdots\cdots\cdots 4 \cdot 4$$

여기서, $e^{j\omega t}$ 을 복소평면에서 표현하면 이제까지는 순수한 수학적 조작이었으나, 놀랍게도 등속 원운동하는 벡터로 된다. 이 벡터는 각속도 ω 로 회전하고 있으므로 회전벡터라고 부른다.

제2장을 마치면서 등속 원운동과 정현파 관계를 알아봤으나, 오일러의 공식은 수학적으로 그 관계를 나타내고 있다.

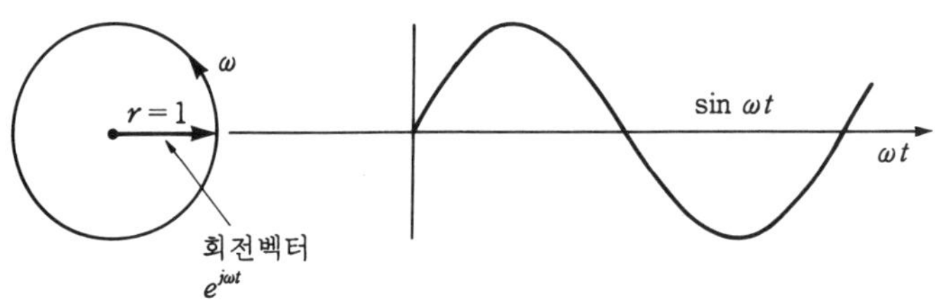

그림 4-5 회전벡터와 정현파

그림 4-5에 이 회전벡터 $e^{j\omega t}$ 와 정현파 관계를 나타낸다. 다시 말하면 벡터 $e^{j\omega t}$ 와 $e^{-j\omega t}$ 의 차의 $\dfrac{1}{2j}$ 는 실수축상의 원점을 중심으로 주기 $\dfrac{2\pi}{\omega}$ 로 진동하는(시간 t 또는 각도 θ 에 대한다) 정현파로 되며 간단한 표현으로 회전벡터 $e^{j\omega t}$ 로 대표시켜서 그 j 축의 기울인 그림자의 시간 또는 각도 θ 에 대한 변화를 그리면 그것이 정현파가 된다.

$\sin(\omega t + \phi)$ 도 회전벡터 $e^{j(\omega t + \phi)}$ 로 이것은 먼저의 회전벡터 $e^{j\omega t}$ 보다 ϕ 만큼 앞서 가는 정현파로 된다. 이 ϕ 는 두 개의 정현파의 시간적 상대관계를 나타내고 있다.

회전벡터는 각속도 ω 로 회전하고 있으므로 어떤 순간, 시간이 정지된 회전벡터를 살펴보기로 하자.

기준은 (+)실수축으로 하고 그의 위에 있는 벡터를 위상 0 으로 한다. 정현파를 복소수로 정현파를 다루면 다음과 같게 된다.

정현파 교류 = 회전벡터 = 전압, 전류의 복소수의 표현

3-2 임피던스의 복소수 표현

저항은 복소수를 사용하지 않아도, 전기회로를 다루는 데에 아무렇지 않았으나, 임피던스 Z 는 복소수 없이는 취급하기가 대단히 복잡하게 된다. 그러나 복소수를 도입하면 수순은 기계적으로 간단 명료하게 되는 장점이 있다.

인덕턴스에 대해서 교류전압과 전류의 관계를 기본적으로 구해 보기로 한다.

이것은 인공위성이나 탄도를 구하는 운동 방정식과 유사한 형태로 미·적분식이 필요하게 된다.

인덕턴스 L 의 양단의 전압은 흐르는 전류의 시간적 변화에 비례하며, 그의 비례계수는 인덕턴스가 된다.

식으로 쓰면 다음 식과 같다.

$$v_L = L \cdot \frac{di}{dt} \quad\text{..}\quad 4\cdot5$$

여기서 $i = I_0 \sin \omega t$ 이며, 복소수의 형으로 $i = i_0 e^{j\omega t}$ 가 되므로 식 4·5에 대입하고, $\dfrac{d(e^{nx})}{dx} = n \cdot e^{nx}$ 을 사용하여 풀면, 다음과 같이 된다.

$$v_L = L \cdot i_0 \, e^{j\omega t} \cdot j\omega = j\omega L \cdot i_0 \, e^{j\omega t} = j\omega L \cdot i \quad\text{································} 4\cdot 6$$

복소수로 정현파를 나타내면 미분은 $j\omega$을 곱하는 것과 같게 되어 미분을 없애고 식 4·6과 같이 옴의 법칙과 비슷한 계산이 된다.

커패시턴스 C의 전압은 축적된 전하량에 비례하므로 다음 식이 성립된다.

$$v_C = \int \left(\frac{i}{C}\right) dt \quad\text{································} 4\cdot 7$$

여기서도 $i = i_0 \, e^{j\omega t}$의 복소수를 사용하고, $\int e^{nx} dx = \frac{1}{n} \cdot e^{nx}$ 를 적용해서 풀면 다음과 같이 된다.

$$v_C = \frac{1}{C} \cdot i_0 \, e^{j\omega t} \cdot \frac{1}{j\omega} = \frac{1}{j\omega C} \cdot i_0 \, e^{j\omega t} = \frac{i}{j\omega C} \quad\text{··············} 4\cdot 8$$

적분계산은 불필요하게 된다.

결국 미·적분 계산은 다음과 같이 놓을 수가 있어 복소수 계산이 간단하게 됨을 알 수 있다.

$$\frac{d}{dt} = j\omega, \quad \int dt = \frac{1}{j\omega} \quad\text{··························} 4\cdot 9$$

이와 같이 해서 인덕턴스나 커패시턴스에서는 미적분 계산이 필요하나, 정현파 교류를 다루는 정상 상태에서는(정상 상태는 제5장에 다룬다) 저항과 같이 옴의 법칙에 비슷한 계산(식 4·6, 4·8 참조)으로 답을 구할 수 있다.

결론적으로 R, L, C에 대한 전압전류의 관계는 임피던스 $R, \, j\omega L, \, \dfrac{1}{j\omega C}$를 생각하면 옴의 법칙을 확장해서 모두 $V = I \cdot Z$로 간단히 계산할 수 있다는 것을 설명하였다.

이와 같이 복소수의 세계에서 생각해 보면, 전기회로는 확장한 옴의 법칙으로 모두 계산할 수 있으며, 이 절에서는 그 근거를 알아보았다. 또, 정현파 전압 전류는 복소평면에서의 회전 벡터로서도 식으로 다루는 방법을 배웠다.

임피던스도 j를 포함하는 복소수이며 복소평면에서 벡터로서 다루게 된다. 단, 임피던스는 회전벡터가 아니다는 것을 알아 두기 바란다.

...제 5 장

전기회로

제 3 장에서 R, L, C 의 기본 특성을 배웠으나 이것은 한 개의 특성이므로 이것만으로는 불편하다.

이 장에서는 R, L, C 를 조합했을 때 어떤 전기적 특성이 얻어지는가를 중심으로 전기회로의 계산법칙을 알아보자.

1. 제 5 장의 안내를 겸해서 이 책 전체의 구성을 설명한다.
2. R, L, C 를 접속했을 때의 임피던스 계산과 전압전류의 관계를 알아보자.
3. 복잡한 회로를 계산하는데에는 편리한 정석이 있다. 대표적인 정석을 알아보자.
4. 이제까지는 회로를 통과하는 신호는 정현파 신호만 다루어 왔다. 오디오나 텔레비전, 펄스 등 일반적인 신호를 다루는 방법을 알아보자.
5. 널리 사용되고 있는 R, L, C 의 조합회로의 특성을 다룬다.
6. 전력, 접지 등 전기회로의 기본 지식을 이야기한다.
7. 3 상교류에 대해서 설명한다.

1 이 장을 공부하는 방법

공학 (engineering) 이란 목적의 물건을 최소의 비용으로 만드는 방법을 말한다.

이 책도 입문자가 최소의 수고와 노력으로 전기회로의 기본을 확실히 알게 하고 응용도 잘 할 수 있도록 최단의 과정으로 목표를 설정하고 있다.

이 책에서는 각장의 내용이나 배열도 이제까지의 교과서에서 하던 배열이나 내용으로 하지 않고, 독자가 이해하기 쉽도록 최단 경로화를 위해 기술 교과서 형식을 탈피하여 다음과 같은 내용과 배열로 구성하였다.

제 1 장   전기와 자기의 기본이 되는 현상과 용어를,

제 2 장   교류와 직류, 수식 표현을,

제 3 장   전기회로소자 R, L, C의 전기적 특성을,

제 4 장   복소수 계산법을 배웠다.

제 5 장   지금까지 배웠던 내용을 토대로 복잡한 전기회로를 응용하고 해설할 수 있도록 하기 위해서 마련되었다. 더 나가서는 제 6 장에서 다루는 전자회로를 이해하는데 밑거름이 되도록 하였다.

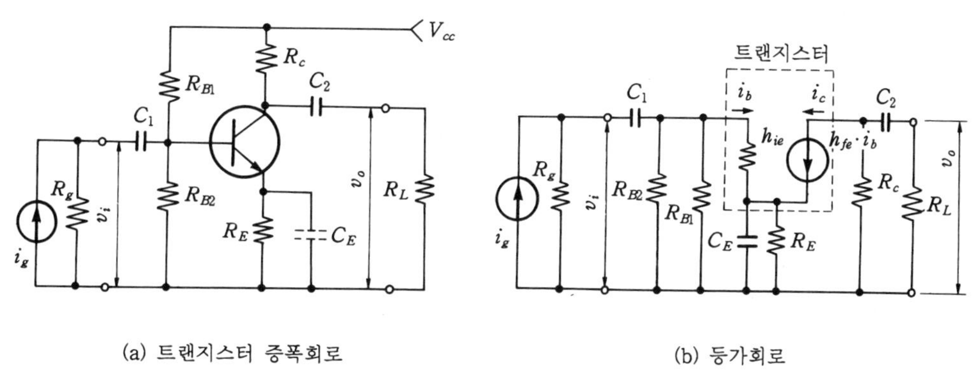

(a) 트랜지스터 증폭회로   (b) 등가회로

그림 5-1   전자회로도 R, L, C 조합으로 표현할 수 있다

전기회로 이론이란 간단히 말하면, R, L, C의 단일 특성과 이들을 조합할 때의 동작을 이해, 파악하기 위한 원리라 할 수 있다.

전기회로는 R, L, C만으로는 전기 에너지를 소비 혹은 축적할 수 있으나, 신호를 증폭하거나 파형을 정형하거나 개폐동작(On Off 동작)은 할 수 없다. 따라서, 트랜지스터나 집적회로(IC)를 사용하는 전자회로가 필요하게 된다.

일반적으로 R, L, C는 수동소자(passive), 트랜지스터나 IC는 능동소자(active)라 한다.

제6장에서는 대표적인 능동소자인 트랜지스터와 그 회로를 다루고 있다. 그러나 트랜지스터도 제6장에서 논한 것와 같이 R, L, C와 신호원의 조합으로 똑같은 기능을 표현할 수 있다.

이와 같이 동등의 기능을 가지는 회로를 등가회로(等價回路)라 부른다.

그림 5-1 (a)에서와 같이 능동소자가 포함된 전기회로일지라도 그림 5-1 (b)와 같이 모두 수동소자인 R, L, C를 접속한 회로로 나타낼 수 있으므로 제5장을 배우게 되면 전자회로의 해석도 가능하다는 것을 알 수 있다.

이 장에서는 R, L, C의 조합 규칙을 중심으로 대표적인 회로의 특징을 이해하는데 주안점을 두어 다루었다.

2 합성 임피던스

2-1 직렬접속과 병렬접속

전기회로는 R, L, C가 몇 개 연결된 것에 지나지 않으므로 여기서는 접속 규칙에 대해서 알아본다.

먼저 접속의 이미지를 얻기 위해 교통 체증을 예를 들어보자(그림 5-2 참고).

A와 같은 작은 도로가 있어 아침부터 저녁까지 교통 체증으로 어려움을 겪고 있다.

당국은 교통 체증 해소안으로 그림 5-2(a), (b) 두 개의 안을 만들어서 시의회에 제출하였다고 하자.

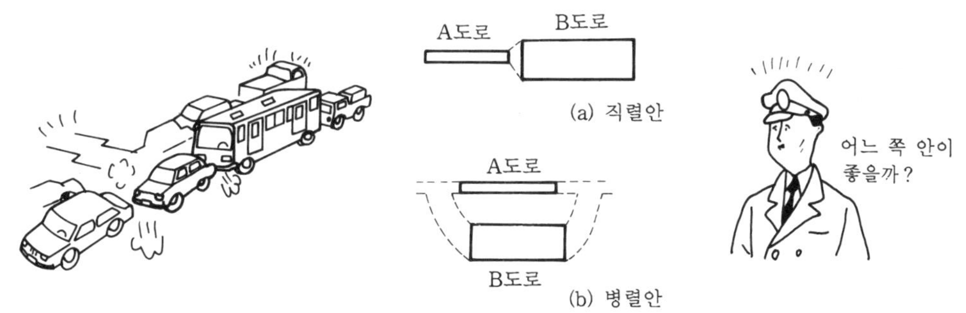

그림 5-2 교통 체증 해소안

제1안 (a)는 직렬안으로 도로 A에 직접 넓은 도로 B를 연결해서 도로 A의 교통 체증을 해소하는 안이고, 제2안의 (b)는 병렬안으로 도로 A에 병렬로서 넓은 도로 B를 연결하는 안이었다.

좁은 도로에 넓은 도로를 직렬로 연결할 때와 병렬로 연결할 때, 차의 소통은 어떻게 될까?

여러분이라면 어느 쪽을 선택하겠는가?

병렬안이 정답으로 길 가운데 혼잡 방지를 위해 만드는 측로(by-pass)가 된다.

　직렬안에서의 종합적인 차의 소통은 A, B 의 개개의 소통보다 더욱 나쁘게 된다.

　임피던스는 전류의 흐르기 어려운 정도를 나타내는 값이므로 이 도로의 예와 같이 직렬로 연결하면 전체로는 반드시 원래 소자의 임피던스보다 크게 된다. 즉, 전류는 흐르기 어렵게 된다.

　병렬안은 바이패스란 이름에서 알 수 있는 것과 같이 A, B 두 개의 도로의 소통보다 반드시 크게 된다. 병렬안의 임피던스의 경우는 총합된 임피던스는 각 개별의 임피던스보다 반드시 작다. 즉, 전류가 흐르기 쉽게 된다.

　결론적으로 직렬은 흐르기 어렵게 되고 병렬은 흐르기 쉽게 된다. 이 감각을 올바르게 알아 두길 바란다.

　이야기를 R, L, C에 한해서 두 개의 소자를 연결하는 방안을 생각해 보면 그림 5−3과 같이 일렬로 연결한 직렬접속과 병렬로 연결한 병렬접속의 두 종류 밖에 없다.

　여기서는 R, L, C를 일반화해서 임피던스로 다루기로 한다.

① **직렬접속** : 임피던스는 전류의 흐르기 어려운 정도를 나타내므로 그림 5−3과 같이 두 개의 Z를 직렬로 접속할 때는 전류는 이 두 개의 임피던스(Z)를 통과하지 않으면 안되므로 전체의 임피던스는 두 개의 Z의 합이 된다.

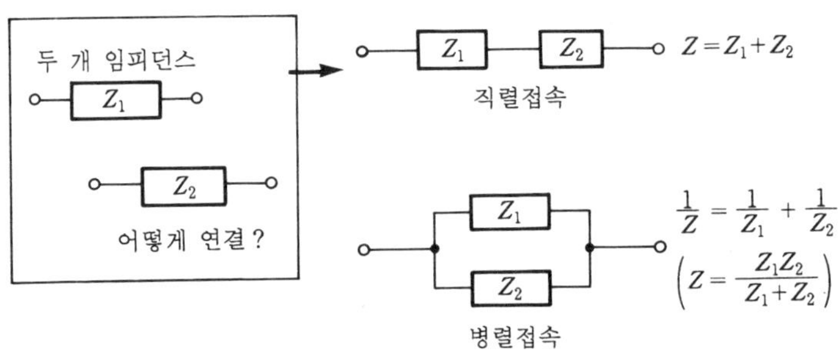

그림 5−3　두 개 임피던스의 접속방식

$$Z = Z_1 + Z_2$$

　여기서, n 개의 임피던스를 직렬로 접속하면 (그림 5−4 참조), 그의 합성 임피던스는 전체의 합으로 되어 다음 식과 같다.

$$Z = Z_1 + Z_2 + Z_3 + \cdots Z_n$$
$$= \Sigma Z_i \quad\cdots\cdots\cdots\cdots\cdots\cdots\cdots\cdots\cdots\cdots\cdots\cdots\cdots\cdots\cdots\cdots\cdots\cdots\cdots\cdots\cdots\cdots\cdots\cdots\cdots\cdots\cdots 5 \cdot 1$$

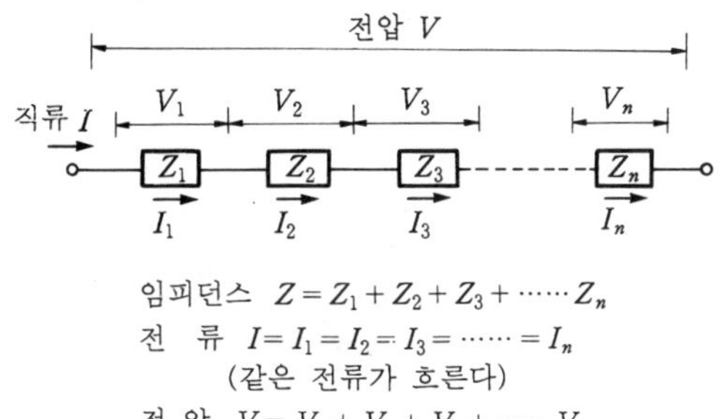
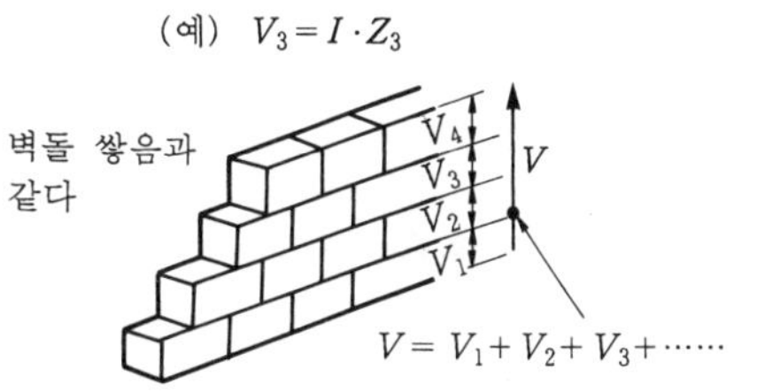

그림 5-4 직렬접속

$\sum$ 는 합계하는 기호로 i 를 1, 2, $\cdots$, n 까지 바꾸어서 그들의 모든 합을 얻는 것을 의미한다.

그러면 직렬접속에 의해서 각 소자에 걸리는 전압, 흐르는 전류는 어떻게 되는 것일까?

전류 I 는 각 소자에 똑같은 전류가 흐르므로

$$I = I_1 = I_2 = I_3 = \cdots = I_n \quad\cdots\cdots\cdots\cdots 5\cdot2$$

이 되며, 전체의 전압은 각 소자의 전압의 합으로 구해진다.

$$V = IZ = IZ_1 + IZ_2 + IZ_3 + \cdots + IZ_n$$
$$= V_1 + V_2 + V_3 + \cdots + V_n = \sum V_i \quad\cdots\cdots\cdots\cdots 5\cdot3$$

각 소자에 걸리는 전압은 소자의 임피던스에 비례하게 된다.

② **병렬접속**: 병렬접속은 직렬접속과는 다르며 그림 5-5와 같이 두 개의 Z 병렬접속은 바이패스 도로와 같으므로 전류는 흐르기 쉽게 된다. 전체의 흐르기 쉬운 정도($1/Z$)는 각 소자의 흐르기 쉬운 정도의 합이 되어 다음과 같다.

$$\frac{1}{Z} = \frac{1}{Z_1} + \frac{1}{Z_2}$$

Z를 구하면

$$Z = \frac{Z_1 Z_2}{Z_1 + Z_2} \quad\cdots\cdots\cdots\cdots 5\cdot4$$

로 된다.

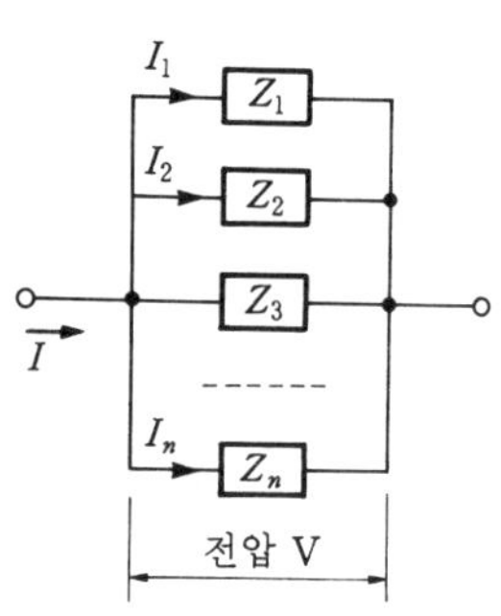

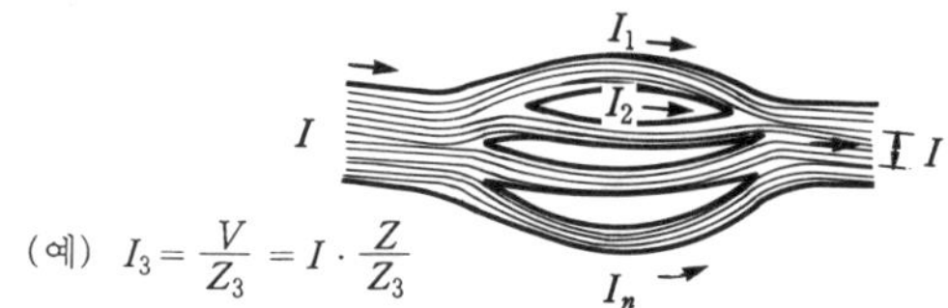

- 임피던스　$\dfrac{1}{Z} = \dfrac{1}{Z_1} + \dfrac{1}{Z_2} + \dfrac{1}{Z_3} + \cdots\cdots + \dfrac{1}{Z_n}$

- 전류　전체 전류 I 는 각 임피던스의 $\dfrac{1}{Z}$ 에 비례해서 분류한다.

$$I = I_1 + I_2 + I_3 + \cdots\cdots + I_n \quad 전압 \ V$$

(예)　$I_3 = \dfrac{V}{Z_3} = I \cdot \dfrac{Z}{Z_3}$

- 전압　$V = V_1 = V_2 = V_3 = \cdots\cdots = V_n$

전압은 각 임피던스에 똑같이 걸린다.

그림 5-5 병렬접속

일반적으로 n개의 임피던스의 접속은

$$\frac{1}{Z} = \frac{1}{Z_1} + \frac{1}{Z_2} + \frac{1}{Z_3} + \cdots + \frac{1}{Z_n}$$

$$= \sum_{i=1}^{n} \frac{1}{Z_i} \quad\cdots\cdots\cdots\cdots\cdots\cdots\cdots\cdots\cdots\cdots\cdots\cdots\cdots\cdots\cdots 5\cdot5$$

로 된다.

다음에 병렬접속된 각 소자의 전류, 전압은 어떻게 되는가를 구해 보자.

병렬회로에서 전압은 각 소자에 똑같은 전압이 걸리게 된다.

$$V = V_1 = V_2 = V_3 = \cdots = V_n \quad\cdots\cdots\cdots\cdots\cdots\cdots\cdots\cdots\cdots 5\cdot6$$

전체의 전류는 각 소자에 흐르는 전류의 합이 된다.

$$I = \frac{V}{Z} = \frac{V}{Z_1} + \frac{V}{Z_2} + \frac{V}{Z_3} + \cdots\cdots + \frac{V}{Z_n}$$

$$= I_1 + I_2 + I_3 + \cdots\cdots + I_n \left\{ I_i = \frac{V}{Z_i} \right\}$$

$$I = I_1 + I_2 + I_3 + \cdots + I_n = \Sigma I_i \quad\cdots\cdots\cdots\cdots\cdots\cdots\cdots\cdots 5\cdot7$$

각 소자에 흐르는 전류는 각 소자의 $\dfrac{1}{Z_i}$ 에 비례한다.

2-2 병렬접속은 어드미턴스 Y를 사용하면 편리하다.

식 5·7에서와 같이 병렬접속의 계산은 복잡하게 되어 어렵게 보여진다.

$$\text{어드미턴스 (admittance)} \quad Y = \frac{1}{Z} \quad \text{……………………………………} \quad 5\cdot8$$

따라서, 임피던스의 역수인 어드미턴스를 사용하면 식 5·5는 식 5·9와 같이 간결하게 된다.

어드미턴스 Y는 전류의 흐르기 쉬운 정도를 나타내고 그 단위는 지멘스 [S] (siemens) 이다. 어드미턴스는 임피던스의 역수이므로 단위를 $[\Omega^{-1}]$로 쓰기도 하며 Ohm 의 철자를 뒤에서 읽어 모 (mho) 라 한다.

병렬접속의 식 5·5는

$$Y = Y_1 + Y_2 + Y_3 + \cdots + Y_n \quad \text{………………………………………} \quad 5\cdot9$$

로 되어 임피던스의 직렬접속의 식과 형식은 같게 된다. 그러므로 임피던스의 병렬접속은 무리하게 임피던스의 형으로 하지 않고 어드미턴스 그대로 계산을 완성시켜 필요하다면 나중에 Y의 역수 Z를 구하는 방법이 자주 사용된다.

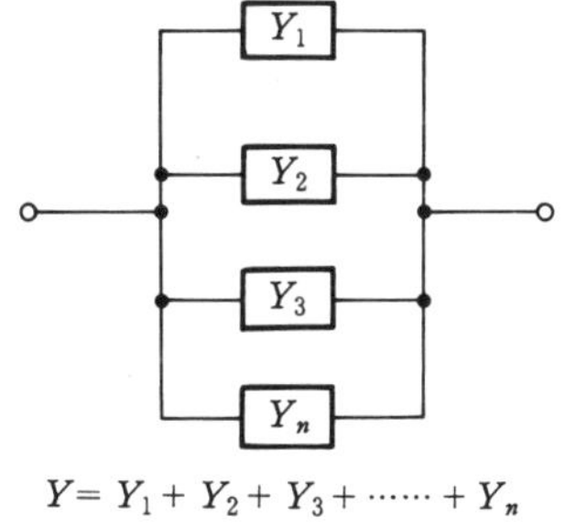

$$Y = Y_1 + Y_2 + Y_3 + \cdots\cdots + Y_n$$

그림 5-6 병렬회로 계산은 어드미턴스가 편리하다

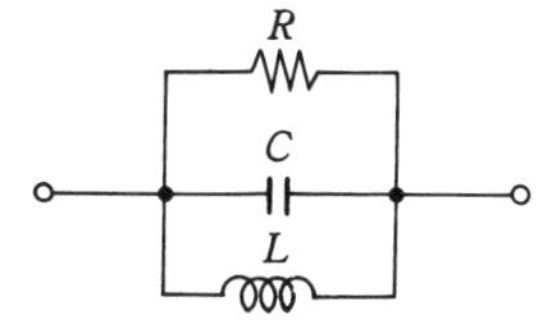

$$Y = \frac{1}{R} + j\left(\omega C - \frac{1}{\omega L}\right)$$

그림 5-7 병렬공진회로

예제 1. 그림 5-7과 같이 R, L, C를 병렬접속한 회로의 Z를 구하시오.

해설 여기서 Z를 구하는 일은 먼저 Z를 $A+jB$의 형으로 해서 실수부 A와 허수부 B를 구한다. 이것을 임피던스로 구하면 다음의 식 5·11과 같이 상당히 복잡하게 된다. 따라서, 어드미턴스 Y로 구한다.

$$\text{저항 } R \text{의 } Y : Y_R = \frac{1}{R}$$

$$\text{커패시턴스 } C \text{의 } Y : Y_C = j\omega C$$

$$\text{인덕턴스 } L \text{의 } Y : Y_L = \frac{1}{j\omega L}$$

합성 어드미턴스 Y는 병렬접속이므로 식 5·9와 같이 합으로 되어 다음과 같이 된다.

$$Y = Y_R + Y_C + Y_L = \frac{1}{R} + j\omega C + \frac{1}{j\omega L}$$

$$= \frac{1}{R} + j\left(\omega C - \frac{1}{\omega L}\right) \cdots\cdots\cdots 5\cdot10$$

이 회로는 나중에 배우는 병렬공진 회로로 식 5·10을 이용하게 된다.

임피던스 Z가 필요하다면, 어드미턴스의 식을 역수로 취하면 되고 결과는 위의 식에 비해서 대단히 복잡하게 된다.

$$Z = \frac{1}{Y} = \frac{\omega LR}{(\omega L)^2 + (\omega^2 LC - 1)^2}\left[\omega L - j(\omega^2 LC - 1)\right] \cdots\cdots\cdots 5\cdot11$$

식의 의미도 어드미턴스(Y) 대로 한쪽이 알기 쉽다는 것을 알 수 있다.

2-3 R, L, C 단일 접속

저항의 임피던스, 어드미턴스의 직렬 및 병렬접속의 계산법을 잘 알고 있으면 어떤 복잡한 R, L, C 회로일지라도 하나 하나 계산해 가면 반드시 답이 나오게 된다. 그리고 계산 속도를 올리는 것과 R, L, C의 성격을 아는 데에는 같은 소자끼리의 접속의 규칙을 이해하는 것이 지름길이 된다.

저항은 임피던스 그 자체이므로 식 5·1, 5·6이 그대로 사용된다(그림 5-8 참조).

$$\text{직렬접속} \quad R = R_1 + R_2 + R_3 \cdots\cdots\cdots 5\cdot12$$

$$\text{병렬접속} \quad \frac{1}{R} = \frac{1}{R_1} + \frac{1}{R_2} + \frac{1}{R_3} \cdots\cdots\cdots 5\cdot13$$

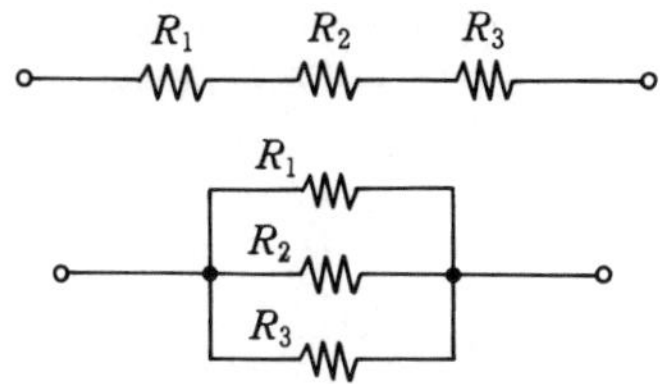

그림 5-8 저항과 저항의 접속

    인덕턴스의 임피던스는 $j\omega L$ 이며, $j\omega$ 는 전체에 공통이므로 없애면 저항일 때와 같은 식이 얻어진다 (그림 5-9 참조).

$$직렬접속 \quad L = L_1 + L_2 + L_3 \quad\cdots\cdots\cdots\cdots\cdots\cdots\cdots\cdots\cdots\cdots\cdots\cdots 5\cdot14$$

$$병렬접속 \quad \frac{1}{L} = \frac{1}{L_1} + \frac{1}{L_2} + \frac{1}{L_3} \quad\cdots\cdots\cdots\cdots\cdots\cdots\cdots\cdots\cdots 5\cdot15$$

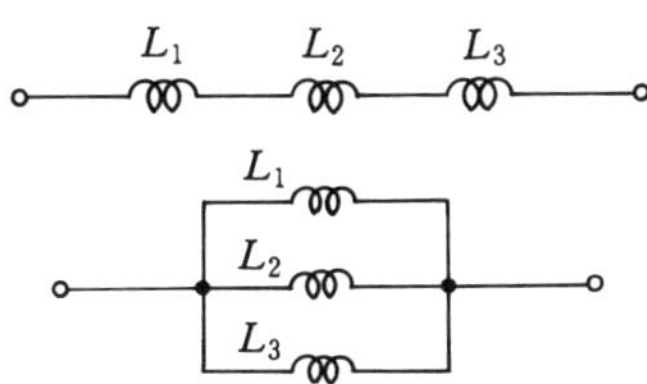

그림 5-9 인덕턴스의 단일접속

    커패시턴스 C 는 R 이나 L 과는 반대로 그의 크기는 전류의 흐르기 쉬운 정도를 나타내는 것이므로 합성 C 의 식은 R, L 과 반대로 된다. 임피던스는 $\dfrac{1}{j\omega C}$ 이며, $j\omega$ 는 L 과 같이 관계없게 된다 (그림 5-10 참조).

$$직렬접속 \quad \frac{1}{C} = \frac{1}{C_1} + \frac{1}{C_2} + \frac{1}{C_3} \quad\cdots\cdots\cdots\cdots\cdots\cdots\cdots\cdots 5\cdot16$$

$$병렬접속 \quad C = C_1 + C_2 + C_3 \quad\cdots\cdots\cdots\cdots\cdots\cdots\cdots\cdots\cdots\cdots\cdots 5\cdot17$$

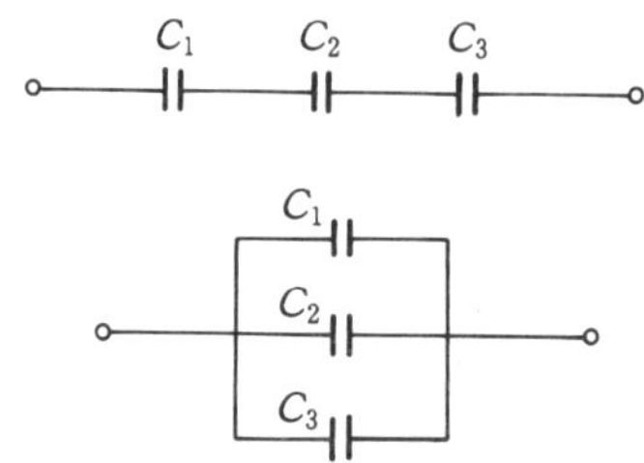

그림 5-10 커패시턴스의 단일 접속

2-4 저항의 활용 (배율기, 분류기)

직렬접속과 병렬접속을 알았으므로 저항을 사용한 실용회로를 알아보자. 만일 알 수 없을 때는 그림 5-4, 5-5를 다시 한번 본다.

> **예제** 2. 그림 5-11에서 두 개의 저항 9 kΩ 과 1 kΩ 이 직렬로 접속되어 있다. 여기에 10 V 의 전압(직류도, 교류도 좋다)을 걸면 1 kΩ 의 저항의 양단에는 몇 V 의 전압이 얻어지는가? (참고 : 예제는 그림 5-4를 응용한 것이다.)

해설 전체의 저항 R은 직렬접속이므로 각 저항 R_1, R_2의 합으로 되어 $9 + 1 = 10\,\text{k}\Omega$ 이 된다. $10\,\text{k}\Omega$의 저항 양단에 10 V 의 전압이 걸릴 때의 흐르는 전류 I 는 옴의 법칙을 써서 전류를 구하면 다음과 같다.

$$I = \frac{V}{Z} = \frac{V}{R}$$

$$= \frac{10}{10 \times 10^3}$$

$$= 1 \times 10^{-3}\,\text{A}$$

$$\therefore\ I = 1\,\text{mA}$$

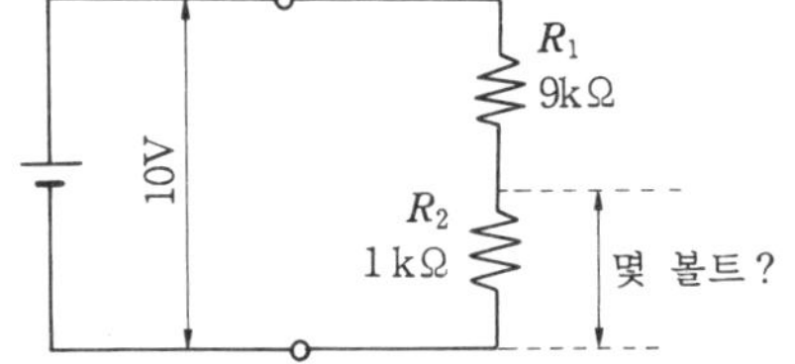

그림 5-11 저항에 의한 분압

결국 두 개의 저항 R_1, R_2 에는 같은 1 mA 가 흐르므로 1 kΩ 의 양단의 전압은 다시 옴의 법칙을 적용하면

$$V = IR_2 = (1 \times 10^{-3}) \times (1 \times 10^3) = 1 \times 10^{-3+3} = 1 \times 10^0 = 1\,\text{V}$$

로 되어 $R_2(1\text{k}\Omega)$ 의 양단에는 $1\,\text{V}$ 의 전압이 걸리게 된다. 그리고 R_1 의 양단의 전압은 $9\,\text{k}\Omega \times 1\,\text{mA} = 9\,\text{V}$ 가 된다.

결국 저항 2개 직렬로 연결한 일에 의해서 전압을 $1/10$ 로 할 수 있음을 알 수 있다.

마찬가지로 R_1 을 $99\,\text{k}\Omega$ 으로 하면 R_2 의 전압은 $1/100$ 의 0.1V 로 되어 전압을 $1/100$ 로 할 수 있다. 이와 같이 R_1, R_2 를 적당히 선택하면 전체의 전압을 $R_2/(R_1 + R_2)$ 로 분배할 수 있다.

이 회로는 전압을 분압하는 기능을 갖고 있으므로 전압 분배기 (voltage divider) 라고 한다.

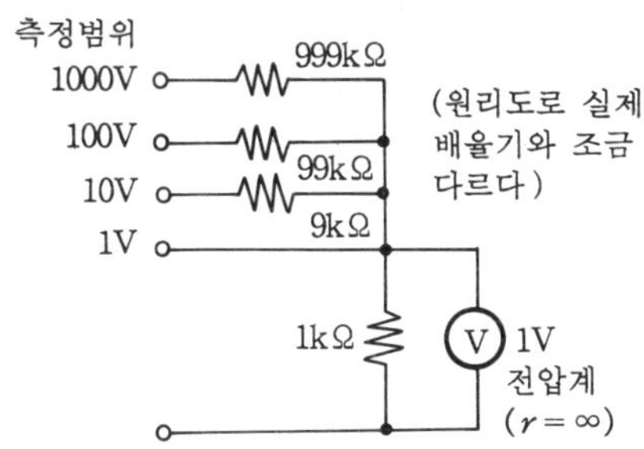

그림 5-12 배율기는 전압의 측정범위를 넓힌다

그림 5-12 는 전압계를 사용하는 경우이다.

전압계의 최대 눈금 (full scale) 은 $1\,\text{V}$ 이며, 그림과 같이 직렬저항으로 분압하여 $1\,\text{V}$ 외에 10, 100, 1000 V 의 전압을 측정할 수 있다. $1\,\text{V}$ 전압계의 측정범위를 $10\,\text{V}$ 으로도, $100\,\text{V}$ 로도 확대할 수 있으므로 이 저항회로를 배율기 (倍率器) 라고 한다.

저항을 직렬로 연결하면 전압의 분압, 즉 배율기가 됨을 알았다. 그러면 저항의 병렬접속은 전류의 분류가 되는 것이 아닐까? 그렇다. 저항의 병렬접속은 전류를 나누는데에 사용되어 전류계의 측정범위를 확대하는 분류기 (分流器) 라 부르고 있다.

그림 5-13 (a) 처럼 $R_1 = 10\,\Omega$ 과 $R_2 = 90\,\Omega$ 의 저항의 병렬회로에서는 R_1, R_2 에 흐르는 전류를 I_1, I_2 라 하면 R_1, R_2 의 양단의 전압 V 는 같으므로 옴의 법칙에서

$$I_1 R_1 = I_2 R_2$$

$$\therefore \ \frac{I_1}{I_2} = \frac{R_2}{R_1} \quad \cdots\cdots\cdots\cdots\cdots\cdots\cdots\cdots\cdots\cdots\cdots\cdots\cdots\cdots\cdots\cdots\cdots\cdots 5\cdot18$$

결국 두 개의 저항에 흐르는 전류의 비는 저항값의 역수의 비로 된다. 이 식에서

$$\frac{I_2}{I_1 + I_2} = \frac{R_1}{R_1 + R_2} = \frac{10}{10 + 90} = \frac{1}{10}$$

로 되어 전체의 전류 $(I_1 + I_2)$에 대해서 R_2에는 $1/10$의 전류가 흐른다.

배율기의 경우와 같이 R_2를 990Ω으로 하면 I_2에는 $1/100$, 9990 Ω으로 하면 $1/1000$의 전류가 흐르게 된다. R_2에 최대 눈금 1 mA의 전류계를 연결하면 전류계는 분류기를 병렬로 연결함으로써 1 mA, 10 mA, 100 mA의 전류를 측정할 수 있게 된다.

이제 전압계 자신의 저항은 높지만 무한대는 아니고, 배율기에서 R_2는 전압계가 병렬로 들어감으로써 그의 보정이 필요하게 된다. 전류계의 저항은 대단히 적으나 0이 아니며, 분류기의 R_2에 직렬로 들어감으로써 역시 보정이 필요하게 된다.

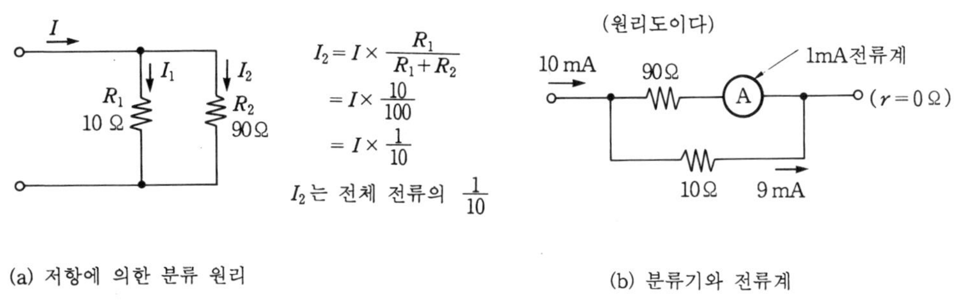

(a) 저항에 의한 분류 원리   (b) 분류기와 전류계

그림 5-13 분류기는 전류계의 측정범위를 넓힌다

2-5 가변 저항기의 역할

또 하나 직렬접속 저항의 응용으로 가변 저항기 (volume) 를 소개한다. 가변 저항기는 소리의 크기나 화면의 밝기 등을 조절하는 데에 사용되고 있다.

볼륨의 원래 뜻은 음량 (the volume of the sound) 을 바꾸는 데에서 온 것이다.

가변 저항기는 그림 5-14 와 같은 모양을 갖는 부품이다. 직선형도 있으나 대개는 회전형이다.

　가변 저항기는 보통 3개 단자를 가지고 있다. 그 중 a 단자와 b 단자 사이는 가변 저항기의 전체 (최대) 저항을 나타낸다. c 단자는 회전하는 접촉 브러시에 접속되어 있어 볼륨의 축을 손으로 돌리면 a 에서 b 까지 저항체로 직접 접촉한 브러시가 움직인다. 그래서 a–c 간 또는 c–b 간의 저항을 0 에서 R(최대값) 까지, R(최대값) 에서 0 까지 가변시킬 수 있다.

　가변 저항기의 단자 a–b 에 전압을 걸어 b–c 단자의 전압을 보면 이것은 앞절에서 저항 두 개를 직렬접속한 분압기와 같은 동작을 한다. 그리고 볼륨을 돌리면 두 개의 저항의 비 $\dfrac{R_1}{R_2}$, 즉 변압비가 변해 원래의 전압 V에서 희망하는 전압을 단자 b–c로 얻을 수 있다. 이것이 라디오나 오디오의 음량을 조정하는 볼륨의 원리이다.

　가변 저항기는 기계 속의 전기회로기판에도 많이 사용되고 있고, 제조공장에서 출하 전의 조정공정으로 필요한 전기적인 특성을 얻기 위한 조정으로도 이용되고 있다.

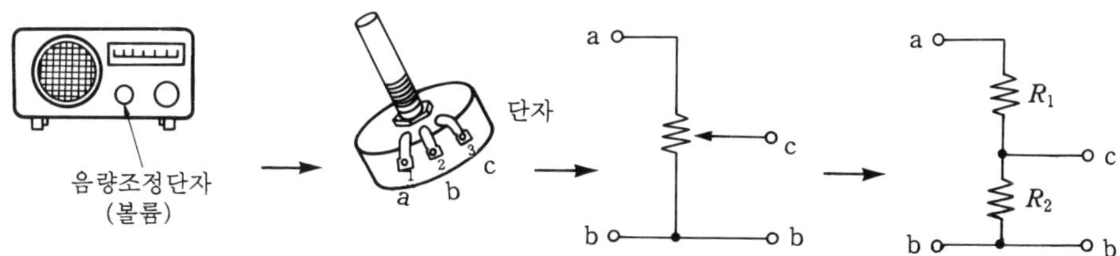

$R_1 + R_2 = R$ 는 일정, 단자를 돌리면 R_1, R_2가 변하고 단자 C에는 임의의 전압이 얻어진다

그림 5–14　가변 저항기 (볼륨)

3 회로계산의 정석

3 - 1 회로 이해의 맹점

그림 5-15 (a) 와 같은 3개의 저항을 T 형으로 연결한 회로에 교류 및 직류의 전압을 걸어 줄 때 전압 및 전류는 어떤 분포를 하는가 알아보기로 한다. 이것은 응용의 기초로 되기 때문에 확실히 알아 두기 바란다. 이 계산은 지금까지의 배운 지식을 응용한 것이므로 그림 5-15 의 <계산 순서> 를 참고로 직접 계산해 본다.

먼저 알아야 할 것은 그림 5-15 (a) 와 그림 5-15 (b) 는 똑같은 회로이며 전기회로에서는 이와 같이 다르게 보이는 회로패턴을 잘 보면 같거나 혹은 고쳐 쓰면 대단히 알기 쉽게 되는 경우가 많다. 여기서는 그림 5-15 (b)에서부터 설명하기로 한다.

그림 5-15 (b) 는 직렬접속과 병렬접속이 동시에 나타낸 것으로 되며 R_2 와 R_3 는 병렬접속이므로 먼저 이 합성저항 R_{23} 을 구한다. 그러면 전체의 저항은 R_1 과 R_{23} 의 직렬접속으로 된다.

그림 5-15 (c) 는 각 저항에 흐르는 전류를 계산한 결과이다.

전지의 양극 (+단) 에서 $2\,\mathrm{mA}$ 의 전류가 흘러 나와 R_1 을 지나서 c점에 도달하게 된다. c점에서는 그림 5-15 (d) 에 나타낸 물의 흐름을 이미지하면 알기 쉽다. 따라서 $2\,\mathrm{mA}$ 는 그림 5-15 (d) 에서 강의 분류점과 같이 R_2 와 R_3 로 나누어진다. R_2 와 R_3 로 분류된 전류의 합 $(I_2 + I_3)$ 은 반드시 상류에서 c점에 흘러 들어온 전류 (R_1 을 통한 전류 I_1) 와 같다.

$$I_1 = I_2 + I_3 \quad\cdots\cdots\cdots\cdots\cdots\cdots\cdots\cdots\cdots\cdots\cdots\cdots 5\cdot 19$$

이 개념은 매우 중요하며, c점에서 물샘 (누수) 이 없이 물 (전류) 의 흐름은 연속되고 있다는 것을 뜻한다. 그림 5-15 (d) 의 합류점 d 에서도 이와 같은 일이 일어나고 있으므로

$$I_4 = I_2 + I_3 \quad\cdots\cdots\cdots\cdots\cdots\cdots\cdots\cdots\cdots\cdots\cdots\cdots 5\cdot 20$$

로 된다. 이렇게 해서 전류는 전원에서 나와 a, R_1을 흘러 R_2와 R_3에 나누어지고, d점
에서 합류되어 2 mA 로 되고 도선을 통해서 b 점을 지나 전원으로 되돌아오게 된다.

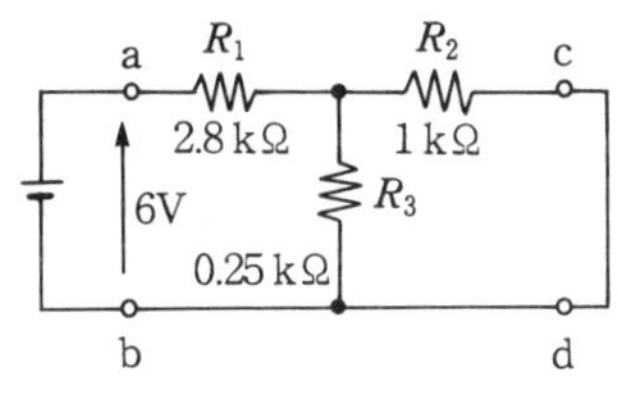

(a) 회 로

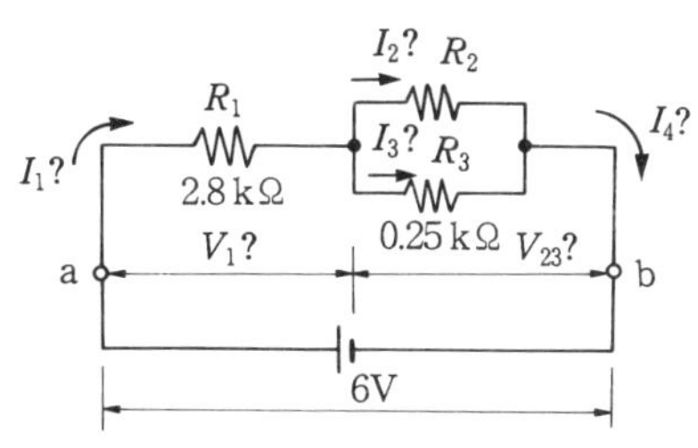

(b) 패턴을 고쳐 쓴다

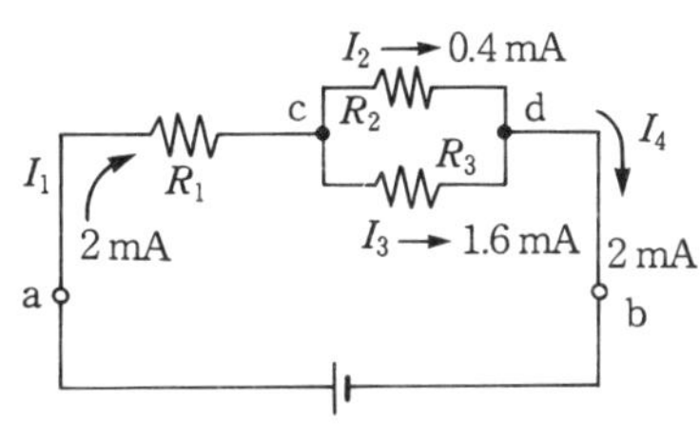

(c) 전류의 분포

<계산 순서>

① R_2와 R_3의 합성저항 R_{23}을 구한다.

$$R_{23} = \frac{R_2 R_3}{R_2 + R_3} = 0.2 \text{ k}\Omega$$

② R_{23}과 R_1은 직렬접속

$$R = R_1 + R_{23} = 3 \text{ k}\Omega$$

③ 전류 I를 구한다.

$$I = \frac{V}{R} = 2 \text{ mA}$$

④ R_2, R_3에는 저항에 반비례해서 흐른다.

$$I_2 = I \times \frac{R_3}{R_2 + R_3} = 0.4 \text{ mA}$$

$$I_3 = I \times \frac{R_2}{R_2 + R_3} = 1.6 \text{ mA}$$

⑤ 전압을 구한다.

$$V_1 = R_1 \times I = 5.6 \text{ V}$$

$$V_{23} = R_{23} \times I = 0.4 \text{ V}$$

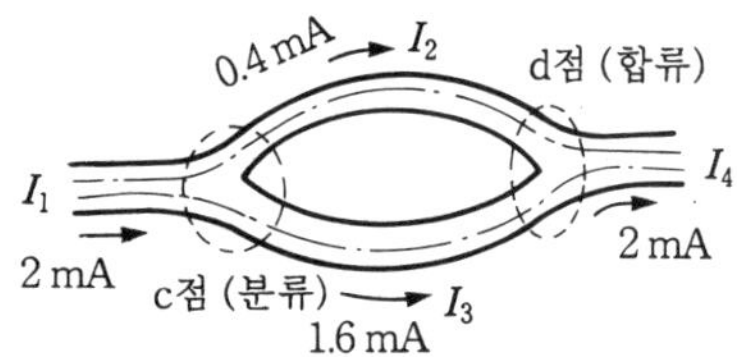

(d) 개천의 흐름 이미지

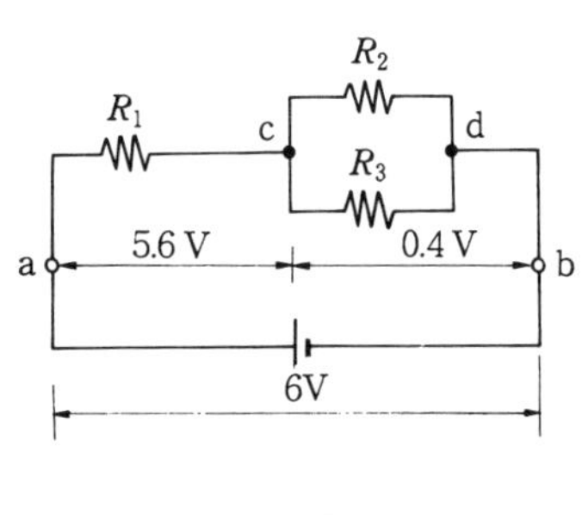

(e) 전압의 분포

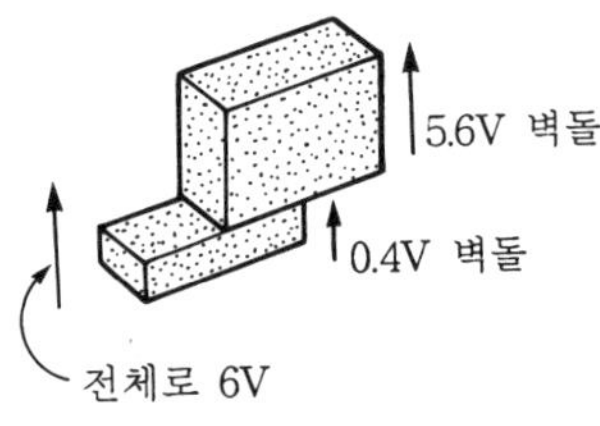

※ 직렬접속의 전압은 벽돌 쌓음과 같다.

그림 5-15 전류와 전압의 분포

전류는 물 흐름과 같다는 것을 알 수 있다. 전기회로에서는 직류에서도 교류에서도 전류는 전원에서 나와 회로를 거쳐서 같은 양(여기서는 2 mA)이 전원으로 되돌아가게 된다. 결국 끊어지지 않는 하나의 고리(環; loop)로 되는 것과 같다.

그림 5-15(e)는 전압분포의 이미지를 나타내고 있다(전압의 계산결과). 여기서 주의해야 할 것은 병렬로 접속한 R_2와 R_3에는 (단자 c-d 사이) 같은 전압 0.4 V가 걸리고 있는 일이다.

전압은 전류를 흘리는 전기적인 압력이므로 반드시 두 점 사이에서 생각하지 않으면 안 된다. R_1(단자 a-c 사이)에는 5.6 V의 전압이 걸리고 있다. 또, 단자 d-b 사이는 도선으로 연결되어 있어 같은 전위이므로 단자 c-b 사이의 전압도 단자 c-d 사이와 같은 0.4 V가 된다. 그리고 a-c 사이 전압 5.6 V와 c-d 사이 전압 0.4 V를 가하면, 벽돌 쌓음과 같이 전원전압 6 V와 같게 된다. 결국 다음과 같이 된다.

$$V = V_1 + V_2 \quad\text{……………………………………………} 5\cdot21$$

전류가 연속적인 것과 같이 전압도 연속적이다. 지금까지의 내용을 정리하면 다음의 두 가지로 요약된다.

① 전압은 전류를 흐르게 하는 압력이므로 반드시 두 점간의 선으로 정의하고 전류는 1점을 통과하는 양이므로 점으로 정의된다.

② 전압도 전류도 연속으로 회로도에 나타내고 있는 이외에는 누설이나 틈이 없이 반드시 각 부의 합은 전체의 양과 일치한다. 이것은 식 (5·19), (5·20), (5·21) 과 같다.

보통의 전기회로의 계산은 아무리 복잡해도 위의 예와 같은 계산 순서대로 계산을 해가면 반드시 풀 수 있게 된다는 것을 알아 두어야 한다.

3-2 키르히호프의 법칙 (Kirchhoff's Laws)

혀를 무는 것과 같은 독일의 과학자 키르히호프 (Kirchhoff) 의 이름을 딴 법칙으로 이름을 보아서는 어려울 것 같은 기분이 드나 내용은 간단하다.

앞 항에서 알아본 전기회로에서 전류와 전압의 연속성 식 (5·19), (5·20), (5·21) 을 일반화하는 것에 지나지 않는다.

키르히호프의 법칙은 전류의 연속성을 말한 제1법칙과 전압의 연속성에 대한 제2법칙으로 되어 있다. 이해가 안 되면, 그림 5-15 의 (c), (d) 및 (e) 를 다시 한번 더 보자.

아무튼 법칙으로 되면 세상의 법률이나 규칙과 같은 것으로 어떤 경우에도 모두 틀림없이 통용되도록 만드는 것이므로 읽으면 본질적인 원래의 생각하는 방법은 알기 어렵게 난해한 표현으로 되는 속성이 있다.

• 키르히호프의 제1법칙 •

임의 절점 (소자의 접속점) 에 유입하는 전류의 합은 유출하는 전류의 합과 같다. 이것을 식으로 나타내면

$$\sum I_i = 0 \qquad\qquad 5 \cdot 22$$

식 5-19, 5-20 에 대응한다. 단, 전류 부호의 +, − 는 예를 들면 유입전류에 +, 유출전류에 − 를 붙인다. 그러면 총합은 0으로 된다. (그림 5-16 참조)

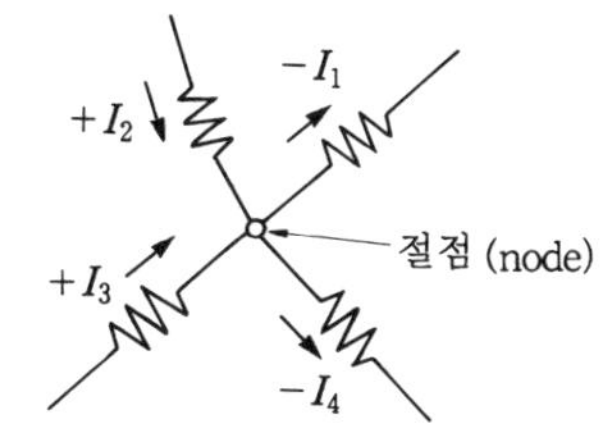

그림 5-16 키르히호프의 제1법칙

여기서, 절점 (節點 ; node) 이라 하는 단어가 있는데 절점은 나무 마디와 같은 것으로 회로 접속점을 가리킨다.

• 키르히호프의 제 2 법칙 •

회로중에서 임의의 루프(loop; 폐회로)를 고려할 때, 그 루프에 따라서 한 방향으로 한 번 돌 때 각 부분의 전압의 합은 0 이 된다. 또는 똑같이 루프에 따라서 각 소자의 전압강하의 합과 전원전압의 합은 0 이 된다. 이것을 식으로 나타내면

$$\sum Z_i I_i + \sum E_k = 0 \quad \cdots\cdots\cdots\cdots \quad 5\cdot23$$

(전압강하의 합) + (전원전압의 합) = 0

지금 루프에 따라서 한 번 도는 방향에 대해서 예를 들면 전원의 극성이 같은 방향이면 +, 반대 방향이면 −의 부호를 붙인다(그림 5−17 참조).

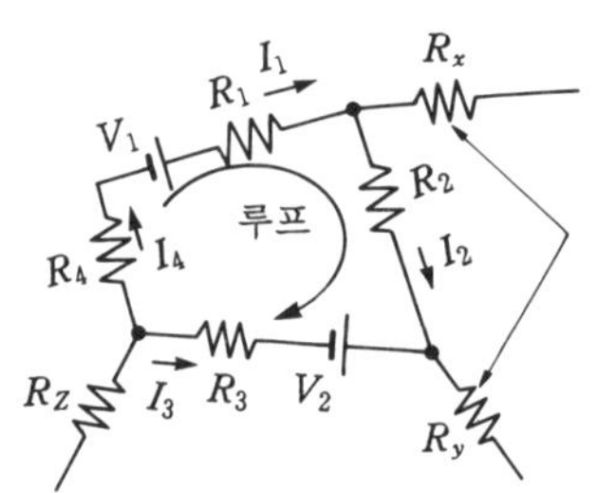

R_x, R_y, R_z는 루프에 속하지 않으므로 루프전압을 구할 때는 무시한다.

그림 5−17 키르히호프의 제 2 법칙

전류의 경우는 절점에 유출입하는 모든 전류를 생각하지 않으면 안되나 전압의 경우는 그림 5−17 의 R_X, R_Y 와 같이 루프에 연결되어 있으나, 루프에 포함되어 있지 않는 것은 전혀 관계하지 않는다.

어떤 복잡한 회로의 망목(그물) 중에서도 하나의 루프를 루프 밖의 소자와 관계없이 독립해서 생각하는 특징이 있다.

제 2 법칙은 그림 5−18 과 같이 출발점으로 되돌아오는 등산코스와 같다.

출발점을 떠나서 산을 넘고 케이블카를 타고 올라가거나 내려가거나 오르고 내림의 높이(m)(올라감은 +, 내려감은 −)의 합을 구하면, 루프(등산코스)를 한번 돌아 출발점으로 돌아오면 0 이 된다.

그림 5−18 제 2 법칙은 등산코스를 한 번 도는 것

3-3 중첩 원리 (principle of superposition)

  전기회로의 전압, 전류를 구할 때는 제3장에서 배운 「옴의 법칙」과 3-2항의 「키르히호프의 법칙」을 알고 있으면 풀 수 있으나 조금 더 계산을 간단히 하기 위해 편리한 정석이 전기회로에도 있다. 대표적인 정석을 알아보기로 한다.

· 중첩 원리 ·

  여러 개의 전압원이나 전류원을 갖는 회로망에서는 각 소자에 흐르는 전류(또는 각 절점의 전위)를 구할 때는 여러 개의 전원중에서 하나를 선택하여 그 전원만이 기능하는 것으로 해서(다른 전원에 대해서는 전압원은 단락, 전류원은 개방해서 작용하지 않는 상태로 한다) 전압, 전류를 구한다.
  같은 방법으로 남은 전원에 대해서 계산하여 구해진 각 부의 전압, 전류를 더해 합하면 모든 전원이 작용할 때의 값을 구할 수 있다.

  그림 5-19에 두 개의 전원을 갖는 경우에 대해서 「중첩 원리」의 응용수순을 그림으로 설명하고 있다.

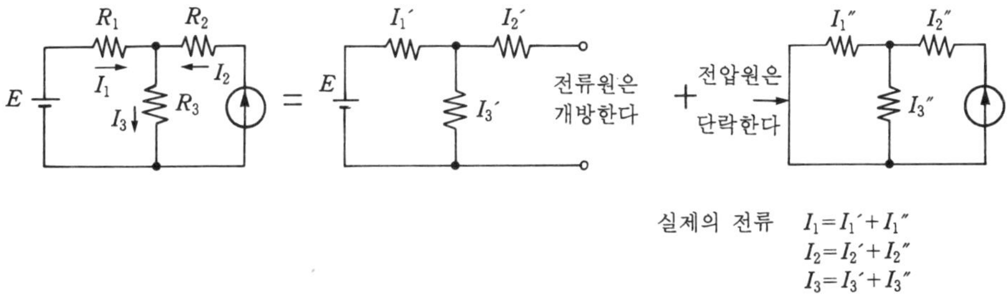

그림 5-19 중첩 원리

  위 그림에서 $I = 3\,\text{A}$, $E = 3\,\text{V}$, $R_1 = 2\Omega$, $R_2 = 2\Omega$, $R_3 = 4\Omega$으로 해서 각 저항을 흐르는 전류를 계산해 보자. (답 $I_1 = -2.5\,\text{A}$, $I_2 = 3\,\text{A}$, $I_3 = 0.5\,\text{A}$)
  각 전원에 의한 전압, 전류의 합을 구해 보면 쉽다는 것을 알 수 있다. 이와 같이 「중첩 원리」가 성립되는 세계를 선형의 세계라고 한다. 전기회로는 대부분 선형(linerity)

으로서 다루고 있다. 「중첩 원리」가 성립하는 전기회로를 선형회로 (線形回路) 라 하며, 성립하지 않은 회로를 비선형 회로 (非線形回路) 라 한다.

따라서, 「중첩 원리」는 선형회로일 때 적용할 수 있다는 것을 알아 두어야 한다.

3 – 4 테브낭의 정리 (Thevenin's theorem) 및 노튼의 정리 (Norton's theorem)

손자병법에 「적을 알고 자기를 알면 백번 싸워도 위태롭지 않다」는 유명한 말이 있다. 이 말은 지금 설명하려는 「테브낭의 정리」나 「노튼의 정리」에 딱 맞는 사상이라 본다.

그림 5−20 과 같이 미지의 블랙박스 (black box) 가 있어 그 속에는 알 수 없는 전원이나 회로 소자들이 접속되어 있다. 이 블랙박스에서 두 개의 단자가 나와 있어 이 단자에 임피던스 Z 를 연결하게 되면 어떤 전류가 흐르게 될까?

[자기를 안다] : 접속하는 임피던스는 Z 이다.

[적을 안다] : 단자 a−b 의 개방전압을 구하면 E_0 [V], 단자 a−b 로부터 본 블랙박스의 임피던스를 측정하면 Z_0 [Ω] 이다.

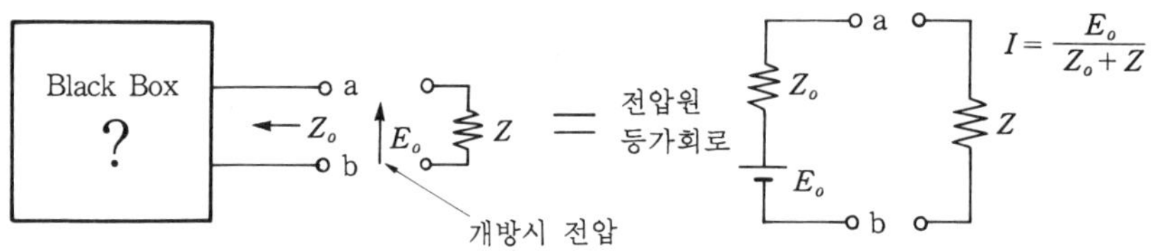

그림 5−20 테브낭의 정리

이때의 흐르는 전류량 I 는

$$I = \frac{E_0}{Z_0 + Z} \text{ [A]} \cdots\cdots\cdots\cdots\cdots\cdots\cdots\cdots 5 \cdot 24$$

로 계산할 수 있다. 이것이 「테브낭의 정리」이다. 어떤 복잡한 회로일지라도 개방전압 E_0 와 외측 a−b 단자에서 본 임피던스 Z_0 (회로 내부의 임피던스) 를 알고 있으면 그것으로 OK 이다. 이것은 그림 5−20 과 같이 E_0, Z_0 를 알았던 블랙박스는 전압원 E_0 와 임피던스 Z_0 를 직렬로 연결한 회로와 등가가 된다.

그래서 「테브낭의 정리」는 「등가 전압원의 정리」라고도 부르고 있다. 또, 「테브낭의 정리」와 쌍대적 (duality) 인 관계에 있는 것이 「노튼의 정리」이다.

[적을 안다] : 단자 a−b 를 단락 (short) 시켜서 흐르는 전류 I_0 [A] 를 구한다.

단자 a−b에서 본 어드미턴스 Y_0 [S] 를 구한다.

단자 a−b 에 어드미턴스 Y [S] 를 접속할 때, 단자 a−b 에 나오는 전압 V [V] 는 다음 식을 만족한다.

$$V = \frac{I_0}{Y_0 + Y} \ [V] \quad\cdots\cdots\cdots\cdots\cdots\cdots\cdots\cdots\cdots\cdots\cdots\cdots\cdots\cdots\cdots\cdots\cdots\cdots\cdots\cdots\cdots 5 \cdot 25$$

실제의 회로에서는 단자 a, b 를 함부로 단락시키지 않는다. 대전류가 흘러서 회로가 소손되는 위험이 있기 때문이다.

「노튼의 정리」에 의해서 블랙박스는 그림 5−21 과 같이 정전류원 I_0 와 병렬접속된 내부 어드미턴스 Y_0 로 표현할 수 있다. 이것을 「정전류원 등가회로」라 한다.

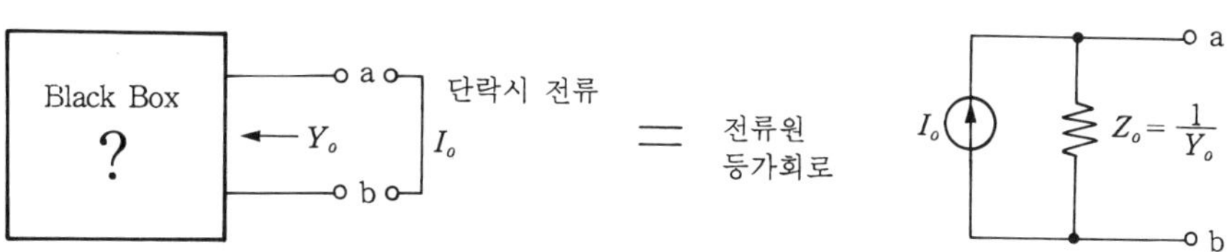

그림 5−21 노튼의 정리

지금까지 살펴본 「테브낭의 정리」와 「노튼의 정리」는 회로를 다룰 때, 계산이나 이해에 대단히 유용하게 사용된다. 어떤 복잡한, 알 수 없는 회로일지라도 E_0 와 Z_0 를 알면 뒤는 OK라 생각해도 된다.

4 전기 신호

4-1 열차와 레일

지금까지 공부는 거의 전기회로의 목적이 있는 신호에 대해서는 다루지 않고 정현파라 하는 기본적인 파형에 대한 회로의 성질을 알아보았다.

전기회로에서 신호와 회로의 관계는 열차와 레일의 관계로 이미지하면 알기 쉽다. 레일도 직선로가 있고, 급커브가 있고, 그리고 터널 등이 있다. 목적은 열차를 쾌적하게 능률좋게 달리는 데에 있다.

이 절에서는 열차에 상당하는 신호의 성질을 알아보기로 한다.

열차라고 해도 증기식, 전기식 및 디젤식 등 여러 가지가 있다.

전기회로에서 다루는 실제의 전기신호의 파형도 상용전원과 같이 정현파도 있다. 많이 사용하는 것은 그림 5-22 에 나타낸 바와 같이 삼각파, 톱니파, 그리고 컴퓨터나 자동제어 CD (compact disc) 등에 사용하는 펄스파 또는 오디오의 음성신호, 텔레비전의 영상신호 등 여러 종류의 복잡한 파형이 있다.

이와 같은 신호는 이제까지 배워 왔던 정현파를 대상으로 한 전기회로학에서는 전혀 쓸모없는 것일까요? 그렇치 않다. 그러면 이제부터 그 이유를 알아보자.

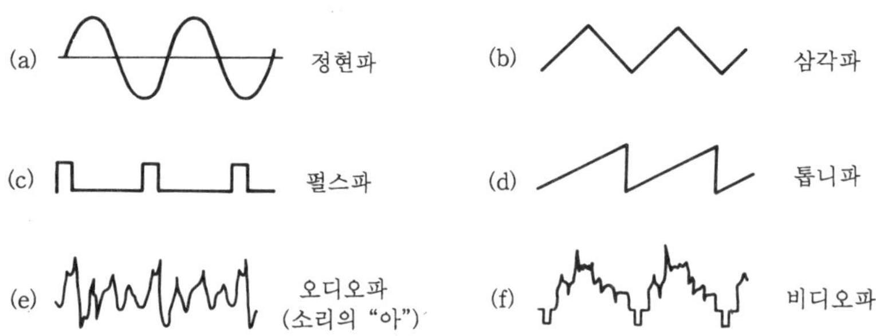

그림 5-22 교류 파형의 종류

4-2　펄스파와 정현파의 관계

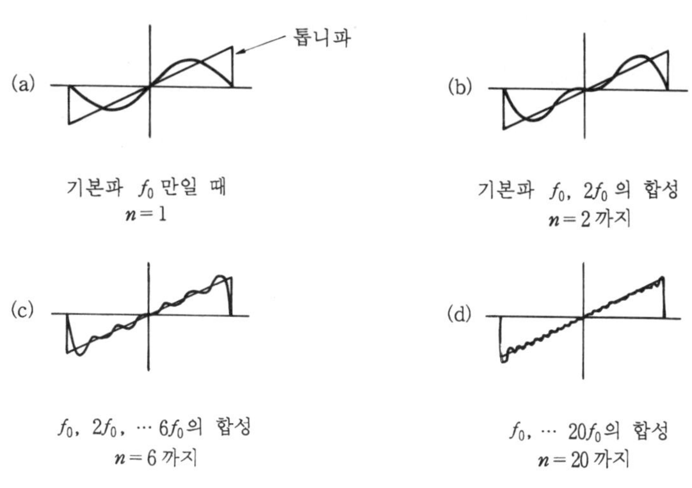

그림 5-23　톱니파도 정현파로 합성된다

　그림 5-23과 같이 실제 다루고 있는 여러 가지의 파형을 보면 직관적으로 정현파와 비슷한 형을 하고 있으므로 SF 영화에 나오는 인버터나 에이리언과 같으며, 이 직관은 크게 틀리지 않는다. 정현파와 이 에이리언들은 같은 종류가 된다.

　그림 5-23의 톱니파 (텔레비전이나 오실로스코프의 전자빔 편향에 사용하는 전기파형) 의 예를 알아보자.

　그림 5-23 (a) 는 주파수 f_0가 같은 톱니파와 정현파를 함께 그린 것이다. 이와 같이 주기가 같은 정현파를 톱니파의 기본파 (基本波) 라 한다. 아무리 생각해도 톱니파와 정현파는 거리가 먼 형태를 하고 있는 것 같이 보인다.

　그림 5-23 (b) 는 기본파에 주파수가 2배, 즉 $2f_0$로 진폭이 1/2인 정현파를 가한 파형이다. 조금은 톱니파에 가깝게 되었다는 것을 알 수 있다.

　그림 5-23 (c) 는 그림 5-23 (b) 의 파형에 진폭이 1/3인 정현파의 $3f_0$, 진폭이 1/4인 정현파의 $4f_0$, 진폭이 1/5인 정현파의 $5f_0$, 진폭이 1/6인 정현파의 $6f_0$ 를 더해 합한 것이다.

　그림 5-23 (d) 는 기본파 f_0에서 $20f_0$까지의 정현파를 합한 것이다.

이와 같이 f_0, $2f_0$, $3f_0$, …… nf_0 와 기본파의 주파수 f_0의 정수배의 정현파(이것을 기본파에 대해서 고조파(高調波)라 한다)를 더해 가면 n이 1, 2, 3, …… 으로 증가하는 만큼 합성된다.

점점 원래의 톱니파에 가깝게 되어 간다.

이상적으로는 n을 점점 증가시켜 무한대로 하면 완전한 톱니파가 된다. 톱니파에 한하지 않고 처음은 에이리언과 같은 그림 5-23의 신호 파형도 주기성(周期性)만 있으면, 기본파 f_0와 그의 정수배의 f_0을 갖는 고조파(정현파)을 더해가면 반드시 합성할 수 있다는 것을 알 수 있다.

식으로 표현하면 최대값 V_m의 톱니파 $f(t)$는

$$톱니파 \quad f(t) = \frac{V_m}{\pi}\left(\sin\omega t + \frac{1}{2}\sin 2\omega t + \frac{1}{3}\sin 3\omega t + \cdots \right.$$

$$\left. + \frac{1}{n}\sin n\omega t\right) \cdots\cdots\cdots\cdots\cdots\cdots\cdots\cdots\cdots\cdots 5\cdot26$$

$$(기본파 + 제2\,고조파 + 제3\,고조파 + \cdots + 제\,n\,고조파)$$

로 주파수의 정수배의 정현파의 합과 같게 된다.

지금 톱니파의 예에서 알 수 있는 바와 같이 각 정현파의 진폭은 기본파가 제일 크고 고조파의 차수 n이 늘어날수록 감소한다. 결국 n이 큰 만큼 원래의 파형으로 영향은 적게 된다.

식 $5\cdot26$은 파형이라고 하는 시간 영역의 정보를 차원이 다른 주파수 영역의 정보로 변환해서 다룰 수 있다는 것을 나타낸다. 이와 같은 변환을 일반화한 것이 「푸리에 (Fourier) 급수전개」라 한다.

4-3 주파수 성분과 증폭기의 주파수 특성

앞에서 말한 바와 같이 주기성이 있는 파형은 고조파(정현파)의 합과 같다. 그림 5 -24와 같은 그림이 얻어진다.

이 그림은 원래의 신호파형(이 경우에는 톱니파)의 「주파수 스펙트럼도」라 말하고 기본파와 각 고조파의 진폭(최대값)을 선의 길이로 나타내어 그래프한 것으로 신호를 구성하고 있는 고조파 성분의 분포를 알 수 있다.

• 주파수 성분 •

임의의 주기성이 있는 파형은 같은 주파수의 정수배의 정현파들로 구성되어 있다. 이 정현파들을 원래의 파형의 주파수 성분이락 부른다.

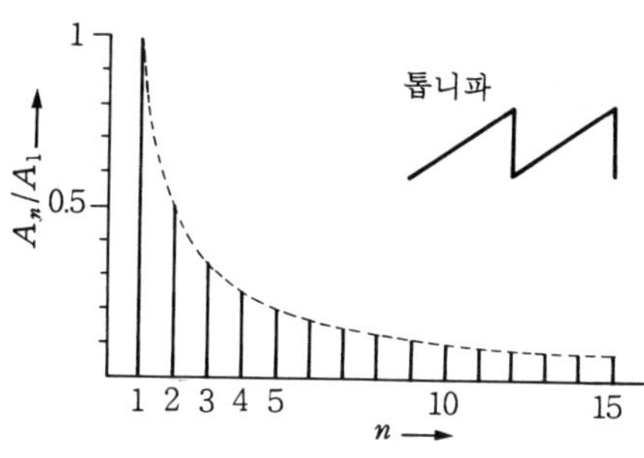

그림 5-24 톱니파와 스펙트럼

제 2 장 주파수의 설명에서 오디오 신호는 30 Hz 에서 20000 Hz 의 주파수, 비디오 신호는 60 Hz 에서 4 MHz 까지 주파수의 정현파를 포함한다고 하였다.

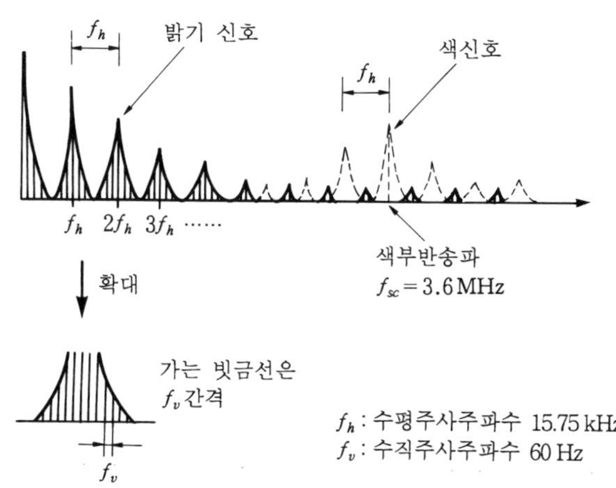

그림 5-25 비디오 신호의 주파수 스펙트럼
(주사 주파수 f_h, f_v 간격의 고조파군)

　비디오 신호(그림 5-22 (f))는 비교적 단순한 주파수 성분의 구성으로 그림 5-25에서와 같이 TV 카메라의 수평편향 주파수 $f_h = 15.75\,\text{kHz}$, 수직편향 주파수 $f_v = 60\text{Hz}$를 기본파로 하는 고조파로 구성되어 있다.

　오디오 신호의 경우에는 여러 가지 악기의 음색이나 음계를 갖는 음의 혼합이므로 주파수 스펙트럼(spectrum)은 텔레비전의 신호 경우에 비해 꽤 복잡하다.

　이와 같이 전기신호가 다를 때는

① 전기신호의 파형을 조사한다(시간의 세계).

② 파형의 주파수 스펙트럼(또는 주파수의 분포범위)을 조사하는 일이 중요하다.

　①의 파형은 오실로스코프로 관측할 수 있다. ②의 주파수 스펙트럼에 대해서는 대표적인 신호파형은 다음의 4-4항에서 논하는 수학 해석 방법으로 조사할 수 있고 스펙트럼 애널라이저(spectrum analyzer)로 측정할 수도 있다.

　다루어야 할 신호의 파형과 주파수의 성분을 알면 그 신호를 증폭하거나 적당한 파형처리를 하는 증폭기가 갖추어야 할 증폭도의 주파수 특성이 분명하게 된다.

　증폭기의 주파수 특성은 그림 5-26에 보인 바와 같이 신호의 주파수 성분의 하한에서 상한까지의 정현파를 일정하게 증폭하는 다시 말해서 평탄한 특성을 가지고 있지 않으면 안된다.

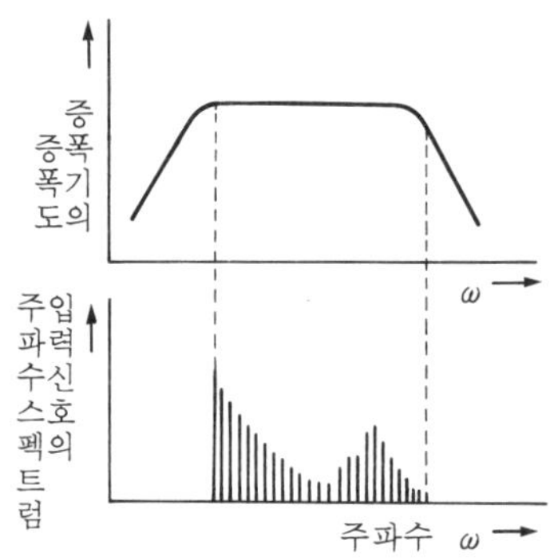

그림 5-26　증폭기의 주파수 특성과 신호의 주파수 스펙트럼

4-4 푸리에 급수 전개

4-2항에서 톱니파는 식 5·27과 같은 고조파의 합성과 같다고 하였으나 일반적으로는 「푸리에 급수 전개」라 부르는 수법으로 표현하고 있다. 그러면 「푸리에 급수 전개」의 요점을 살펴보자.

주기 T의 파형 $f(t)$가 있을 때, 그 주기파형은 삼각함수를 사용한 급수로 표현된다는 것을 알고 있다.

$$f(t) = b_0 + \sum_{n=1}^{\infty} b_n \cos n\omega t + \sum_{n=1}^{\infty} a_n \sin n\omega t \quad\cdots\cdots\cdots\cdots\cdots 5\cdot27$$

여기서, 진폭을 나타내는 급수 b_0, b_n, a_n은 다음과 같은 적분식으로 계산할 수 있다.

$$\left.\begin{array}{l} b_0 = \dfrac{1}{T} \displaystyle\int_0^T f(t)dt \\[2mm] b_n = \dfrac{2}{T} \displaystyle\int_0^T f(t)\cos n\omega t\, dt) \\[2mm] a_n = \dfrac{2}{T} \displaystyle\int_0^T f(t)\sin n\omega t\, dt \end{array}\right\} \quad\cdots\cdots\cdots\cdots\cdots 5\cdot28$$

이 식을 사용하면 함수 $f(t)$의 고조파 계산을 할 수 있다.

식 5·27의 제1항 b_0는 일정값으로 신호의 직류성분을 나타낸다. 또, cos과 sin은 위상이 90° 다른 파이므로 진폭 $\sqrt{a_n^2 + b_n^2}$, 위상은 $\tan^{-1} b_n/a_n$의 한 개의 파를 표현하고, b_n/a_n에 의해서 각 고조파의 위상이 다른 경우를 알 수 있다.

구형파와 삼각파에 대해서 「푸리에 급수 전개」의 계산 결과는 그림 5-27과 같다.

그림 중의 식에서 A는 정현파의 최대값에 상당하는 진폭을 나타낸다. 파형 전체의 진폭($p-p$값)은 $2A$가 된다.

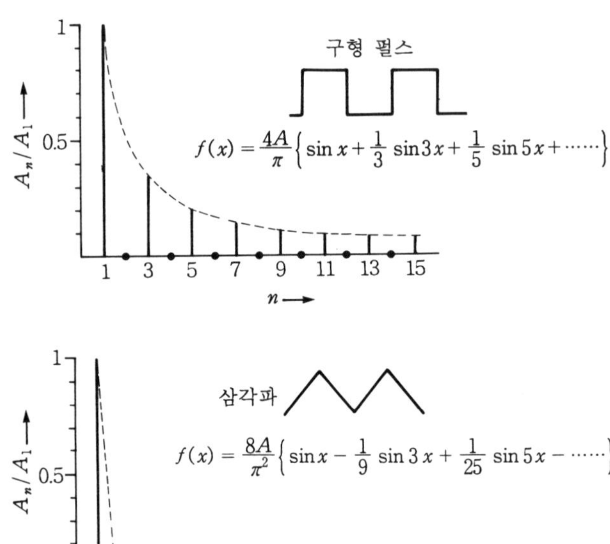

그림 5−27 푸리에 급수와 스펙트럼

5 실용되는 기본회로

5-1 RC 회로

매우 빈번히 나오는 전기회로로서는 R과 C를 조합한 회로가 있다. 이 회로의 특성은 지금까지 회로 다루는 방법을 이용하면 간단히 알 수 있다.

그림 5-28 회로는 고역통과형 (高域通過形) 이라고 하는 CR 회로이다.

먼저 이 회로의 주파수 특성을 알아보자.

회로에 흐르는 전류 I 는

$$I = \frac{V_1}{Z} = \frac{V_1}{R + \dfrac{1}{j\omega C}}$$

$$= V_1 \cdot \frac{j\omega C}{1 + j\omega CR} \quad\cdots\cdots\cdots\cdots\cdots\cdots\cdots\cdots\cdots\cdots\cdots\cdots\cdots\cdots\cdots\cdots 5\cdot29$$

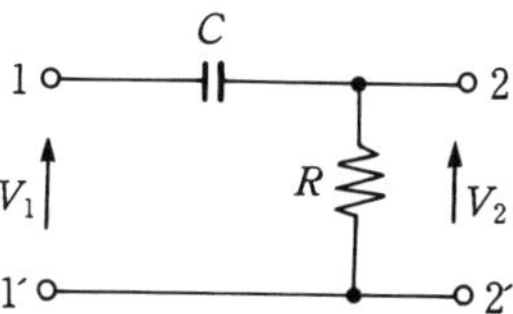

그림 5-28 CR 회로

여기서, 단자 2-2′ (R의 양단) 에 나타나는 전압을 V_2 로 하면 $V_2 = IR$, 단자 1-1′의 전압 V_1 과 V_2 의 비를 양식에서 구하면, 입력의 정현파 신호가 출력측에 어떻게 나타내는가의 특성 (회로의 전달 특성이라 한다) 을 나타내게 된다.

$$\frac{V_2}{V_1} = \frac{j\omega CR}{1 + j\omega CR} = \frac{1}{1 - j\dfrac{1}{\omega CR}} \quad\cdots\cdots\cdots\cdots\cdots\cdots\cdots\cdots\cdots\cdots 5\cdot30$$

여기서, $\omega_0 = \dfrac{1}{CR}$ 라 놓고 보면

$$\frac{V_2}{V_1} = \frac{1}{1 - j\dfrac{\omega_0}{\omega}} \quad\cdots\cdots\cdots\cdots\cdots\cdots\cdots\cdots 5\cdot31$$

로 아주 간단한 식이 된다. 그리고 절대값과 위상은

$$\left|\frac{V_2}{V_1}\right| = \frac{1}{\sqrt{1 + \left(\dfrac{\omega_0}{\omega}\right)^2}} \quad (\text{진폭의 주파수 특성})$$

$$\angle \frac{V_2}{V_1} = \tan^{-1}\left(\frac{\omega_0}{\omega}\right) \quad (\text{위상의 주파수 특성}) \cdots\cdots\cdots\cdots 5\cdot32$$

로 된다. 이들의 식을 살펴보면, 고역통과형이라 부르는 CR 회로가 어떤 주파수 특성을 가지고 있는지 확실히 알 수 있다. $\omega_0 = 1/CR$ 은 CR 회로의 전달특성을 정하는 파라미터이므로 「특성 주파수」 또는 「차단 주파수(cut off frequency)」라 부르고 있다.

특성 주파수 $\omega = \omega_0$ 의 주파수에서는 식 $5\cdot32$ 는

$$\left|\frac{V_2}{V_1}\right| = \frac{1}{\sqrt{2}}, \quad \frac{\angle V_2}{V_1} = \frac{\pi}{4} = (45°) \quad\cdots\cdots\cdots\cdots\cdots\cdots 5\cdot33$$

로 된다. 여기서 ω/ω_0 을 바꾸어서 식 $5\cdot32$ 의 변화를 계산하여 그래프로 $|V_2/V_1|$ (진폭), $\angle V_2/V_1$ (위상) 의 값을 나타내면 그림 $5\cdot29$ 의 (a), (b) 가 얻어진다. 이 그래프의 횡축, 종축은 대수눈금이다. 이와 같이 전기회로의 주파수 특성은 횡축, 종축에도 대수로 하는 것이 편리하게 된다. 대수를 쓰면 넓은 변화 범위를 표현할 수 있고 곱셈이 가산으로 되는 특징이 있다. 그래서 그림 5-29 의 (a) 를 보면 특성 주파수 $\omega = \omega_0$ ($\omega/\omega_0 = 1$)에서는 진폭은 $1/\sqrt{2}$ (-3 dB) 로 떨어지고, $\omega < \omega_0$ 과 낮은 주파수에서는 진폭은 작게 되어 간다. 이 저하곡선은 옥타브(octave : 주파수가 2배 또는 $1/2$) 마다 $-6\,\mathrm{dB}\,(1/2)$ 의 경사를 가져 $6\,\mathrm{dB}/\mathrm{oct.}$ 의 저하라 부르고, 전기회로의 주파수 특성의 대표적 경향을 나타내고 있다.

또, $\omega > \omega_0$ 의 높은 주파수에서는 진폭은 1에 가깝고 높은 주파수에서는 입력이 그대로 출력으로 나오는 것을 표시하고 있다. ω_0 에서 높은 주파수의 정현파는 모두 통과시키므로 「고역통과형 CR 회로」라 하며, 고역통과형 필터(high-pass filter) 의 가장 간단한 경우에 속한다.

이 회로는 직류나 낮은 주파수 성분을 저지하고 높은 주파수 성분을 얻는 경우에 사용되고 있다. 또, $\omega = \omega_0 = 1/CR$은 통과와 저지의 경계로 되는 주파수이므로 ω_0(또는 $f_0 = \omega_0/2\pi$)을 앞에서 말한 바와 같이 특성 주파수(차단 주파수)라 하며, CR회로의 특성을 결정하는 중요한 값이므로 특히 주의하길 바란다.

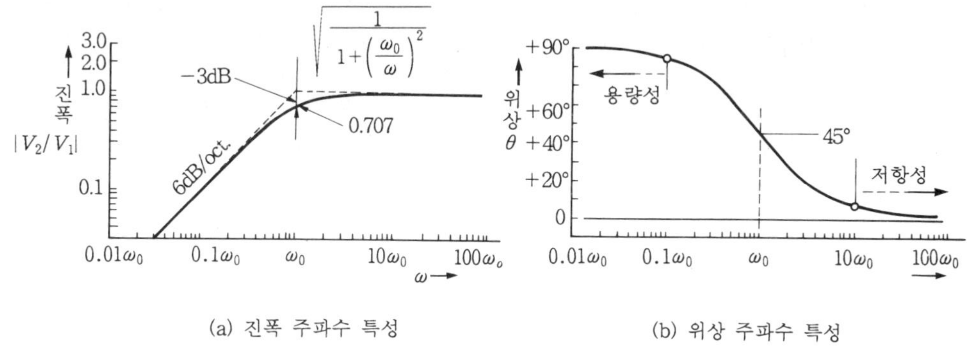

(a) 진폭 주파수 특성　　　　　(b) 위상 주파수 특성

그림 5-29　고역통과형 CR 회로의 주파수 특성

예제 3. $C = 0.01\ \mu\text{F}$, $R = 10\,\text{k}\Omega$ 의 CR회로의 차단 주파수 f_0 는 몇 Hz 인가?

해설
$$f_0 = \frac{\omega_0}{2\pi} = \frac{1}{2\pi CR}$$
$$= \frac{1}{6.28 \times 0.01 \times 10^{-6} \times 10 \times 10^3} = 1.6 \times 10^3\ \text{Hz}$$

5-2　CR 회로의 펄스응답

　주파수 특성은 앞에서 알아보았으나 그림 5-28에서 입력단자에 정현파 대신에 그림 5-30과 같은 펄스파형을 가해 출력을 오실로스코프로 측정한다면 어떤 파형이 나오게 될까? 그 출력파형을 회로의 펄스응답이라 한다.

　지금까지 전기회로의 정현파에 대한 응답을 여러 가지로 알아보았으나, 그의 기본은 제4장의 3항에서 논한 것과 같이 회로의 미분 방정식을 푸는 일이었다. 펄스응답의 계산도 그림 5-30(b) 와 같이 스위치 S를 넣거나 끊거나 할 때 출력이 과도적으로 어떻게 되는가를 미분 방정식을 세워서 그의 해를 구하면 얻을 수 있다.

결과를 나타내면 출력전압의 순시값 v_2 는

$$v_2 = V_1 \cdot e^{-\frac{t}{RC}} \quad\text{...} \quad 5 \cdot 34$$

로 된다. 이 때 변수는 t (시간) 으로 스위치 S을 넣은 순간 $t=0$ 에서는 $e^0=1$ 이므로 $v_2 = V_1$ 로 시간이 지나면 지수 함수적으로 감소해 간다.

이 파형은 전기회로에 한하지 않고 음향 홀 (hall) 의 잔향의 감쇄, 종소리의 감쇄, 열의 발산, 방사능의 감쇄에 한하지 않고, 미생물을 포함한 생물의 번식과 쇠퇴 등과 같은 현상도 나타내는 기본적인 식으로 상식으로 알아 두면 유익하다 (그림 5-32 참조).

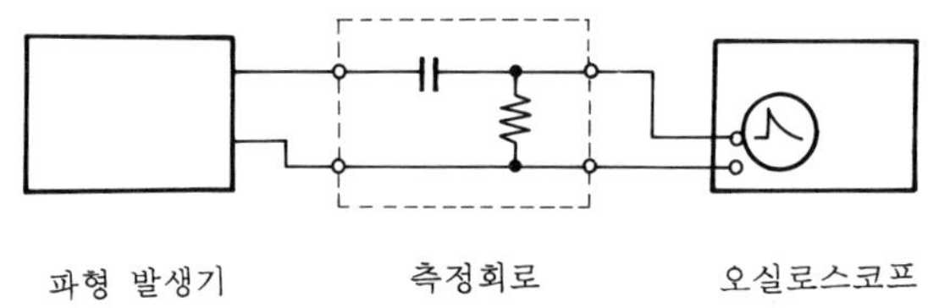

(a) 펄스응답의 측정

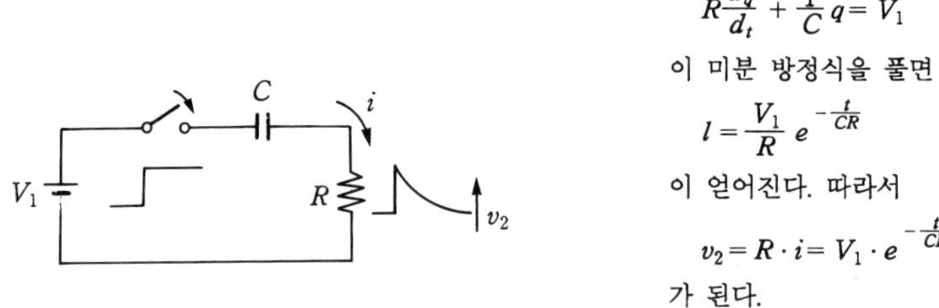

(b) 펄스응답의 계산

그림 5-30 펄스응답의 측정과 계산

여기서, $RC = \tau$ [s] 는 감쇄의 곡선을 결정하는 중요한 정수로 「시정수(時定數)」라 한다.

그림 5-31 을 자세히 보면, $t = \tau = RC$ [s] 인 경우에는 $t = 0$ 에서의 곡선의 접선과 횡축과 만나는 점으로 전압은 원래의 36.8%, $t = 5\tau$ 에서는 1% 로 내려간다. 또, τ 의 크기에 따라서 감쇄곡선은 무디거나 날카롭게 변화된다 (그림 5-33 참조).

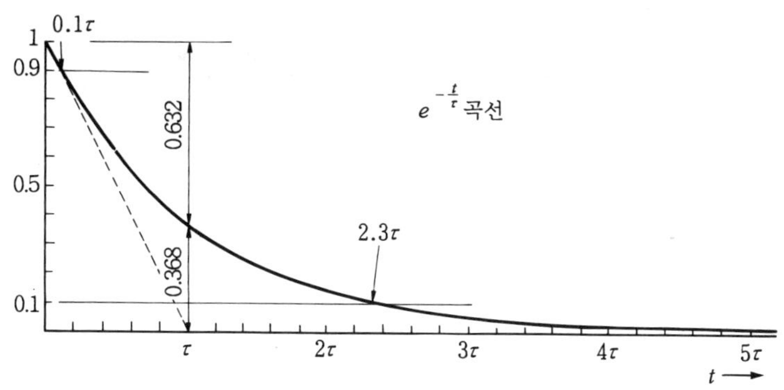

그림 5-31 RC 회로의 펄스응답

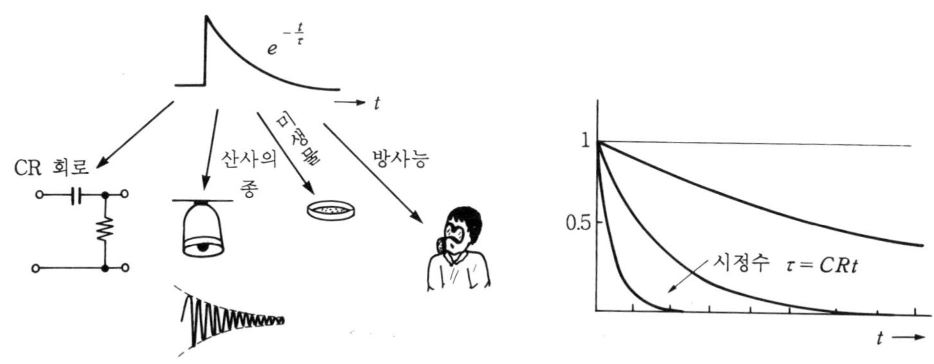

그림 5-32 감쇄 곡선   그림 5-33 시정수 변화와 펄스응답

다음은 5-1 항에서의 주파수 특성의 식 5 · 31 에서 ω 가 충분히 작으면 $\omega \ll \omega_0$ 경우를 조사해 보면, 다음과 같이 분모의 j 부분만으로 나타낼 수 있다.

$$V_2 = V_1 \cdot j\omega CR \quad \cdots\cdots\cdots\cdots\cdots\cdots\cdots\cdots\cdots\cdots\cdots\cdots\cdots 5 \cdot 35$$

제 4 장의 3항에서 다룬대로 $j\omega$ 는 $\dfrac{d}{dt}$, 즉 미분을 의미하므로

$$v_2 = CR\,\frac{dv_1}{dt} \quad\cdots\cdots\cdots\cdots\cdots\cdots\cdots\cdots\cdots\cdots\cdots\cdots\cdots\cdots 5\cdot 36$$

가 된다. 이 식은 v_1 을 시간으로 미분한 파형이 v_2 로서 얻어지는 일을 의미하고 있다.

실제의 출력파형을 보아도 근사적으로 구형파의 미분파형이 된다. 그래서 고역통과형 CR 회로는 파형의 미분회로라 부르고 있다.

주파수 특성의 곡선형으로 말하면 그림 5-29 에서 $\omega_0 = \dfrac{1}{CR}$ 에서 $6\,\mathrm{dB}/\mathrm{oct.}$ 의 경사로 낮은 주파수로 향해서 $45°$ 의 경사로 떨어지는 부분이 이 미분작용에 속한다. 이 경사는 식 $5\cdot 35$ 에서 얻어진 $\dfrac{V_2}{V_1} = \omega CR$(주파수 ω 에 비례한 출력을 의미한다) 에 대응하고 있다.

마지막으로 5-1 항에서 다루었던 주파수 특성곡선의 특성 주파수 ω_0 와 5-2 항에서 다룬 펄스응답(시간적 특성) 의 가늠자로 되는 τ 와는 다음과 같은 관계로 서로 역수가 된다.

$$\omega_0 = \frac{1}{\tau} = \frac{1}{CR} \quad\cdots\cdots\cdots\cdots\cdots\cdots\cdots\cdots\cdots\cdots\cdots\cdots\cdots 5\cdot 37$$

이것은 주파수 특성과 펄스응답이 눈에 보이지 않는 연관성을 나타내는 것이므로 주의해야 한다.

5 - 3 저역통과형 RC 회로

저역통과형 RC 회로는 그림 5-34 와 같이 고역통과형 R 와 C 를 바꿔 넣은 형으로 모든 특성은 고역통과형의 반대의 특성을 가지고 있다. 간단하게 결과만 모아 놓으면 다음과 같다.

① 주파수 특성

$$\frac{V_2}{V_1} = \frac{1}{1 + j\omega CR} \quad\cdots\cdots\cdots\cdots\cdots\cdots\cdots\cdots\cdots\cdots\cdots 5\cdot 38$$

$$\left| \frac{V_2}{V_1} \right| = \frac{1}{\sqrt{1 + \left(\dfrac{\omega}{\omega_0} \right)^2}} \quad \text{(진폭의 주파수 특성)}$$

$$\angle \frac{V_2}{V_1} = \tan^{-1} \left(\frac{\omega}{\omega_0} \right) \quad \text{(위상의 주파수 특성)} \quad\cdots\cdots\cdots\cdots\cdots\cdots 5 \cdot 39$$

식 (5·38), (5·39) 를 고역통과형의 식 (5·30), (5·32) 와 비교하여 다른 점을 확인한다.

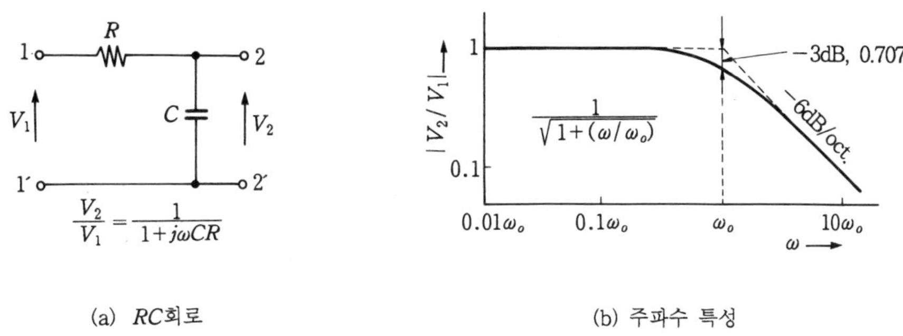

(a) RC회로

$$\frac{V_2}{V_1} = \frac{1}{1 + j\omega CR}$$

(b) 주파수 특성

그림 5-34   저역통과형 RC회로

$$e_R + e_C = V_1$$

$$R \frac{dq}{dt} + \frac{1}{C} q = V_1$$

이 미분 방정식을 풀면

$$e_C = \frac{q}{C} \quad q = CV_1 \left(1 - e^{-\frac{t}{CR}} \right)$$

$$e_R = R_i = R \frac{dq}{dt}$$

$$v_2 = e_C = \frac{q}{C} = V_1 \left(1 - e^{\frac{-t}{CR}} \right)$$

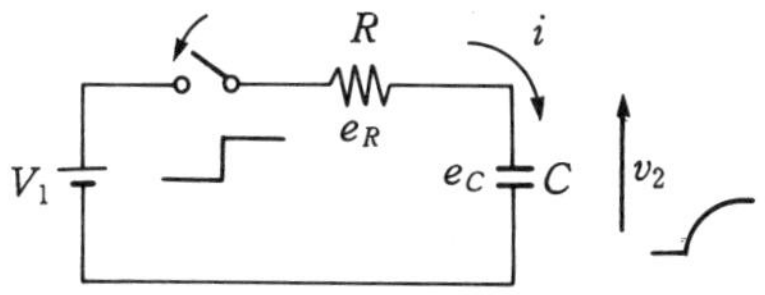

그림 5-35   펄스응답의 계산

로 되어 대수 그래프로 작성하면 그림 5-34 (b) 와 같이 된다.

$$\omega_0 = 2\pi f_0 = \frac{1}{CR} \quad\cdots\cdots\cdots\cdots\cdots\cdots\cdots\cdots\cdots 5 \cdot 40$$

을 특성 주파수라 하며 고역통과형의 역으로 ω_0 보다 높은 주파수는 6 dB/oct.로 감쇄한다. 결국 ω_0 에서 낮은 주파수는 통과시키고 ω_0 보다 높은 주파수는 제한하는 것이므로 저역통과형이라 하며, 저역통과형 필터의 가장 간단한 형이 된다. 실은 거의 모든 증폭기의 주파수 상한은 이 형을 하고 있다.

② 펄스파 응답

$\omega \gg \omega_0$ 에서는 식 5·38 의 분모의 j 부분이 남고

$$V_2 = V_1 \frac{1}{j\omega} \frac{1}{CR} \text{ 에 의해서}$$

$$v_2 = \frac{1}{CR} \int v_1 dt \quad\text{·······························} \quad 5\cdot41$$

로 된다.

$1/j\omega$ 는 $\int dt$ 의 적분기호와 같이 작용하므로 $\omega \gg \omega_0$ 에서는 적분작용이 나타나므로 적분회로라 부른다.

펄스파의 응답은 2항에서 다룬 것과 같이 기본적으로는 미분 방정식을 풀어서 구하며 결과는

$$v_2 = V_1 (1 - e^{-\frac{t}{RC}}) \quad\text{···································} \quad 5\cdot42$$

로 된다. 위 식의 형을 잘 보면 1 에서 보기의 감쇄곡선을 당긴형, 감쇄곡선을 뒤집어 놓은 형으로 되어 있다. 이것을 그래프화하면 그림 5-36 과 같이 된다.

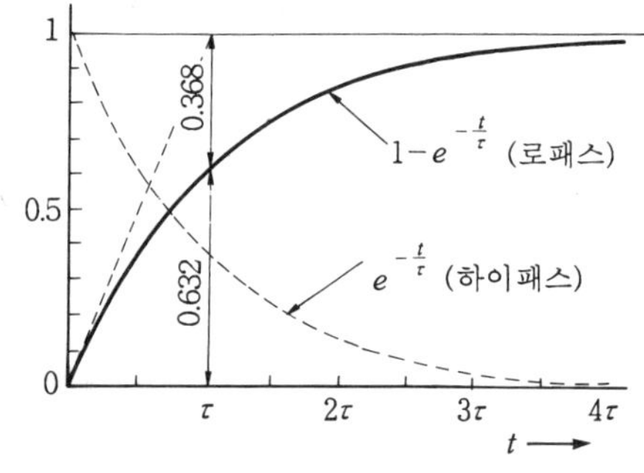

그림 5-36　저역통과형 RC 회로의 펄스응답
(고역통과형의 응답을 반전한 형)

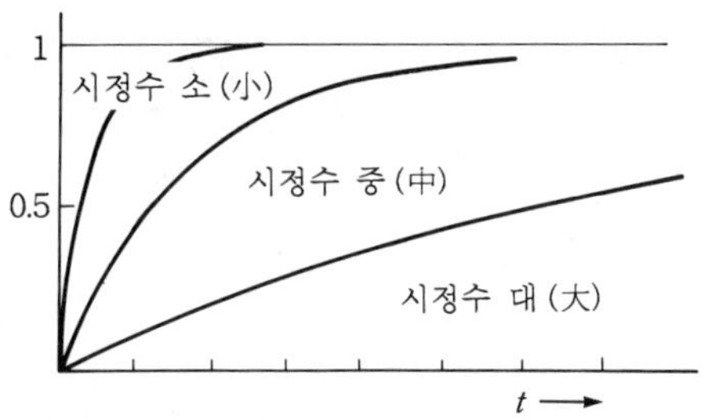

그림 5-37　시정수 τ 의 변화와 펄스응답 (적분회로)

미분회로는 펄스의 형태를 날카롭게 얻어냈으나, 적분회로는 펄스파를 무디게 올라 감을 늦게 하는 작용이 있다. 미분회로와 같이

$$시정수\ \tau = CR\,[\text{s}] \quad\cdots\cdots\cdots\cdots\cdots\cdots\cdots\cdots\cdots\cdots\cdots\cdots\cdots\cdots\cdots\cdots\cdots\cdots\ 5\cdot43$$

이 회로동작의 가늠의 파라미터로서 정의되고 있다. 이 그림에서 본 바와 같이 $t=\tau$ 에서 $t=0$ 의 곡선의 접선은 횡축과 교차하고 진폭은 가해준 전압의 $63\,\%$ 까지 올라가고 $t=5\tau$ 지나면 $99\,\%$ 로 된다.

그림 5-37 은 같은 펄스파에 대해서 $\tau=CR$ 이 다른 회로에서 파형으로 τ 가 클수록 파형의 입상이 둔하게 된다. 주파수 성분의 높은 잡음을 제거하거나, 펄스회로에서 펄스폭이 다른 펄스를 선별할 때 등 이 회로는 널리 사용되고 있다.

$$특성\ 주파수\ \ \omega_0 = \frac{1}{시정수\,\tau} = \frac{1}{CR}$$

특성 주파수의 관계는 고역통과형 필터와 똑같게 된다.

5-4 주파수 특성과 펄스응답

여기서는 전기회로의 특성을 주파수 특성과 펄스응답의 두 가지 면에서 살펴보기로 한다.

5-1, 5-3항에서 알아본 2종류의 CR 회로는 전기회로에서 반드시라고 말해도 좋을 정도로 나오므로 이것을 예로 진행하겠다.

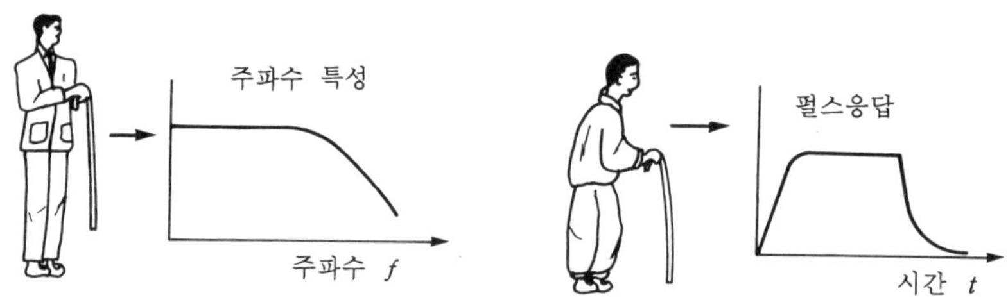

그림 5-38 주파수 특성과 펄스응답

(1) 증폭기의 주파수 특성과 CR 회로

증폭기란 입력단자의 전압(전류)을 몇배로 증폭해서 출력단자에 출력하는 기능이 기본이다. 그리고 입출력 전압의 비 $\dfrac{V_2}{V_1}$ 를 증폭기의 증폭도(이득)이라 한다.

CR 회로와 같은 전달특성이라는 표현도 사용하고 있다. 이의 증폭도의 주파수 특성은 어떻게 되어 있는 것일까?

그림 5-39의 보기로 나타낸 바와 같이 중역(중간범위)는 평탄하여 증폭해야 할 입력신호의 주파수 성분의 범위를 거의 커버(cover)하는 것이 필요하다. 중역의 양측은 고역과 저역이라 하며, 특성이 중역에 비해서 직선적으로 내려가는 것이 일반적이다.

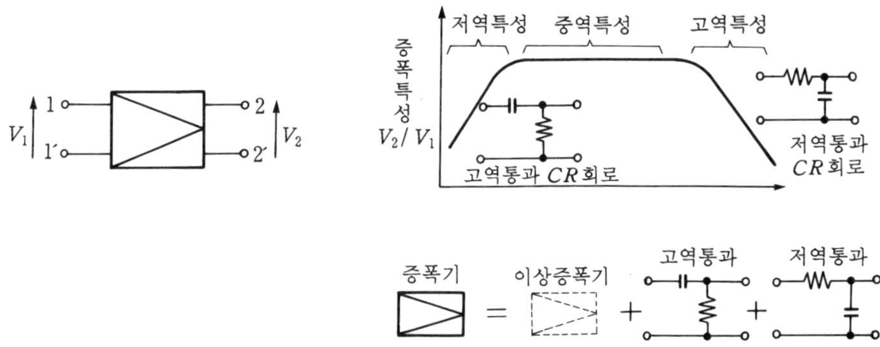

그림 5-39 증폭기의 주파수 특성

이 증폭기의 특성에서 저역특성은 고역통과형 CR 회로, 고역특성은 저역통과형 CR 회로와 비슷한 점에 있다.

　결국 증폭기는 2종류의 CR 회로와 주파수 특성이 직류 $\omega=0$ 에서 $\omega=\infty$ 까지 이상적인 증폭기를 조합시켜 근사시킬 수 있다. 증폭기의 특성을 전체적으로 알고 싶을 때는 이와 같이 두 개의 CR 회로의 주파수 특성을 생각해 떠올리면 좋고 이후는 1~3항에서 배운대로이다.

(2) 증폭기의 펄스응답과 CR 회로

　그림 5-40에 정리해서 도시한 것과 같이 대상으로 하는 입력신호 파형에 대응해서 CR 회로의 시정수 τ 가 대응할 때는 2, 3항에서 배운대로 CR 회로는 펄스처리의 동작, 펄스의 미분회로, 적분회로로서 작용한다.

표 5-1　CR 회로의 시정수 τ 와 입력펄스 T

입력펄스		$\tau \approx T$ 일 때	증폭기 동작
T	고역통과형	미분회로 동작	$\tau \gg T$ 에서는 sag 펄스의 찌그러짐 (새그)이 문제가 된다
	저역통과형 $\tau = CR$	적분회로 동작	$\tau \ll T$ 에서는 펄스의 찌그러짐 (입상시간)이 문제가 된다

　그리고 (1)에서 설명한 증폭기에서는 신호를 찌그러짐 없이 증폭하지 않으면 안되므로 신호 에너지의 대부분을 갖는 중역의 주파수 (ω_m) 에 대해서

　저역특성을 갖는 CR 회로 : 특성 주파수 $\omega \ll \omega_m$, 시정수 τ 가 매우 큰 경우

　고역특성을 갖는 CR 회로 : 특성 주파수 $\omega \gg \omega_m$, 시정수 τ 가 매우 작은 경우

로 두 부분으로 된다 (표 5-1).

상기와 같은 경우에 대해서 CR회로의 정규화한 파형도(그림 5−31)에서 증폭기의 펄스응답을 도출해 보자. 어디에 입력파형과 다른 점(파형 왜곡이라 한다)이 회로의 시정수 τ와 관련해서 나오는가 주의한다.

(3) 고역특성과 펄스응답

결론부터 미리 말하자면 그림 5−40과 같이 증폭기의 고역특성의 영향은 펄스의 뭉개짐으로서 나타내고 있다. 이 뭉개짐은 그림에 나타낸 바와 같이 펄스진폭의 10 %와 90 % 사이의 시간 (t_r)을 측정해서 표현한다.

t_r [s]을 입상시간이라고 하며 통상은 ms, μs 정도가 된다.

그림 5−31에서 그림의 상하를 역으로 해서 10 %의 시간은 0.1τ, 90 %의 시간은 2.3τ인 것을 알 수 있으므로

$$입상시간 \quad t_r = (2.3 - 0.1)\tau = 2.2\tau$$

가 된다.

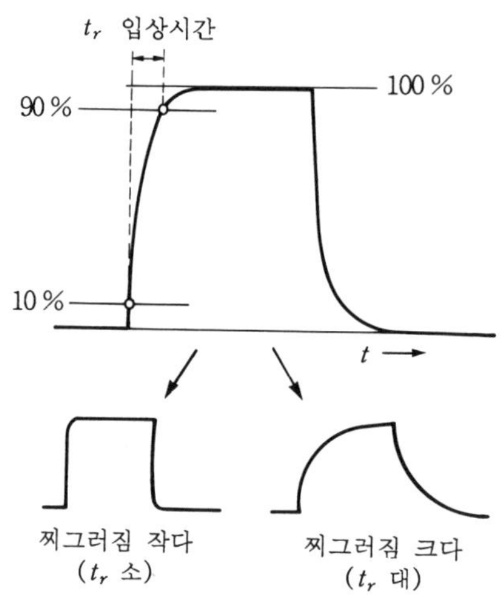

그림 5−40 펄스의 고역 찌그러짐은 입상시간으로서 나타낸다

따라서 증폭기의 고역차단 주파수 f_0와 출력펄스의 입상시간 t_r의 관계는 식 5·40에서

$$\text{입상시간} \quad t_r\,[\text{s}] = 2.2\tau = 2.2\,\frac{1}{2\pi f_0} = 0.35\,\frac{1}{f_0} \quad \cdots\cdots\cdots\cdots\cdots\cdots 5\cdot44$$

가 된다. f_0가 MHz 단위일 때는 t_r는 μs 단위가 되고, 예를 들면 차단 주파수 4 MHz
의 비디오 증폭기의 출력펄스의 입상시간은 $t_r = 0.35/4 \times 10^6 = 0.088\ \mu$s로 계산된
다. f_0가 낮게 되면 f_0에 반비례해서 입상시간은 크게 되고 파형의 뭉개짐은 심하게
되어 버린다. 또, CR로 표현하면

$$t_r = 2.2\,CR\ [\text{s}] \quad \cdots\cdots\cdots\cdots\cdots\cdots\cdots\cdots\cdots\cdots\cdots\cdots\cdots\cdots\cdots\cdots 5\cdot45$$

가 된다. 이것으로 증폭기의 고역주파수 특성과 펄스응답의 가장 기본적인 관계를 알
아보았다.

(4) 저역특성과 펄스응답

고역특성을 다룬 것과 같은 방법으로 펄스응답이 나온다. 단, 여기서는 입력신호 파
형이 찌그러지기 쉬운 경우 그림 5·41 (b) 와 같은 펄스 T_i, 듀티 팩터 (Duty Factor
$= \dfrac{T_i\,(\text{펄스폭})}{T\,(\text{주기})}$) 50 % 의 파형을 상정해서 그 찌그러짐이 어떻게 나오는가를 알아보
자.

파형 일그러짐은 그림 5−41 (a) 와 같이 펄스의 머리가 약간 기울어져 있다. 이것을
「새그 (sag)」라 하며, 기울어진 진폭을 전체의 진폭으로 나누어서 100 %를 곱한 것으
로 표현한다. 이와 같은 펄스를 듀티 팩터 50 %의 펄스라 한다.

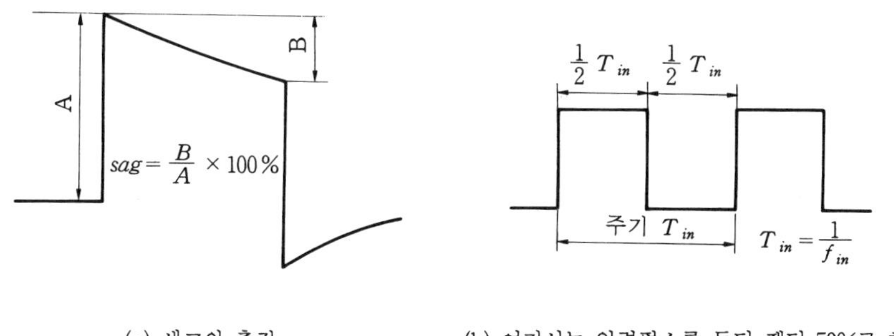

(a) 새그의 측정　　　　　(b) 여기서는 입력펄스를 듀티 팩터 50%로 한다

그림 5−41　펄스의 저역 찌그러짐은 「새그」로서 나타낸다

4항에서와 같이 정규화한 감쇄곡선 (그림 5-32)에서 보면, 0점 부근의 접선이 이끌어진 부분을 다루면 좋다는 것을 알 수 있다. 이 부근은 τ에 비례해서 저하되므로

$$\text{Sag} \quad S = \frac{T_i}{2\tau} \, [\%] \quad \dots\dots\dots\dots\dots\dots\dots 5 \cdot 46$$

가 된다. 지금 그림 (5-34(b))와 같이 입력펄스의 기본 주파수 $f_i = \dfrac{1}{T_i}$ 로 하면, $\tau = \dfrac{1}{2\pi f_0}$ 이므로

$$\text{Sag} \quad S = \pi \frac{f_0}{f_i} \quad \dots\dots\dots\dots\dots\dots\dots\dots 5 \cdot 47$$

로 된다. 이 식을 써서 입력신호 펄스의 기본 주파수 $60\,\text{Hz}$일 때, 새그 $S = 10\,\%$ 으로 하기 위한 특성 주파수 f_0와 $\tau = CR$을 구해 보자.

$$f_0 = S \cdot \frac{f_i}{\pi} = 0.318 \times 0.1 \times 60 \fallingdotseq 2\,\text{Hz}$$

$$CR = \frac{1}{2\pi f_0} = \frac{1}{2S \cdot f_i} = \frac{1}{2 \times 0.1 \times 60} = 0.083\,\text{S}$$

파형 찌그러짐을 고려해 보면 입력신호에 비해서 상당히 저역까지 증폭기의 차단 주파수를 늘려 놓지 않으면 안된다는 것을 알 수 있다. 그렇게 되면 C의 값은 크게 하는 것이 필요하고, IC에 채용하고 있는 직결 증폭기 (저역특성이 직류까지 평탄, 직류도 증폭한다)의 유리함을 알 수 있다.

이상으로 주파수 특성과 펄스응답의 두 가지 면에서 전기회로를 잡는 방법을 알아 보았다.

5-5 공진회로(共振回路)

전기의 기본회로 중에서 제일 재미있고 응용상 중요한 회로가 공진회로이다. 전기회로에서 공진·공명하는 회로는 인덕턴스와 커패시턴스로 구성하고 있다.

그림 5-42 악기는 모두 음의 공진회로

그림 5-43와 같이 R, L, C를 직렬로 접속한 회로, 직렬공진회로를 알아보자.
이 회로의 임피던스 Z는

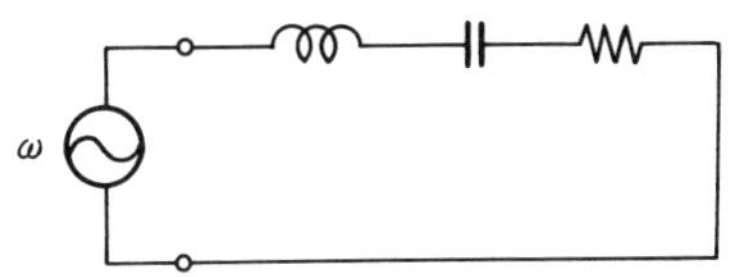

그림 5-43 직렬 공진 회로

$$Z = R + j\omega L + \frac{1}{j\omega C}$$

$$= R + j\left(\omega L - \frac{1}{\omega C}\right) \cdots\cdots\cdots\cdots\cdots\cdots\cdots\cdots\cdots\cdots\cdots\cdots 5\cdot48$$

(1) 공진 주파수 (ω_0)

위 식의 허수부를 0으로 놓고 (L과 C의 리액턴스가 같다), 이때의 주파수 $\omega = \omega_0$
로 하면

$$\omega_0 L = \frac{1}{\omega_0 C}$$

따라서,

$$\omega_0 = \frac{1}{\sqrt{LC}} \cdots\cdots\cdots\cdots\cdots\cdots\cdots\cdots\cdots\cdots\cdots\cdots\cdots\cdots 5\cdot49$$

$$Z = Z_0 = R \cdots\cdots\cdots\cdots\cdots\cdots\cdots\cdots\cdots\cdots\cdots\cdots\cdots\cdots\cdots 5\cdot50$$

이 ω_0 를 공진 주파수라 하며, $\omega = \omega_0$ 일 때 임피던스 Z 는 최소로 되어 공진이 일어나게 된다.

주파수 f [Hz] 로 표현하면

$$f_0 = \frac{\omega_0}{2\pi} = \frac{1}{2\pi\sqrt{LC}} \quad\cdots\cdots\cdots\cdots\cdots\cdots\cdots\cdots\cdots 5 \cdot 51$$

로 되며 공진 주파수는 공진회로의 특성을 나타내는 중요한 파라미터가 된다.

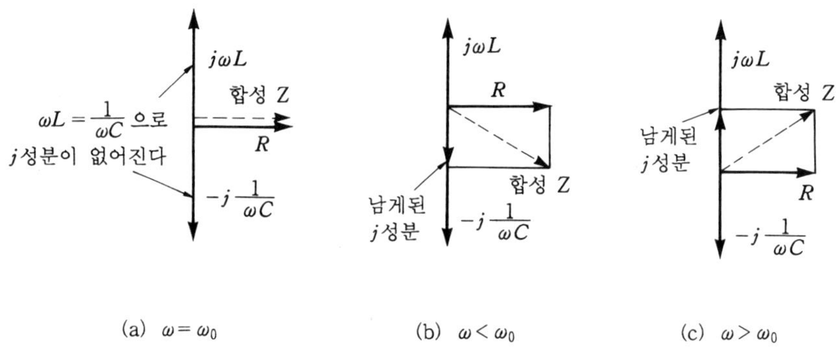

그림 5-44　직렬공진회로의 임피던스 (벡터도)

임피던스 Z 의 벡터도는 그림 5-44 와 같이 되고 L 과 C 의 분은 j 축상에서 반대방향의 벡터이므로 양자는 감산관계로 된다. 여기서 ω 의 변화에 대해서 Z 가 어떤 변화를 하는가 알아보자.

① $\omega = \omega_0$ 에서는 $Z = R$ 로 Z 는 정 (+) 의 실수축상에 있다. R 가 작은 경우는 Z 는 0 에 가깝고 $\omega = \omega_0$ 에서 Z 는 최소로 된다. 여기서, 공진점으로 ω_0 를 공진 주파수라 한다.

② $\omega < \omega_0$ 에서는 $\omega L < 1/\omega C$ 으로 허수부는 음 (−) 으로 된다. 여기서, Z 는 L 분이 없어지고, C 분만이 남게 된다. 이 회로를 용량성 (容量性) 회로라고 한다. $\omega \to 0$ 로 되면 $-j$ 성분 (용량성) 은 증가하게 된다.

③ $\omega > \omega_0$ 에서는 ② 와 반대로 $\omega L > 1/\omega C$ 로 허수분이 정 (+) 으로 되고 C 분이 없어지고 L 분만 남게 된다. 이때 이 회로를 유도성 (誘導性) 회로라고 한다. $\omega \to \infty$ 에 대해서 $+j$ 분 (유도성) 은 증가하게 된다.

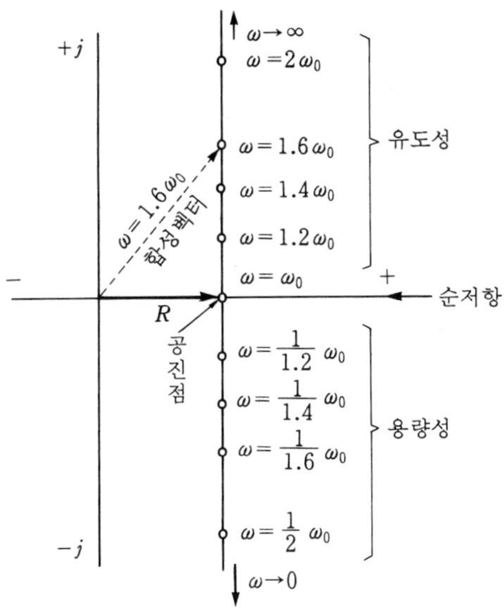

그림 5-45   임피던스의 벡터 궤적
(각 주파수 ω 를 변화시켜 벡터 Z 의 변화를 본다.)

이상과 같은 합성벡터의 변화를 연속적으로 그려 보면, 벡터 궤적이라 하는 그래프가 된다. 한눈으로 주파수 ω 에 대한 Z 의 벡터 변화를 알 수 있는 장점이 있다.

(2) 전압확대율 (電壓擴大率) Q

이 공진회로에 전압 V 를 가할 때 전류 I 가 각 주파수 ω 의 변화에 대해서 어떻게 변하는가를 알아보도록 하자. 옴의 법칙에 식 5·48 을 대입해서

$$I = \frac{V}{Z} = V \cdot \frac{1}{R + j\left(\omega L - \dfrac{1}{\omega C}\right)} \quad \cdots\cdots\cdots\cdots\cdots\cdots\cdots\cdots\cdots 5\cdot 52$$

공진점 $\omega = \omega_0$ 에서는 분모의 허수분은 0이 되어

$$I_0 = \frac{V}{R} \quad \cdots\cdots\cdots\cdots\cdots\cdots\cdots\cdots\cdots\cdots\cdots\cdots\cdots\cdots\cdots 5\cdot 53$$

공진점에서 각 소자에 걸리는 전압 V_L, V_C 를 구하면

$$V_R = I_0 \times R = V$$

$$V_L = I_0 \times j\omega L = \frac{V}{R}(j\omega L) = jV \cdot \frac{\omega_0 L}{R} \quad\cdots\cdots\cdots\cdots\cdots\cdots\cdots\cdots \quad 5 \cdot 54$$

$$V_C = \frac{I_0}{j\omega C} = \frac{V}{R}\left(-j\frac{1}{\omega C}\right) = -jV \cdot \frac{1}{\omega_0 CR}$$

여기서, $|V_L| = |V_C|$ 이므로

$$\left|\frac{V_L}{V}\right| = \left|\frac{V_C}{V}\right| = \frac{\omega_0 L}{R} = \frac{1}{\omega_0 CR} = \frac{1}{R}\sqrt{\frac{L}{C}} \quad\cdots\cdots\cdots\cdots\cdots \quad 5 \cdot 55$$

로 된다. 여기서 식 $5 \cdot 55$ 를 Q 로 놓으면

$$Q = \frac{1}{R}\sqrt{\frac{L}{C}} \quad\cdots\cdots\cdots\cdots\cdots\cdots\cdots\cdots\cdots\cdots\cdots\cdots \quad 5 \cdot 56$$

식 $5 \cdot 54$ 는 간단히 다음과 같이 된다.

$$\left.\begin{array}{l} V_R = V \\ V_L = jVQ \\ V_C = -jVQ \end{array}\right\} \quad\cdots\cdots\cdots\cdots\cdots\cdots\cdots\cdots\cdots\cdots \quad 5 \cdot 57$$

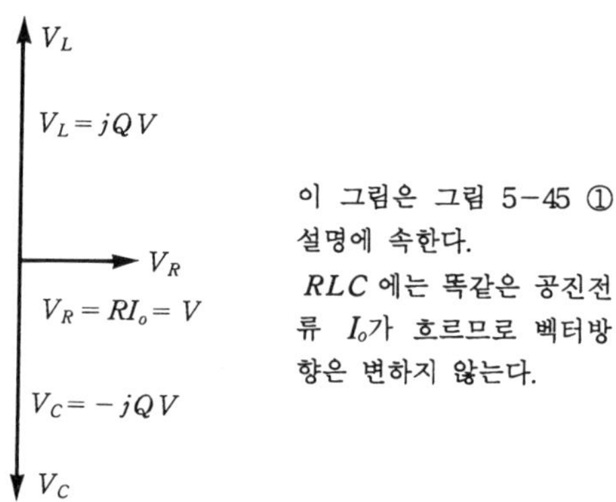

이 그림은 그림 5-45 ①
설명에 속한다.
RLC 에는 똑같은 공진전
류 I_o 가 흐르므로 벡터방
향은 변하지 않는다.

그림 5-46 공진점의 각 소자의 전압 벡터

상기의 전압을 복소평면상의 벡터로서 표현하면 그림 5-46과 같이 된다. 여기서, 전체의 전압 V 는 저항 R 에 걸리고 L 과 C 의 양단의 전압은 $V \cdot Q$ 로 Q 배되어 나타난다. 그러나 V_L 과 V_C 는 180°의 위상차로 되어 양방향의 전압파형은 제거되고 전원 측에서 보면 저항 R 의 전압만이 남게 된다.

이와 같이 직렬공진 회로에서는 가해준 전압을 Q 배로 확대하는 작용이 있다는 것을 알 수 있다.

(3) 공진곡선 (共振曲線)

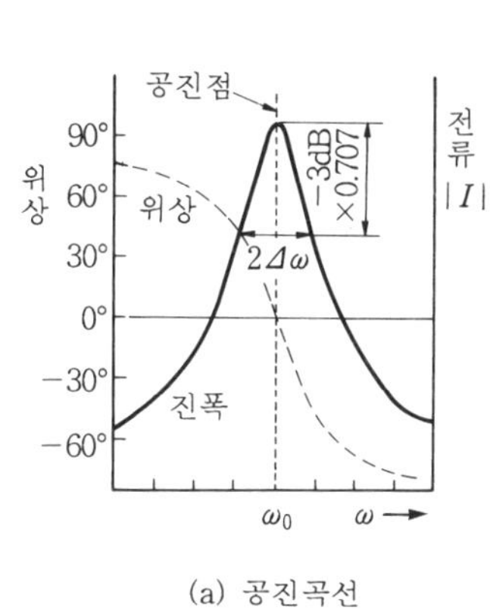

그림 5-47 공진곡선 (공진전류의 주파수 특성)

직렬공진 회로에서는 공진 주파수 ω_0 에서 임피던스 $Z_0 = R$ 로 최소가 되고, 전류는 최대가 되며 $I_0 = \dfrac{V}{R}$ 가 된다. 식 5·52 에서 ω 를 바꿀 때의 I 의 변화를 계산해 보면 그림 5-47 의 공진곡선이라 부르는 커브가 얻어진다. R 이 적은 만큼, Q 가 큰 만큼 공진곡선의 산은 뾰족하고 높게 된다. 공진곡선의 $\dfrac{1}{\sqrt{2}}$ (3 dB 내려간 점) 내려간 점의 주파수의 차를 「대역폭 (帶域幅)」이라 부르며, 이 대역폭을 $2\Delta\omega$ 로 놓으면

$$Q = \frac{\omega_0}{2\Delta\omega} \quad\cdots\cdots\cdots\cdots\cdots\cdots\cdots\cdots\cdots\cdots\cdots\cdots\cdots\cdots\cdots 5\cdot58$$

가 된다. 이와 같이 공진회로는 여러 가지 주파수 중에서 공진 주파수 ω_0만을 선택·확대하는 작용이 있다. 그리고 그 선택도(選擇度)는 식 5·58에 보인 대로 Q로 표시한다. Q가 큰 만큼 ω_0 이외의 주파수를 누르는(억제하는) 작용이 강하게 된다.

여기서 공진회로는 그림 5−48과 같이 라디오, FM, TV 등의 수신기에서 목적으로 하는 방송국의 전파만이 선택하고, 다른 방송국의 전파는 혼신되지 않도록 억압하는 데에 사용된다.

보고 싶은, 듣고 싶은 방송을 선택하기 위해 다이얼을 돌리거나 버튼을 누르는 것은 수신기의 공진회로의 공진 주파수 ω_0을 바꾸어서 목적의 방송국 전파의 주파수에 일치되도록 하는 것에 해당된다.

공진회로는 공진 주파수 $\omega_0 = 2\pi f_0$ 와 공진성능이 나타나는 파라미터 Q의 두 가지로 그 특성이 결정된다.

예제 4. 그림 5−43의 직렬공진 회로에서 $L = 0.5\,\mathrm{mH}$, $C = 0.002\,\mu\mathrm{F}$, $R = 5\Omega$일 때, 공진주파수 ω_0, f_0, 공진의 Q 및 공진곡선의 대역폭 $2\Delta\omega(2\Delta f)$ 를 구하시오.

해설 식 5·49에서

$$\omega_0 = \frac{1}{\sqrt{LC}} = \frac{1}{\sqrt{0.5 \times 10^{-3} \times 0.002 \times 10^{-6}}} = 1 \times 10^6\,\mathrm{rad/s}$$

식 5·51에서

$$f_0 = \frac{1}{2\pi\sqrt{LC}} = \frac{1 \times 10^6}{2\pi} = 159\,\mathrm{kHz}$$

식 5·56에서

$$Q = \frac{1}{R}\sqrt{\frac{L}{C}} = \frac{1}{5}\sqrt{\frac{0.5 \times 10^{-3}}{0.002 \times 10^{-6}}} = 100$$

식 5·58에서

$$\text{대역폭}\ 2\Delta\omega = \frac{\omega_0}{Q} = \frac{10^6}{100} = 10^4\,\mathrm{rad/s}$$

주파수로 환산하면

$$\text{대역폭}\ 2\Delta f = \frac{f_0}{Q} = \frac{159}{100} = 1.59\,\mathrm{kHz}$$

로 된다.

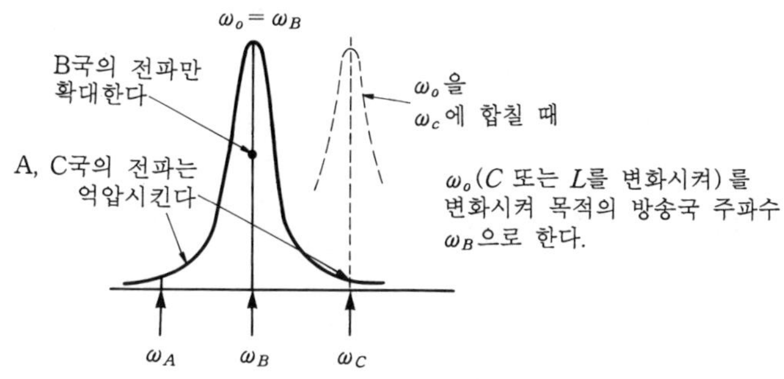

그림 5-48 공진회로와 전파의 선국 (選局)

5-6 직렬공진과 병렬공진

5-5항에서는 직렬공진 회로를 예를 들어서 공진회로 특성을 알아보았다. 그러면 R, L, C를 병렬접속한 병렬공진 회로는 어떤 성질을 나타내게 될까? 여기서는 저항 R 은 코일의 저항분을 표현해서 코일의 인덕턴스 L에 직렬로 넣어 구성해 보기로 한다.

$$Y = \frac{R}{R^2 + (\omega L)^2} + j\left\{\omega C - \frac{\omega L}{R^2 + (\omega L)^2}\right\}$$

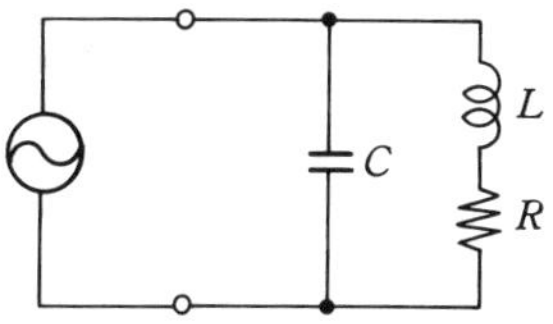

그림 5-49 병렬 공진 회로

병렬회로이므로 전체의 어드미턴스 Y를 구하면

$$Y = j\omega C + \frac{1}{j\omega L + R}$$

$$= \frac{1}{R^2 + \omega^2 L^2}\left[R + j\omega C\left\{(R^2 + \omega^2 L^2) - \frac{L}{C}\right\}\right] \quad \cdots\cdots 5 \cdot 59$$

조금 복잡한 식이 된다. 병렬공진은 상식의 허수분이 0 이 되는 조건에서

$$\omega_0 = \sqrt{\frac{1}{LC} - \left(\frac{R}{L}\right)^2} \quad \cdots\cdots 5 \cdot 60$$

로 된다. 실용상 $R \ll \sqrt{\dfrac{L}{C}}$ 의 경우가 많아 공진 주파수는

$$\omega_0 \fallingdotseq \frac{1}{\sqrt{LC}} \quad \cdots\cdots\cdots 5\cdot61$$

로 되어 직렬공진과 같은 식으로 된다. 이 때 공진 임피던스 Z_0 와 공진전류 I_0 는

$$Z_0 = \frac{R^2 + \omega_0^2}{R} = \frac{L}{CR} = Q^2 R \quad \cdots\cdots\cdots 5\cdot62$$

$$I_0 = \frac{V}{Z_0} = \frac{R}{R^2 + \omega_0^2 L^2}\,V = \frac{CR}{L}\,V = \frac{V}{Q^2 R} \quad \cdots\cdots\cdots 5\cdot63$$

로 된다. 공진주파수 ω_0 에서 전류 I 는 다른 주파수의 경우에 비해서 최소값이 된다. 직렬공진 회로와 반대로 임피던스는 최대, 전류는 최소로 됨을 알 수 있다.

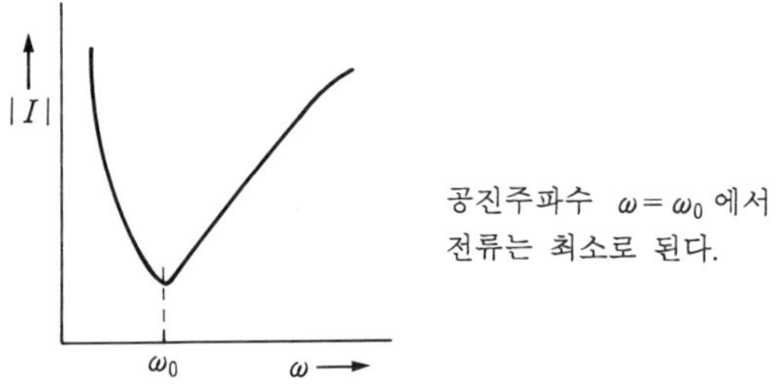

그림 5-50 병렬공진 회로의 공진곡선

그림 5-50에 병렬공진 회로의 공진곡선을 보여 주고 있다(엄밀하게는 최대, 최소점의 주파수는 ω_0 와 조금 다르나 통상은 위와 같이 같다고 보아도 된다). 또, 전항에서 다루었던 공진회로의 성능을 나타내는 Q 도 똑같이

$$Q = \omega_0 \frac{L}{R} = \frac{1}{R}\sqrt{\frac{L}{C}} \quad \cdots\cdots\cdots 5\cdot64$$

로 주어진다. $\omega_0 L \gg R$ 일 때, 이 Q 는 공진시 L 과 C 에 흐르는 전류가 회로 전체의 전류 I_0 의 Q 배로 되는 일을 나타내고 있다.

$$|I_{L0}| = |I_{C0}| = I_0 Q \quad \cdots\cdots\cdots 5\cdot65$$

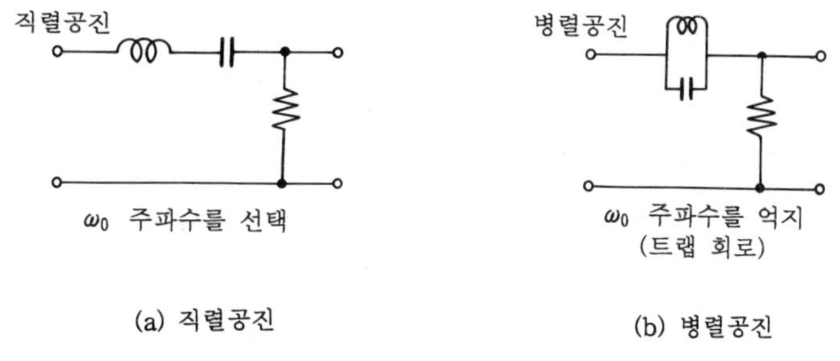

그림 5-51　직렬, 병렬공진 회로의 응용

L과 C에 흐르는 이 Q배의 전류는 L과 C의 자기 에너지와 정전 에너지가 서로 에너지를 주고 받아 ω_0의 주파수에서 L과 C 사이를 교호로 이동하게 된다. 전원측에는 나타내지 않는다. 이것은 직렬공진으로 L과 C의 전압이 역방향인 것에 대응한다. 이상을 모아 보면, 다음과 같다.

< 직렬공진과 병렬공진 >

① **공진주파수** ω_0 : $\omega = \omega_0$ 에서 회로는 커다란 기능변화를 나타낸다 (공진현상).

② **임피던스** : 직렬공진에서는 최소 ($R = 0$ 이면 $Z_0 = 0$), 병렬공진에서는 최대 ($R = 0$ 이면 Z_0는 ∞) 로 된다.

③ **유입전류** : 직렬공진에서 최대, 병렬공진에서 최소이다.

④ **L과 C의 전압전류 확대작용** : 직렬공진에서는 전압은 인가전압을 Q배, 병렬공진에서는 유입전류를 Q배로 확대하는 작용이 있다.

⑤ **회로응용** : 직렬공진은 공진주파수 ω_0 와 같은 주파수의 억제, 소거에 잘 쓰인다 (그림 5-51).

⑥ **성능지수 Q** : 직렬, 병렬공진으로도 Q는 회로의 전압 (전류) 확대율이나 공진의 산의 뾰족도 (선택도, 억압도) 를 나타내는 성능을 표시하는 지수이다.

5-7 트랜스

그림 5-52에 나타낸 바와 같이 자성재료(규소강판이나 페라이트, 샌더스트 등 다양한 재료가 개발되어 있다)의 코어(철심)에 독립된 2가닥 이상의 코일을 감은 것을 트랜스라 한다. 트랜스에는 변전소나 도로변의 전주 위에도 설치되어 60 Hz의 큰 전력을 다루는 것에서부터 오디오나 비디오 신호, 펄스 등의 신호를 다루는 것이 있고, 어느 것도 전압, 전류의 크기를 변환하거나 임피던스를 바꾸는데에 사용하기도 한다.

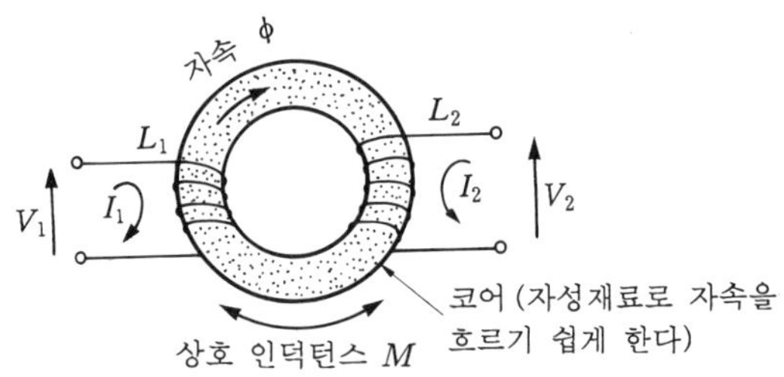

그림 5-52 트랜스의 원리적 구조

지금 입력측의 코일에 교류전류를 흘리면 철심에는 같은 주파수로 변화하는 자장이 생기므로 이 변화하는 자장에 결합한 출력측의 코일에는 교류전압이 발생된다. 입력전류 I_1에 대해서 출력전압 V_2는 인덕턴스 L의 경우와 비슷해서

$$V_2 = j\omega M I_1 \quad\cdots\cdots\quad 5\cdot66$$

의 관계가 성립하고 M을 상호 인덕턴스(mutual inductance)라 한다. 지금 출력측에 부하저항을 연결해서 전류가 흐르도록 하면 입력측과 출력측의 전압, 전류의 관계는

$$\left.\begin{array}{l} V_1 = j\omega L_1 I_1 + j\omega M I_2 \\ V_2 = j\omega L_2 I_2 + j\omega M I_1 \end{array}\right\} \quad\cdots\cdots\quad 5\cdot67$$

의 관계가 성립된다.

여기서 2개의 권선에는 동일한 교류자속이 결합하여(자속의 누설이 없다) 양쪽 코일의 인덕턴스 L_1, L_2가 (L_1/L_2를 일정) 무한대로 되는 이상상태를 고려하면 $M=$

$\sqrt{L_1 L_2}$ 에서 입출력의 전압전류의 관계는 권수 N_1, N_2 의 비로 주어진다.

$$\left.\begin{array}{l} \dfrac{V_1}{V_2} = \dfrac{N_1}{N_2} \\[3mm] \dfrac{I_1}{I_2} = \dfrac{N_2}{N_1} \end{array}\right\} \quad \cdots\cdots\cdots\cdots\cdots\cdots\cdots\cdots\cdots\cdots\cdots\cdots\cdots 5 \cdot 68$$

결론적으로 전압은 권선비 N_1 / N_2에 비례하고 전류는 역비례해서 출력측에 얻어진다. 상용전원에 교류가 널리 쓰이는 첫째의 이유는 트랜스를 사용하면 전압을 변환할 수 있는데에 있다.

오디오 기기나 텔레비전에는 상용전원 110 V에서 트랜지스터 회로용의 6~24 V의 낮은 전압으로 바꾸는 전원 트랜스가 반드시 들어간다.

또, 식 5·68에서 그림 5–53과 같이 출력측에 임피던스 Z를 연결한 경우 입력측에서 본 임피던스 Z_i는 식 5·68을 서로 나누어서

$$Z_i = \left(\frac{N_1}{N_2}\right)^2 Z \quad \cdots\cdots\cdots\cdots\cdots\cdots\cdots\cdots\cdots\cdots\cdots\cdots\cdots 5 \cdot 69$$

로 주어진다. 이것은 트랜스를 쓰면 임피던스를 자유롭게 바꾸는, 트랜스의 제2의 이점이 된다.

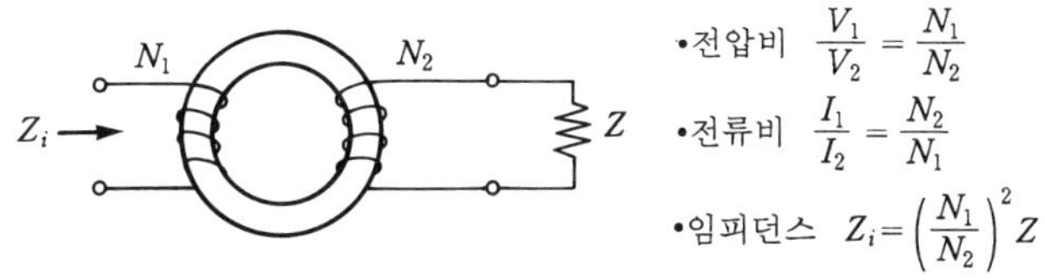

🔑 이상변압기 : 인덕턴스가 무한대이고, 누설 인덕턴스가 없는 변압기

그림 5–53 이상 변압기

예를 들면 텔레비전 수상기의 안테나 단자에서 동축 케이블의 임피던스 75 Ω을 조금 높게 해서 회로측에 접속하는 곳에 응용되고 있다.

트랜스의 기능을 이해하고 사용하는 방법을 아는 데에는 이상과 같은 권수비 $\dfrac{N_1}{N_2}$ 로 전압·전류 임피던스가 임의로 변환할 수 있는 트랜스의 이상 상태의 기능을 알면 충분하다 (식 5·68, 5·69).

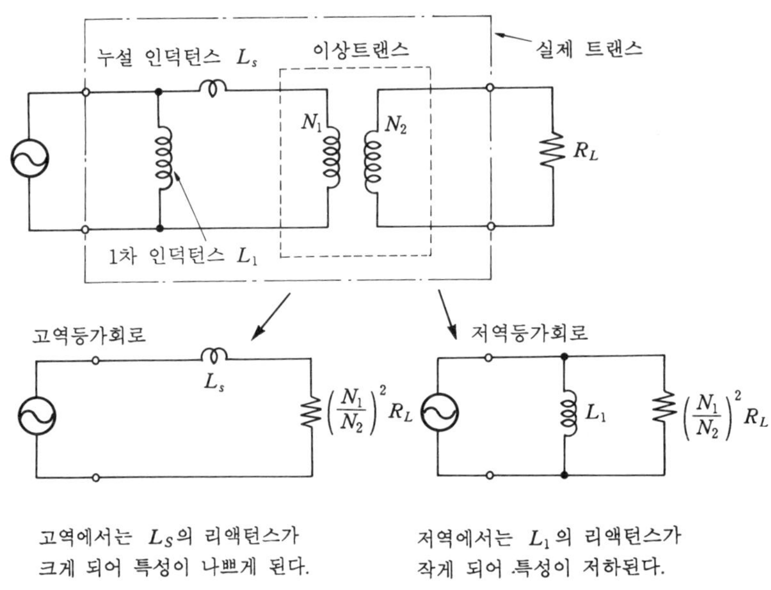

그림 5-54　통신용 트랜스의 특성

이와 같은 이상적 특성을 나타내는 트랜스를 이상(理想) 트랜스라 부르며, 경우에 따라서는 그림 5-54에서와 같이 낮은 주파수에서는 권선의 자기 인덕턴스 L_1, 높은 주파수에서는 2개의 코일을 완전하게 결합하고 있지 않는 경우의 누설 인덕턴스 L_2을 고려하지 않으면 안 된다. 아무래도 저주파역, 고주파역의 성능은 이상 트랜스보다 저하된다.

6 전력의 취급

6 - 1 전력이란

　전기회로는 발전기라든가 전동기라든가 전력을 다루는 일에서부터 시작하기 때문에 다른 책에서는 전력을 처음에 다루고 있다. 이 책에서는 독자의 이해를 쉽게 하기 위해 앞에서 다루지 않았을 뿐이다. 여기서 전력에 대해서 알아보기로 한다.

　전구나 전열기, 냉장고 등 가정에서 다루는 전기기구에는 모두 소비전력 몇 와트 [W] 가 결정되어 있다. 100 W 의 전구는 60 W 의 전구보다 밝고, 그것만으로 전기를 많이 쓴다고 말하는 것이 누구도 알고 있는 상식이며, 이 와트 [W] 를 전기의 세계에서는 전력이라 한다.

• 전력 •

전력이란 1초간에 소비하는 에너지의 양으로 다음과 같이 정의하고 있다.

$$\text{전력}[W] = \frac{\text{소비에너지의 양}}{\text{시간}} \, [\text{J/s}] \quad\cdots\cdots\cdots\cdots\cdots\cdots\cdots\quad 5 \cdot 70$$

　에너지를 시간으로 나눈다는 것은 그 전기 기기의 에너지를 소비하는 능력이라고 보아도 된다. 가정에서는 전기 에너지를 전력회사에서 공급받아 편리하게 사용하고 있으나 월 1회 지불하는 전기요금은 몇 킬로와트의 전력을 몇 시간 사용했는가 하는 것으로 킬로와트아워 [kWh] 로 전력에 시간을 곱해서 에너지량의 단위로 해서 계산하고 있다. 전기회로에서도 모든 저항은 전류가 흐르면 전력을 소비하고 그 에너지는 모두 열로 된다.

　그림 5 - 55 에서 저항이 소비하는 전력 P 는 전압 V 와 전류 I 의 곱으로 구해진다.

$$\text{저항의 소비전력} \quad P = VI = I^2 \cdot R = \frac{V^2}{R} \, [\text{W}] \quad\cdots\cdots\cdots\cdots\quad 5 \cdot 71$$

　1 kW 의 전열기는 전압 100 V를 위 식에 대입하면

$$I = \frac{P}{V} = \frac{1000}{100} = 10\,\text{A}, \quad R = \frac{P}{I^2} = \frac{1000}{100} = 10\,\Omega$$

로 10 A 의 전류가 흐르고, 저항은 10 Ω 이다는 것을 알 수 있다.

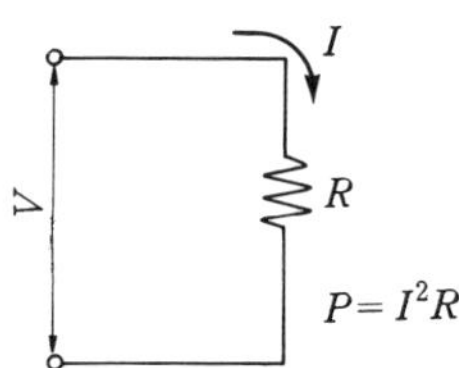

그림 5-55 저항에서 소비되는 전력

LSI (대규모 집적회로 ; large scale integrated circuit) 는 대단히 많은 저항이나 트랜지스터를 집적해 있으므로 소비전력에 의한 발열이 문제가 된다. 거기서 열을 외부로 방출시키는 연구나 저전압 저전류로 고속으로 동작하는 것이 요구되고 있다.

부품으로서 저항은 그것 자체가 발열하는 것은 당연하고 극단으로 온도가 오르면 저항체가 변하거나 타서 끊어져 버리므로 정격전력이 규격화되어 있다. 보통 1/8 W, 1/4 W, 1/2 W, 1 W, 2 W형이 많이 사용되고 있다. 정격전력이 큰 만큼 크기를 크게 해서 열방산이 잘 되게 하고 있다.

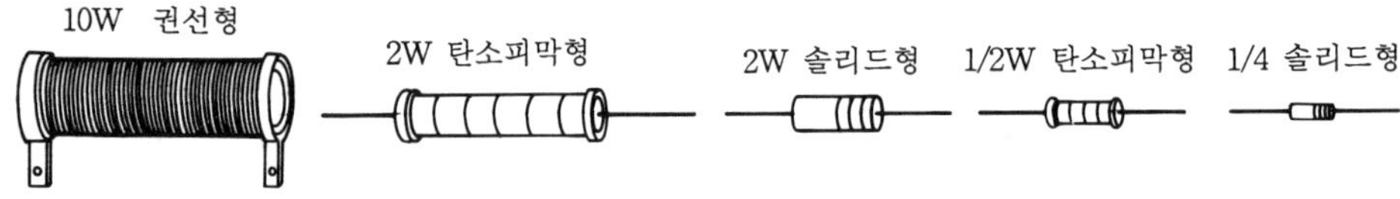

그림 5-56 저항기는 정격전력값으로 형상이 다르다

6 - 2 임피던스 정합 (impedance matching)

그림 5-57 에 나타낸 바와 같이 일반의 전기회로에 부하저항을 연결해서 가능한 큰 에너지를 얻기 위해서는 어떻게 해야 할 것인가를 알아보자.

일반적인 전기회로라 말했으나 그것은 발전기라도 좋고 오디오앰프의 출력에서도,

혹은 약한 전기를 다루는 TV 카메라의 촬상판 (CCD ; charge coupled device) 의 비디오 신호 출력에서도 모두 원리적으로는 같다.

　일반 전기회로의 출력단자는 그림 5-57 에 나타난 바와 같이 3-4 항의 「테브낭의 정리」로 내부저항 r_i 과 단자 개방시의 전압 V_0 를 갖는 전압원으로 표현할 수 있으므로 그림 5-57 (b) 는 모든 전기회로의 출력과 등가가 된다 (여기서는 기본으로 되는 저항만의 경우를 다루었으나 내용은 모든 교류 · 직류에 공통으로 성립된다).

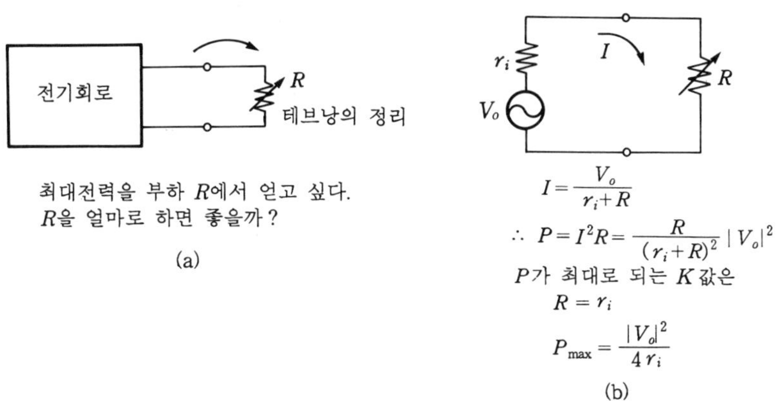

$$I = \frac{V_o}{r_i + R}$$

$$\therefore P = I^2 R = \frac{R}{(r_i + R)^2} \, |V_o|^2$$

P 가 최대로 되는 K 값은

$$R = r_i$$

$$P_{\text{max}} = \frac{|V_o|^2}{4 \, r_i}$$

(b)

그림 5-57　최대전력을 얻는 방법

　그러면 여기서 부하저항 R 에 얼마 만큼 전력을 얻을 수 있는가를 계산해 보자.

$$I = \frac{V_0}{r_i + R}$$

$$P = RI^2 = \frac{RV_0^2}{(r_i + R)^2} \quad \text{……………………………} \quad 5 \cdot 72$$

　저항 R 을 횡축으로 잡고 부하에 공급할 수 있는 전력 P 는 어떻게 되는가 그래프로 그리면 그림 5-58 과 같이 된다.

　$R = 0$ 에서는 전류는 최대, 전압이 0 으로 전력 P 는 0, $R = \infty$ 에서는 전압이 최대, 전류가 0 으로 전력 P 는 0 으로 된다.

　최대 전력 R 는 0 에서도 ∞ 에서도 아니고, 중간의 적당한 값

$$R = r_i \quad \text{………………………………………………} \quad 5 \cdot 73$$

에서 최대로 된다. 이때의 전력 P_{max} 는 다음과 같이 된다.

$$P_{\max} = \frac{1}{4} \cdot \frac{V_0^2}{r_i} \quad\text{..} \quad 5 \cdot 74$$

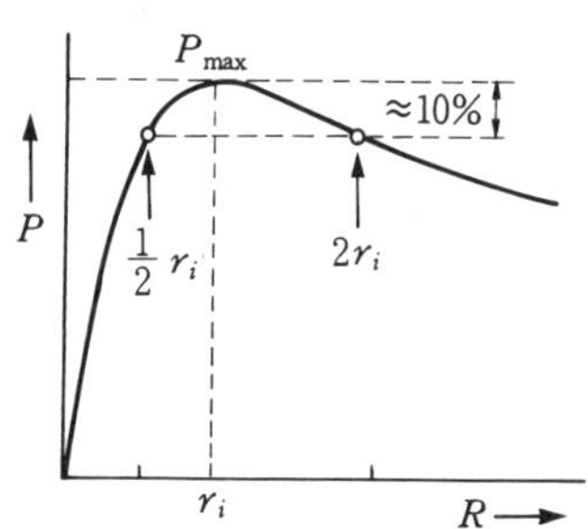

그림 5-58 전력은 저항으로 어떻게 변하는가?

$r_i = R$이므로 이 경우 전원내부에서 소비되는 전력과 부하에서 소비되는 전력이 같아 50 %씩 된다. 또, 그림 5-58의 곡선에서 P가 최대값보다 10 % 저하하는 경우를 구하면, R의 값은 최적값 r_i의 1/2과 2배로 된다.

여기서 부하 R는 전기적인 저항이나 그것만은 아니다.

회로적 표현은 저항 R으로 좋으나, 예를 들면 전구에서는 빛으로 변환하는 에너지, 스피커는 음향으로 되는 에너지, 전동기에서는 회전력으로 되는 에너지, 모두 임피던스를 측정하면 저항분으로서 나오게 된다.

그러므로 저항 R이라 해도 전부가 열로 되어 소비되는 것만이 아니고 전구, 스피커, 전동기가 목적으로 하는 광, 음향, 회전력에 대응하는 것도 저항 R에 포함된다.

신호를 다루는 전기회로에서도 신호를 찌그리지 않고, 또 잡음의 영향을 될 수 있는 한 적게 해서 처리하기 위해서는 상대측에서 효율 좋은 에너지를 얻어내는 일은 중요하다. 그래서 $R = r_i$로 해서 최대 전력을 얻는 일을 「임피던스 정합 (整合)」, 「임피던스 매칭 (matching)」이라 한다.

6 - 3 리액턴스 부하는 역률을 고려한다

기본적인 저항부하를 생각해 왔으나, 부하에 인덕턴스나 커패시턴스를 포함하는 경우 전력은 어떻게 다루면 좋은 것일까?

지금 그림 5-59와 같은 인덕턴스와 저항을 직렬로 한 부하의 전력을 알아보자.

전항에서 전력은 전압 V와 전류 I의 적으로 다루었으나, 부하에 리액턴스가 들어갔으므로 전압과 전류에 위상차 θ가 존재한다. 여기서 전압과 전류의 순시값으로 계산해 보면

$$v = V_m \sin \omega t$$

$$i = I_m \sin (\omega t - \theta) \cdots\cdots\cdots\cdots\cdots\cdots\cdots\cdots\cdots\cdots\cdots\cdots\cdots\cdots 5\cdot75$$

로 놓고, 순시전력 $p = v \cdot i$ 를 계산한다.

$$p = v \cdot i = V_m I_m \sin \omega t \cdot \sin (\omega t - \theta)$$

$$= \frac{V_m \cdot I_m}{2} \{ \cos \theta - \cos (2\omega t - \theta) \}$$

$$= |V| \cdot |I| \cos \theta - |V| \cdot |I| \cos (2\omega t - \theta) \cdots\cdots\cdots\cdots\cdots\cdots 5\cdot76$$

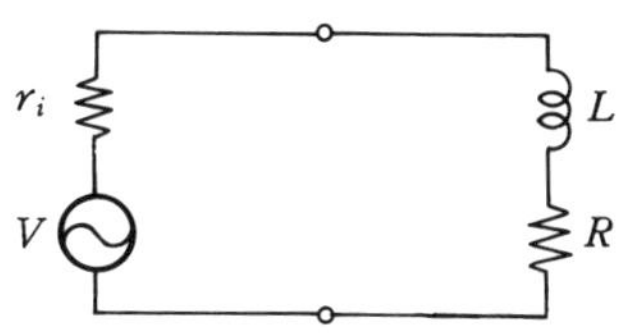

그림 5-59 인덕턴스를 포함한 저항부하

식 5·76은 삼각함수의 공식 $\sin A \cdot \sin B = \frac{1}{2}\{\cos(A-B) - \cos(A+B)\}$ 에서 구할 수 있다.

여기서, 식 5·76의 제1항은 일정값이며, 제2항은 주파수 ω로 시간 t와 함께 변화하는 항이 된다. 제2항의 1사이클(cycle)을 보면, 순시적 전력의 변화를 표현하나

평균하면 ± 0 으로 실제의 전력은 제1항만으로 되고, 결국 리액턴스를 포함하는 소비 전력은 다음과 같이 된다.

$$P = |V| \cdot |I| \cos \theta \quad\text{···}\quad 5 \cdot 77$$

그림 5-60 은 전류 I 를 기준으로 한 벡터도이며, 위 식은 저항 R 에서 소비되는 전력 P_R 을 표현하고 있는 것으로 된다.

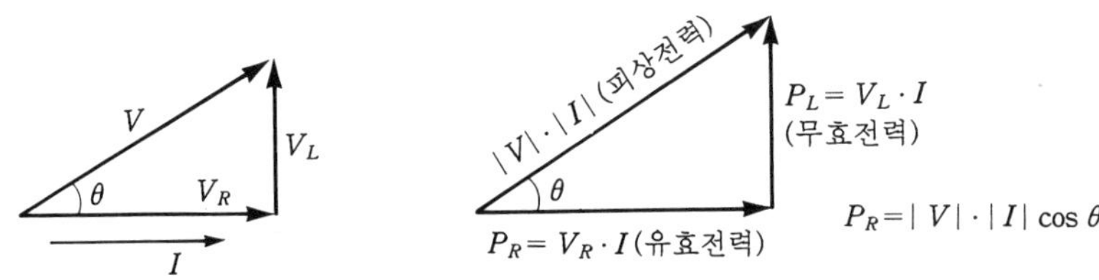

그림 5-60 인덕턴스를 포함한 저항부하의 전력 (벡터도)

인덕턴스의 전력 $V_L I$ 은 제2장에서 누차 말한 축적 자장 에너지에 대응하므로 소비전력은 없다. 그러므로 이것을 「무효전력 (無效電力)」, $|V|$, $|I|$ 의 적 (積) 을 「피상전력 (皮相電力)」 또는 「겉보기 전력」이라 한다. 전력이란 엄밀히 말하면 「유효전력 (有效電力)」을 가리키는 경우가 많다.

그림 5-60 에서 알 수 있는 바와 같이

$$(\text{피상전력 } VI) = (\text{유효전력 } V_R I) \pm j (\text{무효전력 } V_L I) \quad\text{···············}\quad 5 \cdot 78$$

$$\text{역률} = \frac{(\text{유효전력})}{(\text{피상전력})} = \cos \theta \quad\text{···}\quad 5 \cdot 79$$

의 관계가 있다. 전압·전류의 위상차 θ 가 크게 되면 $\cos \theta$ 는 0 에 가깝고, 유효전력 P 는 점점 저하하게 된다.

그림 5-59 의 회로는 공장이나 세탁기의 전동기를 표현하고, R 은 회전력 에너지를 의미한다 (일부는 열로 되는 것도 포함된다). 그래서 무효전력이 크면 (즉, 이 R 에 비해서 크면 $\cos \theta \to 0$), 같은 전력에 대해서 피상전력 $|V| \cdot |I|$ 은 점점 크게 된다. 그렇게 되면 전력을 배급하는 전력회사로서는 변전소나 발전소의 설비, 송배전선을 크게 하지 않으면 안되고 전기요금을 올리지 않으면 회사의 운영이 어렵게 되어 버린다.

$\cos \theta$ 는 「역률 (力率 ; power factor)」이라 부르며, 전력을 다루는 경우에는 중요한 지수가 된다.

이상으로 L과 R의 직렬회로에서 설명했으나 리액턴스를 포함하는 모든 회로에서 이 방법은 성립된다.

또, $\cos\theta$을 1에 가깝도록 역률을 개선하는 데에는 5-5항에서 다룬 공진회로의 성질 (공진하면 L이 제거되고 R만으로 된다)을 응용하면 좋고, 전원의 주파수(60 Hz)에 공진하는 콘덴서를 전동기에 붙이는 일이 널리 행해지고 있다. 이 콘덴서를 역률개선용 콘덴서, 또는 진상 콘덴서라고 한다.

6 - 4 전원선과 접지선

상하수도는 근대적 생활을 하는데 없어서는 안되는 것으로 많은 사람이 그 혜택을 받고 있다. 전기회로를 동작시키기 위해서는 전기에너지의 공급이 필요하고 그 역할을 하는 전원선과 접지선은 마치 가정에 설치된 상하수도의 이미지와 똑같다.

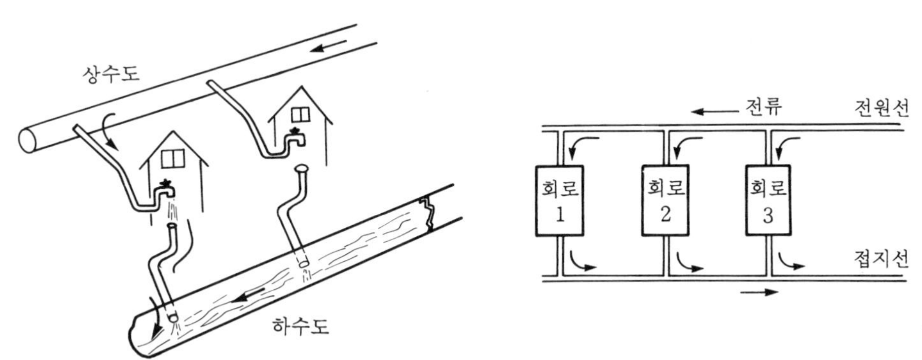

그림 5-61 전원선과 접지선은 전기회로의 상하수도

전기 에너지를 나르는 전류(전압)는 마치 상수도와 같이 전원선을 통해서 각 부분 회로에 흘러 들어간다. 그래서 각 부분 회로를 통해서 필요한 회로동작을 행한 후, 하수도에 상당하는 접지선을 거쳐서 다시 전원으로 되돌아오게 된다. 큰 전류를 다루는 경우에는 상하수도의 관과 같이 굵은 선을 설치할 필요가 있다(다시 말하면, 임피던스를 적게 한다).

그림 5-62는 전기회로 하나의 예로 전원선, 접지선은 회로도를 보는 경우 하나의 기준이 된다.

① 전기 회로도를 그릴 때는 평행되게 기준으로 되는 전원선과 접지선은 직선으로 명확히 그린다.

② 실제의 회로배선에는 접지선, 전원선은 될 수 있는 한 굵게 해서 그 부분의 저항이 적어지도록 한다.

③ 대전류·고주파수를 다루는 부분 회로는 공통의 전원, 접지선을 거쳐서 다른 회로의 전원선의 전압, 접지선의 전위가 변동하기 쉬우므로 특히 주의한다.

④ 미소한 신호를 다루는 부분 회로는 ③의 역으로 전원, 접지선을 거쳐서 다른 회로의 영향을 받기 쉽다. 따라서 최근의 스테레오 앰프와 같이 전원을 따로 하는 등 특별한 배려가 필요하다.

②, ③, ④ 는 상하수도를 예를 들어 보면 재미가 있다. ③ 은 어디에서 다량으로 수도 물을 사용하면 공통관 부분이 약하게 되어 다른 집에서는 물이 잘 나오지 않는 것과 같다.

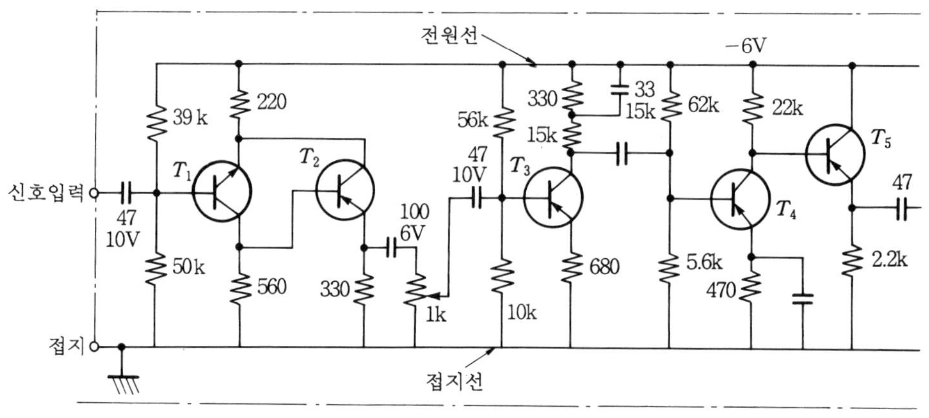

그림 5-62 전기회로는 접지선, 전원선에 주목한다

7 3상교류(三相交流)

7-1 3상교류 회로

공장 내의 공작기계나 공조설비 등은 3가닥 전선으로 구성되어 있다. 이와 같은 전기 회로를 3상교류 회로라 한다.

3상교류 회로의 기전력은 그 크기나 주파수는 같고 위상이 $\dfrac{2\pi}{3}$ rad 만큼 다른 3개의 단상교류 회로를 조합한 회로이다. 그림 5-63 과 같이 3상교류 회로의 개념도를 나타낸다.

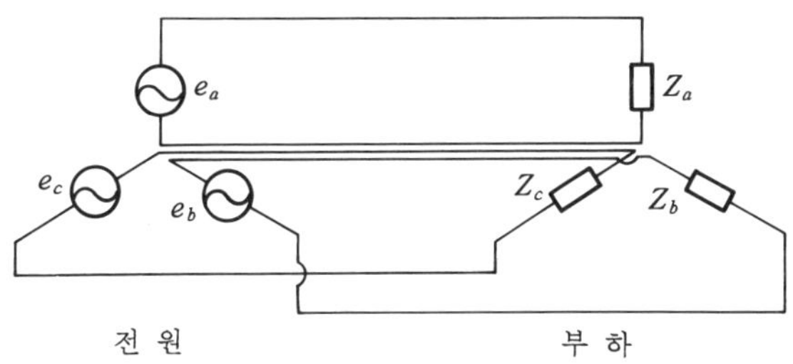

그림 5-63 3상교류 회로의 개념도

그림 5-64 에서 각 상의 기전력의 순시값은 e_a 를 기준으로 하면

$$e_a = E_m \sin \omega t \, [\text{V}], \quad e_b = E_m \sin \left(\omega t - \frac{2\pi}{3} \right) [\text{V}]$$

$$e_c = E_m \sin \left(\omega t - \frac{4\pi}{3} \right) [\text{V}] \quad \cdots\cdots\cdots\cdots\cdots\cdots\cdots\cdots\cdots\cdots 5 \cdot 80$$

로 되고, 이 3개 전압의 순시값 합을 구하면 다음과 같이 0 이 된다.

$$e_a + e_b + e_c = 0 \quad \cdots\cdots\cdots\cdots\cdots\cdots\cdots\cdots\cdots\cdots\cdots\cdots\cdots 5 \cdot 81$$

그림 5-63 에서 중심부의 3가닥 선에는 전압이 걸리지 않게 되어 쓸모 없게 된다.

따라서, 회로는 그림 5-64 와 같이 부하에는 3가닥 선으로 급전이 가능한 회로, 즉 3상 교류가 출현한 것이다.

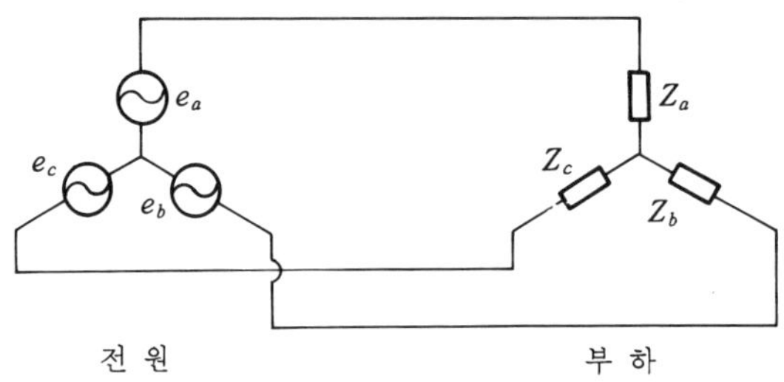

그림 5-64 3상교류 회로

그리고 식 5·80 으로 나탄낸 순시값을 벡터화하면, 3상교류의 기전력이나 전류의 관계가 다루기 쉽게 된다. 따라서 e_a (a상의 기전력) 의 벡터를 기준으로 하면

$$
\left.
\begin{aligned}
e_a &\to E_a = E \\
e_b &\to E_b = E\varepsilon^{-j\frac{2\pi}{3}} \\
e_c &\to E_c = E\varepsilon^{-j\frac{4\pi}{3}}
\end{aligned}
\right\} \quad \cdots\cdots\cdots\cdots\cdots\cdots\cdots\cdots\cdots\cdots\cdots\cdots\cdots\cdots\cdots \quad 5\cdot82
$$

로 된다. 여기서 $\varepsilon^{-j\frac{2\pi}{3}}$, $\varepsilon^{-j\frac{4\pi}{3}}$ 는 오일러 (Euler) 의 공식에 의해

$$
\varepsilon^{-j\frac{2\pi}{3}} = \cos\frac{2\pi}{3} + j\sin\frac{2\pi}{3} = -\frac{1}{2} + j\frac{\sqrt{3}}{2} = a \quad \cdots\cdots\cdots\cdots\cdots\cdots 5\cdot83
$$

로 나타내는 일에 의해서

$$
a^2 = \frac{\varepsilon^{j\frac{4}{3}\pi}}{3} = -\frac{1}{2} - j\frac{\sqrt{3}}{2} = a^{-1}, \quad a = a^{-2}, \quad a^3 = 1 \quad \cdots\cdots\cdots\cdots 5\cdot84
$$

로 되어

$$
1 + a + a^2 = 0 \quad \cdots\cdots\cdots\cdots\cdots\cdots\cdots\cdots\cdots\cdots\cdots\cdots\cdots\cdots\cdots\cdots\cdots 5\cdot85
$$

이 된다. 이 a 를 벡터단위로 다루면, 3상의 각 기전력 E_a, E_b, E_c를

$$
E_a = E, \quad E_b = a^2 E, \quad E_c = aE \quad \cdots\cdots\cdots\cdots\cdots\cdots\cdots\cdots\cdots 5\cdot86
$$

로 벡터화할 수 있다. 이것을 도시하면 그림 5-65에 나타낸 3상 기전력의 벡터로 된다.

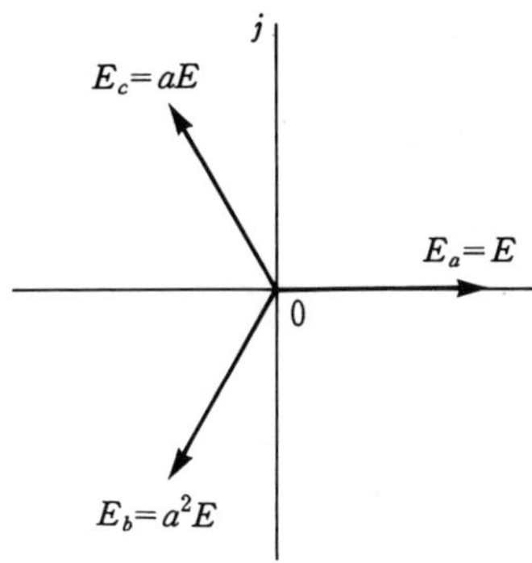

그림 5-65 3상 기전력의 벡터

3상교류 회로에는 그림 5-66과 그림 5-68에 나타낸 것처럼 Y형 결선회로 (또는 성형 (star) 결선회로)) 와 $\varDelta$ (delta) 형 결선회로 (또는 삼각 결선회로) 가 있다.

7-2 Y형 결선의 전압과 전류

a 상의 전압 E_a 를 기준으로 하면, b 상의 전압 E_b 는 E_a 보다 $\dfrac{2\pi}{3}$ rad 늦은 전압이고, c 상의 전압 E_c 는 E_a 보다 $\dfrac{4\pi}{3}$ rad 만큼 늦은 전압이다.

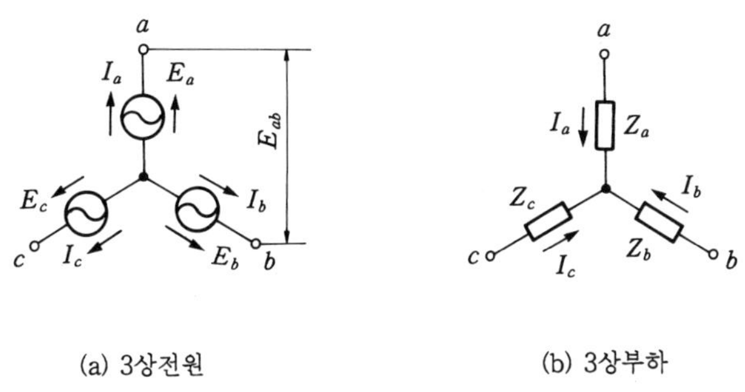

(a) 3상전원   (b) 3상부하

그림 5-66 Y결선의 전압과 전류

여기서, $E_a \to E_b \to E_c$를 상회전(相回轉) 또는 상순(相順)이라 한다.

이제 그림 5-66에서 나온 기호는

$$E_a,\ E_b,\ E_c\ : 상전압$$

$$E_{ab},\ E_{bc},\ E_{ca} : 선간전압$$

$$I_a,\ I_b,\ I_c\ \ \ \ \ : 상전류$$

라 한다.

상전압과 선간전압의 관계는 벡터의 합성으로 되므로

$$\left. \begin{aligned} E_{ab} &= E_a - E_b = (1 - a^2)E_a \\ E_{bc} &= E_b - E_c = (1 - a^2)E_b \\ E_{ca} &= E_c - E_a = (1 - a^2)E_c \end{aligned} \right\} \qquad\qquad 5\cdot 87$$

으로 된다. 여기서, $1 - a^2$에 대해서 계산하면

$$1 - a^2 = 1 - \left(-\frac{1}{2} - j\frac{\sqrt{3}}{2}\right) = \sqrt{3}\left(\frac{\sqrt{3}}{2} + j\frac{1}{2}\right)$$

$$= \sqrt{3}\left(\cos\frac{\pi}{6} + j\sin\frac{\pi}{6}\right) = \sqrt{3}\,\varepsilon^{\,j\frac{\pi}{6}} \qquad\qquad 5\cdot 88$$

이 되므로 식 $5\cdot 88$를 식 $5\cdot 87$에 대입하면

$$\left. \begin{aligned} E_{ab} &= \sqrt{3}\,E_a\,\varepsilon^{\,j\frac{\pi}{6}} \\ E_{bc} &= \sqrt{3}\,E_b\,\varepsilon^{\,j\frac{\pi}{6}} \\ E_{ca} &= \sqrt{3}\,E_c\,\varepsilon^{\,j\frac{\pi}{6}} \end{aligned} \right\} \qquad\qquad 5\cdot 89$$

로 되어 선간전압은 Y형 상전압의 $\sqrt{3}$ 배로, 위상은 $\frac{\pi}{6}$ rad 만큼 앞서게 된다(그림 5-67 참조). 즉,

$$선간전압 = \sqrt{3}\,(\text{Y형 상전압})\varepsilon^{\,j\frac{\pi}{6}} \qquad\qquad 5\cdot 90$$

가 된다.

전류에 대해서는 상전류와 선전류는 같게 된다.

$$선전류 = \text{Y형 상전류} \qquad\qquad 5\cdot 91$$

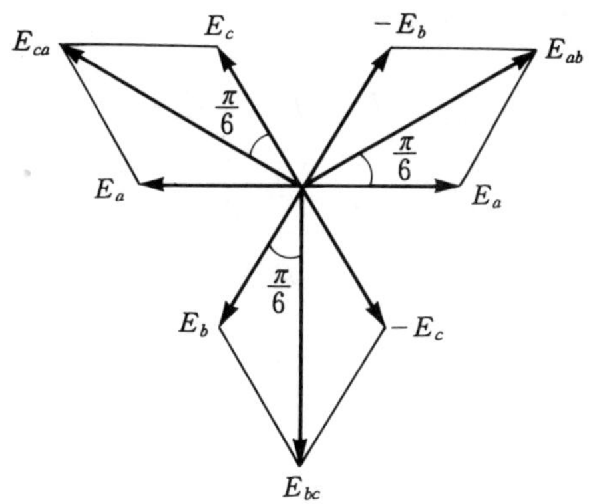

그림 5-67 Y형 결선의 상전압과 선간전압의 관계

7-3 Δ형 결선의 전압과 전류

Δ형 결선의 경우는 그림 5-68에서 알 수 있는 바와 같이 Δ형 상전압 E_{ab}, E_{bc}, E_{ca}는 그대로 선간전압이 된다.

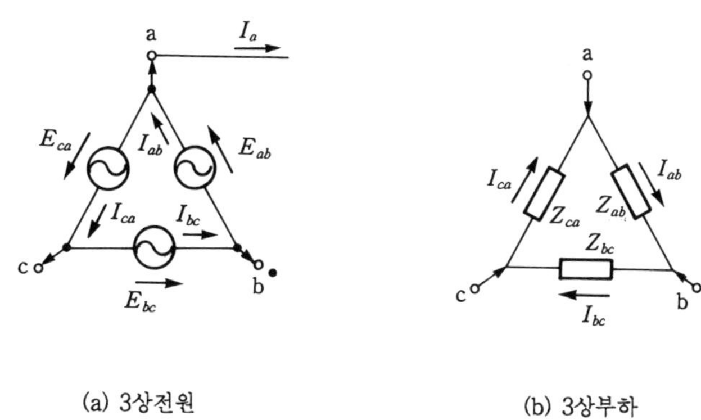

(a) 3상전원   (b) 3상부하

그림 5-68 Δ형 결선의 전압과 전류

즉,

$$\text{선간전압} = \Delta\text{형 상전압} \quad\cdots\cdots\cdots\cdots\cdots\cdots\cdots\cdots\cdots\cdots\cdots\cdots\cdots\cdots\; 5\cdot 92$$

선전류 I_a, I_b, I_c 와 상전류 I_{ab}, I_{bc}, I_{ca} 의 관계는 벡터의 합성으로 되므로

$$\left.\begin{array}{l} I_a = I_{ab} - I_{ca} = I_{ab} - aI_{ab} = (1-a)I_{ab} \\[6pt] I_b = I_{bc} - I_{ab} = I_{bc} - aI_{bc} = (1-a)I_{bc} \\[6pt] I_c = I_{ca} - I_{bc} = I_{ca} - aI_{ca} = (1-a)I_{ca} \end{array}\right\} \quad\cdots\cdots\cdots\cdots\cdots\cdots\; 5\cdot 93$$

로 된다. 여기서 $1-a$ 에 대해서 계산하면

$$1-a = 1-\left(-\frac{1}{2}+j\frac{\sqrt{3}}{2}\right) = \sqrt{3}\left(\frac{\sqrt{3}}{2}-j\frac{1}{2}\right) = \sqrt{3}\;\varepsilon^{-j\frac{\pi}{6}} \quad\cdots\cdots\cdots\; 5\cdot 94$$

이 되므로, 식 $5\cdot 94$ 를 식 $5\cdot 93$ 에 대입하면 선전류가 얻어진다. 즉,

$$\left.\begin{array}{l} I_a = \sqrt{3}\,I_{ab}\,\varepsilon^{-j\frac{\pi}{6}} \\[10pt] I_b = \sqrt{3}\,I_{bc}\,\varepsilon^{-j\frac{\pi}{6}} \\[10pt] I_c = \sqrt{3}\,I_{ca}\,\varepsilon^{-j\frac{\pi}{6}} \end{array}\right\} \quad\cdots\cdots\cdots\cdots\cdots\cdots\cdots\cdots\cdots\; 5\cdot 95$$

로 되어 선전류는 Δ형 상전류의 $\sqrt{3}$ 배이고, 위상은 $\dfrac{\pi}{6}$ rad 만큼 늦게 된다 (그림 5-69 참조).

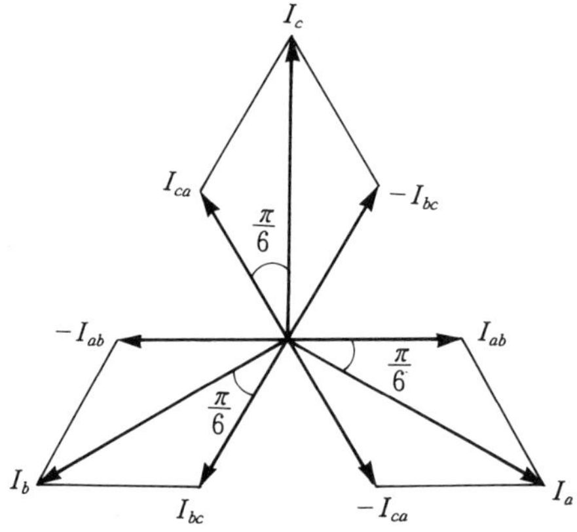

그림 5-69　Δ형 결선의 상전류와 선전류의 관계

$$\text{선전류} = \sqrt{3}\,(\Delta\text{형 상전류})\,\varepsilon^{-j\frac{\pi}{6}} \quad\cdots\cdots\cdots 5\cdot 96$$

으로 된다. 전류 벡터의 다루는 방법으로서는 I_{ab}를 기준으로 해서

$$I_{ab}=I, \;\; I_{bc}=I\varepsilon^{-j\frac{2\pi}{3}}, \;\; I_{ca}=I\varepsilon^{-j\frac{4\pi}{3}} \quad\cdots\cdots\cdots 5\cdot 97$$

로 된다. 따라서,

$$I_{ab}=I, \;\; I_{bc}=a^{2}I, \;\; I_{ca}=aI \quad\cdots\cdots\cdots 5\cdot 98$$

이상을 모으면, 표 5-2와 같다.

표 5-2 Y, Δ형 결선의 전압, 전류

Y형 결선	전압, 전류의 명칭	Δ형 결선
$\dfrac{1}{\sqrt{3}}$ (선간전압)	상 전 압	같 다
$\sqrt{3}$ (상전압)	선간전압	
같 다	상 전 류	$\dfrac{1}{\sqrt{3}}$ (선전류)
	선 전 류	$\sqrt{3}$ (상전류)

7-4 대칭(對稱) 3상부하의 전력

대칭 3상부하란 각상의 부하가 크기나 역률이 같고 각상간의 위상은 $\dfrac{2\pi}{3}$ rad 인 3상 부하를 말한다. 이 대칭 3상부하의 전력은 각상의 전력의 합으로 되어

$$P = 3EI\cos\theta \,[\text{W}] \quad\cdots\cdots\cdots 5\cdot 99$$

로 된다. 그러나 3상교류 회로의 전압은 선간전압 $V\,[\text{V}]$, 전류는 선전류 $I_l\,[\text{A}]$ 로 다루므로, 표 5-2의 관계를 이용해서

- Y형 결선의 부하인 경우

$$P = 3 \times \frac{1}{\sqrt{3}}(\text{선간전압}) \times (\text{선전류}) \times (\text{역률}) = \sqrt{3}\,VI_l\cos\theta\,[\text{W}]$$

- Δ형 결선의 부하인 경우

$$P = 3 \times (\text{선간전압}) \times \frac{1}{\sqrt{3}} \times (\text{선전류}) \times (\text{역률}) = \sqrt{3}\, VI_l \cos\theta \ [\text{W}]$$

이라는 관계로 되어 부하의 접속에 관계없이 3상 부하전력 P 는 다음과 같이 된다.

$$P = \sqrt{3}\, VI_l \cos\theta \ [\text{W}] \cdots\cdots\cdots\cdots\cdots\cdots\cdots\cdots\cdots\cdots\cdots 5\cdot100$$

여기서, θ : 부하의 역률각

이외의 3상교류 회로의 전력에는

무효전력 $Q = \sqrt{3}\, VI_l \sin\theta \ [\text{Var}] \cdots\cdots\cdots\cdots\cdots\cdots\cdots 5\cdot101$

피상전력 $K = \sqrt{3}\, VI_l \ [\text{VA}] \cdots\cdots\cdots\cdots\cdots\cdots\cdots\cdots 5\cdot102$

등이 있다. 여기서, $\sin\theta$ 는 무효율이다.

7 - 5 전동기의 회전방향

공작기계나 압축기 등의 전동기의 회전방향은 일정의 방향으로 결정되어 있다. 또, 대형 빌딩이나 아파트 등에서 사용하고 있는 엘리베이터나 에스컬레이터 등의 전동기는 정전, 역전의 운전이 행해지고 있다.

이와 같이 전동기는 사용목적에 따라서 회전방향이 선택되고 있다. 3상유도 전동기(가역 전동기는 제외)의 표준회전 방향은 정해져 있다. 그림 5-70 은 전동기의 표준방향을 나타낸 것이다.

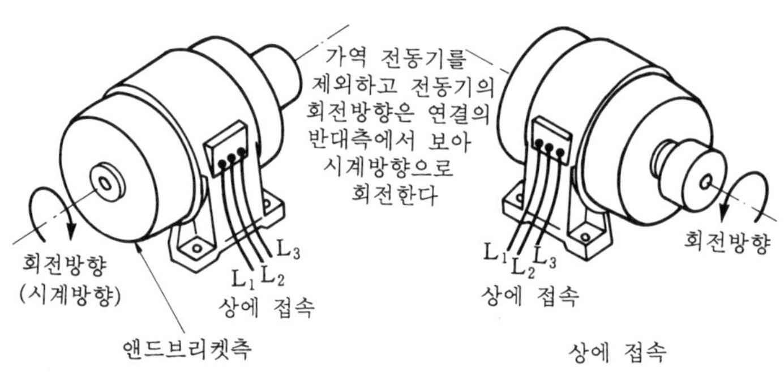

그림 5-70 전동기의 표준 회전방향

즉, 전원의 상순을 L_1, L_2, L_3로 해서 3상유도 전동기의 단자 U, V, W에 각각 L_1-U, L_2-V, L_3-W로 접속한 경우, 특히 지정이 없으면 앤드 브리켓측 (연결 시프트의 반대측) 에서 보아 시계바늘이 움직이는 방향으로 도는 경우를 전동기의 표준 방향으로 정하고 있다.

한편, 전동기의 회전방향에 대응하는 상순은 L_1, L_2, L_3 로서 표 5-3과 같이 정해져 있다.

표 5-3 상순과 샛별

구 분	기호 (KS)	기호 (기존)	색 별
제1상	L_1	R	적
제2상	L_2	S	백
제3상	L_3	T	청
중성선	N	O	흑
접 지	E	E	녹

· *NOTE* ·

═ 줄 (Joule) 열 (熱) 이란 ═

포장이 잘 된 고속도로를 차로 달리면 흔들림없이 갈 수 있으나, 요철(굴곡) 이 많은 비포장 도로는 차가 흔들려 달리기 어렵다. 전기에서는 전류가 흘러 발생한 열을 줄열이라 한다. 줄열은 전기가 통하기 쉬운 도체 중에 흐를 때는 고속도로와 같이 거의 열이 발생하지 않지만, 전기저항이 많은 니크롬선에서는 요철(굴곡) 이 심한 도로와 같이 많은 열이 발생한다.

전기저항이 있다는 것은 물질 속을 이동하는 전자가 물질을 구성하는 원자와 충돌하여 원자가 진동하게 된다는 것을 뜻한다. 전열기, 전기 다리미, 백열전등은 전기저항이 큰 니크롬선이나 텅스텐을 사용하여 열을 발생하는 장치이다.

...제6장
전자 회로

지금까지는 전기회로를 다루어 왔으나, 이제부터는 전자회로의 기본인 트랜지스터 회로를 중심으로 다루게 된다.

트랜지스터는 R, L, C와 달리 증폭이나 파형을 처리할 수 있는 능동 소자로 전자회로에서 기본이 되는 소자이다.

이 장에서는 트랜지스터는 물론, 전자회로에서 폭넓게 사용되고 있는 다이오드, FET, UJT, OP Amp 및 스위치 회로에 대해서 지금까지의 배운 지식과 비교하면서 요점을 알아보자.

1 전기회로와 전자회로는 어떻게 다른가

일반적으로 전기회로와 전자회로는 어떤 차이가 있는가? 그 차이점이 무엇인가 알아보자.

얼마 전에는 전기공학을 강전 (强電), 전자공학을 약전 (弱電) 이라고 하였다. 이 말에서 알 수 있는 바와 같이 전기회로는 큰 전류가 흐르는 반면에, 전자회로는 작은 전류가 흐르는 것이라고 할 수 있다.

전기회로와 전자회로에 대해 조금 더 구체적으로 알아보면 다음과 같다.

(1) 전기 회로

큰 전류를 이용하는 일, 예를 들면 전동기로 무거운 것을 들어 올리거나 전기난로로 방을 덥게 하는 일 등에 사용한다. 다시 말하면, 전기회로는 전기를 에너지로 주고 받음으로써 사용하는 회로나 배선를 말한다.

1948년, 미국 벨전화 연구소에서 트랜지스터를 발명

(2) 전자 회로

전기를 전자의 흐름으로 생각하여 정보량과 신호의 주고 받음으로 사용하는 회로나 배선을 가리킨다. 예를 들면 증폭회로, 스위치회로, 파형변환회로 등이 있으며 전자회로는 다이오드, 트랜지스터, IC, 저항, 콘덴서, 코일 등 전자부품으로 구성되어 있다.

따라서, 전기회로는 동력이나 조명 등 직접 일을 하는 것이 많고 점검방법도 전기가 흐르고 있는지, 또 그것에 의해 작동하고 있는지 등으로 간단히 할 수 있다.

그러나 전자회로의 경우는 주로 전기의 파형상태나 신호가 어떻게 처리되느냐가 문제가 된다. 회로에 흐르고 있는 전기량은 매우 적고, 또한 복잡하기 때문에 간단한 시험기로 점검할 수 없는 경우가 많다.

사람에 비유하면 전기회로가 혈관이라면 전자회로는 신경계통이라 할 수 있다.

위와 같이 전기회로에 비하여 전자회로는 복잡한 회로가 많고 점검하려면 고성능의 시험기가 필요하다 (예를 들면 오실로스코프). 그래서인지 전기회로는 알겠는데 전자회로는 잘 모르겠다고 말하는 경우가 많다.

왜 이와 같은 전자회로를 최근에 급속히 사용하게 되었는가 ?

간단한 전기회로와 전자회로를 예를 들어 각 회로의 특징에 대해 설명한다.

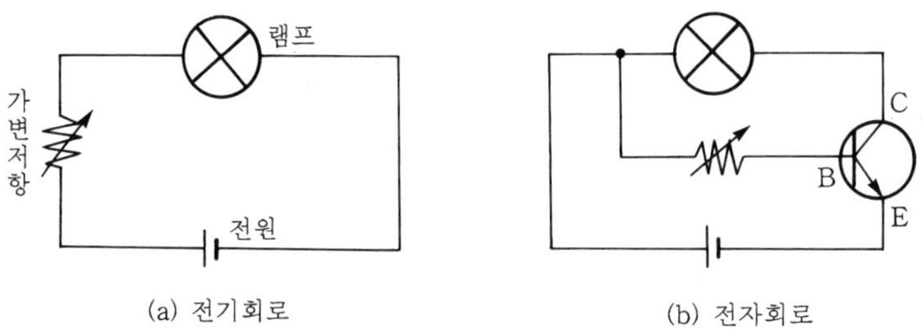

그림 6-1 전기회로와 전자회로

그림 6-1은 둘 다 전구의 밝기를 자유로이 조정할 수 있는 회로이다.

그림 6-1 (a) 는 전구에 직렬로 가변 저항기를 접속하여 전구에 흐르는 전류를 조절하여 전구의 밝기를 제어하는 전기회로이다.

그림 6-1 (b) 는 가변 저항기에 의해 트랜지스터의 베이스 전류를 제어하여 컬렉터와 이미터간의 전류, 즉 전구에 흐르는 전류를 제어하여 전구의 밝기를 조정하는 전자회로이다.

이 2개의 회로에 대해 살펴보면, 그림 6-1 의 전기회로는 가변 저항기로 전구를 점등시키기 위한 큰 전류가 흐르고 있어 열의 발산 등 쓸데없는 에너지가 소비되고 가변 저항기는 큰 전류가 흐르기 때문에 용량이 큰 것이 필요하다 (소형의 저항기로는 접점의 마모가 심하여 수명이 짧아진다).

그림 6-1 (b) 의 전자회로는 가변 저항기에 흐르는 트랜지스터의 베이스 전류는 매우 작기 때문에 전기회로에 비하여 가변 저항기에 의한 헛된 열손실이 매우 적고, 또 접점부분의 마모도 적으므로 오래 사용할 수 있다. 그 밖에 트랜지스터의 증폭작용을 이용하므로 제어가 확실하고 안정하게 동작한다.

위와 같이 트랜지스터 등의 전자소자를 이용하면 손실이 적고 확실하며 고장이 적은 회로를 구성하는 이점이 있다. 반면에 개개의 전자소자는 과전압이나 과전류에 약하고 주위온도에 영향을 받기 쉬운 것 등의 결점이 있다. 이 때문에 전자회로에는 여러 가지 보호회로가 포함되어 있다.

2 다이오드 (diode)

전자회로를 알기 위해서는 먼저 전자부품을 알아야 하며 전자부품의 대부분이 반도체를 이용하고 있다.

그러면 반도체의 종류 및 성질은 물론 PN 접합 이론을 알아보기로 하자.

다이오드는 그림 6-2와 같이 PN 접합으로 구성되어 있으며 트랜지스터나 사이리스터의 구조나 동작원리에 기본이 되는 전자소자이다. 따라서 PN 접합 이론은 광범위하게 사용되고 있는 반도체 소자를 알기 위해서는 통과해야 할 첫 관문에 해당되며 대단히 중요하다.

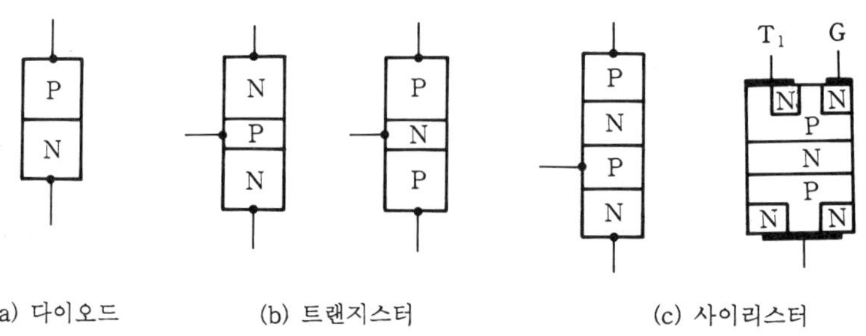

그림 6-2 전자부품의 접합구조

2-1 반도체 (半導體)

전기가 통하기 쉬운 정도, 즉 저항률은 물질을 구성하고 있는 원자의 최외곽전자 (원자핵으로부터 가장 먼 궤도에 있는 전자) 와 원자핵의 결합세기로 정해진다. 자유전자가 많은 금속은 도체, 외곽전자가 원자핵에 강하게 구속되어 있는 절연체, 도체와 절연체의 중간 정도로 외곽전자의 이동성을 제어할 수 있는 반도체가 있다.

다음 그림 6-3은 여러 가지 물질을 저항률의 크기 순서대로 나열한 것이다. 반도체는 도체와 절연물의 사이, 즉 중간 정도의 저항률을 가진다는 것을 알 수 있다.

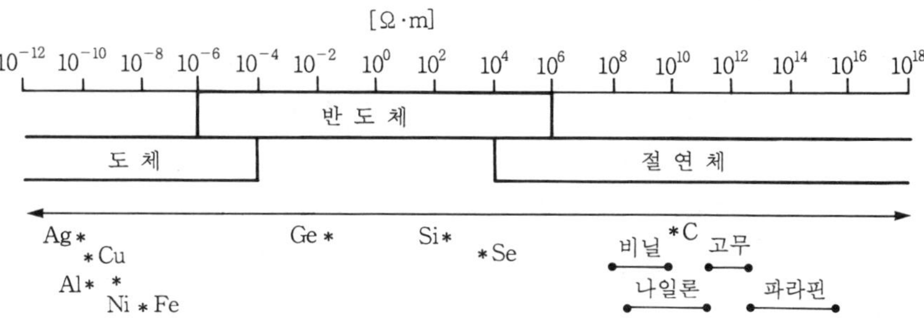

그림 6-3 반도체는 도체와 절연체의 중간에 위치하고 있다

(1) 진성반도체 (眞性半導體)

실제 다이오드나 트랜지스터에 사용되고 있는 것은 P형, N형이라 하는 특별히 세공 (細工) 한 불순물 반도체이며, 먼저 세공하기 전의 순수한 반도체는 어떤 성질을 가지고 있나 알아본다.

순수한 반도체는 마치 그림을 그리기 전의 순백색의 캔버스와 같이 순도 (純度) 일레븐·나인, 99.999999999 % 로 9가 11개를 나열한 놀랄 만큼 순수하게 정제한 실리콘 (Si) 이나 게르마늄 (Ge) 이 사용되고 있다.

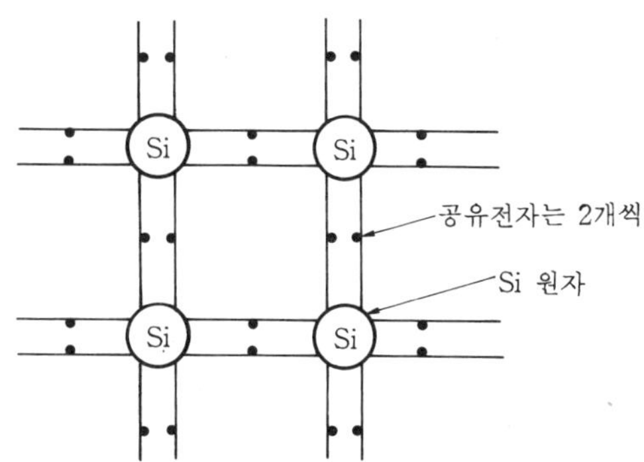

Si원자의 가전자는 4개이나 주위에 있는 원자
의 가전자를 공유하여 합쳐서 공유전자는 8개
로 된다. 공유전자는 2개씩 4조로 구성된다.

그림 6-4 실리콘 (Si) 원자는 주위에 있는 원자의 가전자를
공유하여 결합한다 (순수한 반도체)

　고순도로 정제된 실리콘 결정은 그림 6-4에 나타낸 바와 같이 원자의 최외곽전자는 공유결합(共有結合)되어 다이아몬드 구조를 갖는다.

　실리콘 원자는 4개 가전자(價電子)를 가지고 있으며 그림 6-4와 같이 4개의 주위 원자와 서로 1개씩 가전자를 내어 공유함으로써 원자들이 결합하고 있다. 그러므로 1개의 실리콘 원자는 8개 공유전자를 갖게 된다.

　공유결합에서는 1개의 가전자는 2개의 원자핵이 끌어당긴 상태에 있게 된다.

　이 일레븐·나인이라 하는 순수한 실리콘(Si) 결정에 의해 공유결합 상태의 안정으로 도전율이 낮은 재료를 얻는 일이 반도체가 현재와 같이 실용화되고 발전한 첫째의 요인이 된다.

　이 순수한 반도체를 순수반도체(純粹半導體) 또는 진성반도체(眞性半導體)라 하며 다음에 나오는 불순물을 넣은 불순물반도체(不純物半導體)와 구별하고 있다.

(2) 자유전자와 정공

　진성 반도체에서 미소한 도전율(導電率)을 갖는 원인은 결정을 구성하고 있는 원자의 열진동에 의해서 약간의 전자가 공유결합에서 벗어나 자유전자가 생기기 때문이다. 동시에 Si나 Ge의 경우는 원자에서 전자가 빠져 나간 후의 구멍도 마치 정(+)의 전하를 갖는 입자와 같이 결정 내를 돌아다니게 된다.

　이 원자에 생긴 구멍의 이동은 주위의 공유결합 전자가 비어 있는 구멍을 메꾸게 되어 구멍은 원자에서 원자로 이동하게 된다. 이런 이유에서 이 구멍은 전자가 없게 되는 자취가 되며 마치 정(+)의 전하를 갖는 입자가 움직이는 것과 같으므로 정공(正孔)이라 한다.

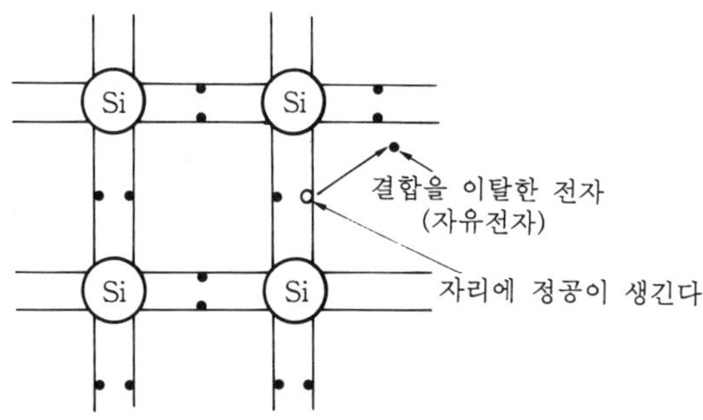

그림 6-5　미량이지만 진성반도체에서도 주위 열로 인해 자유전자와 정공이 생긴다

부 (−) 전하를 갖는 자유전자와 정 (+) 전하를 갖는 정공은 진성 반도체에서는 주위 온도로 인한 열요란 (熱擾亂) 으로 발생하고 그 양은 미소하다. 이것은 다음에 다루는 불순물 반도체에서 중요한 역할을 하게 된다.

2-2 N형 반도체와 P형 반도체

이제 순백한 캔버스에 명화 (名畵) 를 그리는 단계로 앞에서 말했던 순수한 반도체 (진성 반도체) 에 미량의 불순물을 넣어 결정을 만들면 재미있는 현상이 일어난다. 이 현상이야 말로 반도체의 발전, 실용화의 두번째 요인이 된다.

진성 반도체 속에 결정원자와 비슷한 다른 원자를 넣으면 공유결합하여 결정을 구성하게 된다.

여기서, 혼합 (첨가) 하는 원소는 가전자가 Si 나 Ge 의 4개보다 하나가 적거나 많은 3개 또는 5개를 갖는 것을 사용한다.

3개의 가전자를 갖는 불순물 원소로서는 붕소 (B) 나 인듐 (In) 이, 5개의 가전자를 갖는 불순물 원소로서는 비소 (As) 나 안티몬 (Sb) 등이 사용된다.

(1) 자유전자가 주역인 N형 반도체

가전자가 5개인 원소 비소 (As) 를 혼합하는 (doping) 경우의 모양을 그림 6-6 에 나타내고 있다.

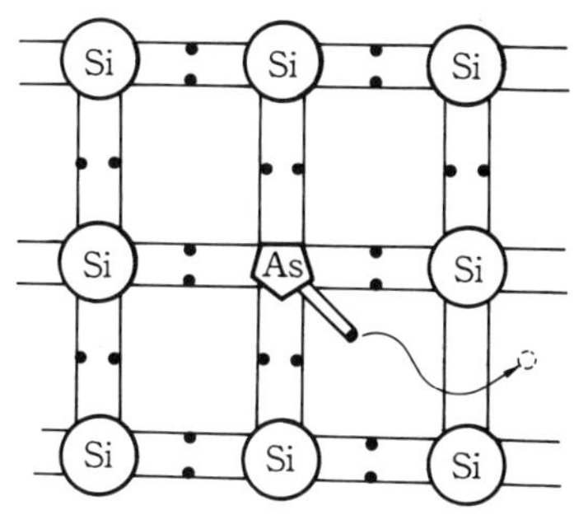

As원자의 가전자 1개는 잉여되어서 자유전자가 되고 As 원자는 정 (+) 의 전하를 갖게 된다.

그림 6-6 N형 반도체

비소 (As) 원자의 주위에 있는 Si 원자는 As 원자에 대해서 Si 원자의 경우와 똑같이 8개의 가전자를 공유하고 있으나 As 원자의 가전자 1개는 공유할 상대가 없으므로 남은 상태로 된다. 이 남게 된 가전자는 약간의 에너지로 쉽게 자유전자로 되어 결정 속을 돌아다니게 된다.

Si 결정 속의 As 원자의 혼합도를 증가시키면 자유전자의 수는 도핑된 As 원자의 수만큼 증가하므로 불순물량으로 도전율을 자유롭게 제어할 수 있게 된다. 이와 같이 Si에 5개의 가전자를 갖는 불순물을 혼합한 결정을 「N형 반도체」라 한다.

N형이란 것은 Negative 의 의미로 음 (−) 전하를 갖는 전자가 도전율을 지배한다는 데에서 N형이란 말을 사용하게 되었다.

(2) 정공이 주역인 P 형 반도체

다음에 3개의 가전자를 가지는 예를 들면 붕소(B) 를 Si 에 혼합해서 결정을 만들면 N형 반도체와는 반대현상이 일어나고 그림 6−7 과 같이 전자가 1개 부족한 상태, 즉 정공이 붕소원자에 생긴다.

정공은 전자가 1개 부족한 구멍이므로 가까운 Si 원자의 공유결합 전자가 움직여 그 구멍을 메꾸며 이동하게 된다. 결국 정공은 결정 내를 자유롭게 이동할 수 있는 정 (+) 전하를 갖는 입자라고 볼 수 있다.

정공은 도핑하는 불순물 원자의 수만큼 생기므로 불순물량을 가감하는 일로 결정의 도전율을 자유롭게 제어할 수 있게 된다.

이와 같이 정공이 도전율에 기여하는 가전자 3개의 불순물을 도핑한 반도체를 정 (+) 전하가 움직이므로 positive 의 의미에서 「P 형 반도체」라 한다.

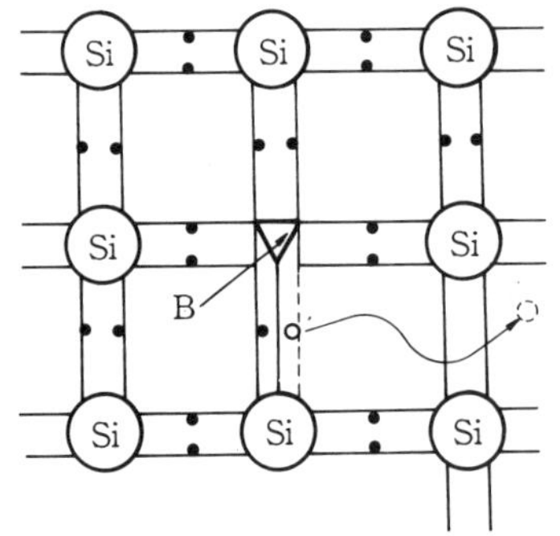

B원자의 주위에는 결합전자가 1개가 부족하여 정공이 생기고 정공은 자유롭게 움직인다. B원자는 음 (−) 의 전하를 갖게 된다.

그림 6−7　P 형 반도체

(3) 다수 캐리어와 소수 캐리어

　N형 반도체의 경우는 자유전자가 움직이기 쉽고, 자유전자가 주로 전하를 운반하므로 자유전자를 「다수 캐리어 (majority carier)」라 한다. 물론 N형 반도체에도 진성 반도체와 같이 열요란 (熱擾亂) 에 의해서 생기는 정공은 N형 반도체의 「소수 캐리어 (minority carier)」라 부른다.

　P형 반도체의 경우는 지금까지의 반대로 다수 캐리어는 정공, 소수 캐리어는 전자이다. 왜 이런 이름을 붙였을까? 이와 같은 캐리어 종류의 구별은 다이오드나 트랜지스터의 동작원리를 결정하는데 중요한 역할을 하게 된다.

2 - 3　도너와 억셉터

　이 책에서는 별로 사용하지 않는 용어는 될 수 있는 한 피해서 혼란을 일으키지 않도록 노력하고 있으나 또 하나의 용어를 들지 않을 수 없다. 그것은 「도너 (doner : 기증자란 뜻)」 와 「억셉터 (accepter : 수취인이란 뜻)」 이다.

　무엇을 주거나, 받는다는 뜻일까? 전자이다.

　N형 반도체에 넣어진 5가의 원소, 불순물 원자를 도너라 한다. 5가의 원자는 4가의 Si 에 대해서 1개의 전자가 남아 혼합된 불순물 원자의 수만큼 자유전자가 공급된다. 그래서 기증자인 것이다 (N형 반도체 중의 도너는 전자가 이탈하면 정 (+) 전하를 갖게 된다).

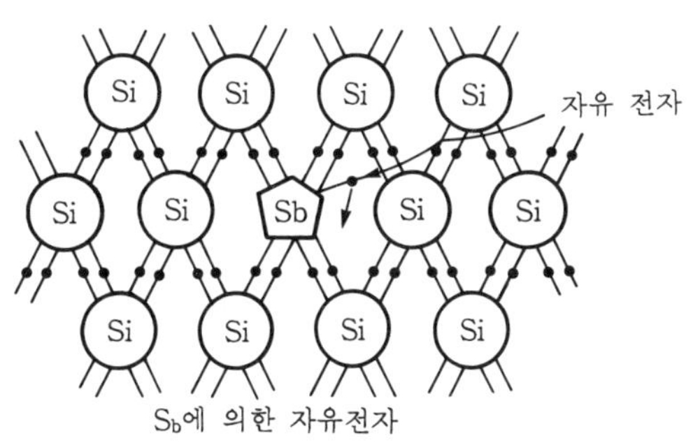

도　너 (doner)

　P형 반도체에 섞여진 3가 원소, 불순물 원자는 반대로 전자가 부족한 정공을 인접한 Si 원자를 만드므로 전자의 수취인 억셉터라는 이름을 붙인 것이다. 억셉터 원자는 P형 반도체 중에서 정공이 이탈하면 (부족한 전자가 채워지면) 부 ($-$) 전하를 갖게 된다.

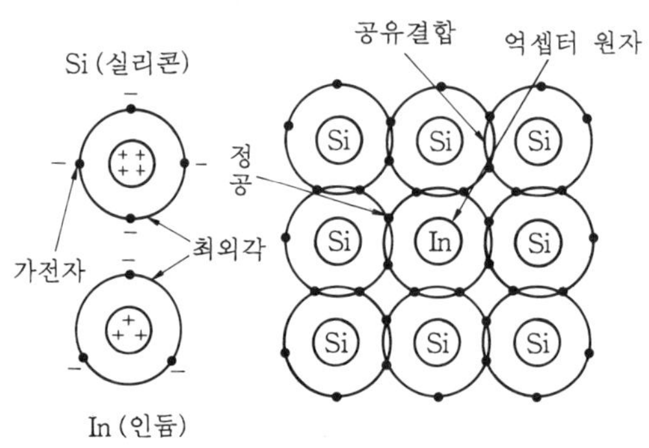

억 셉 터 (accepter)

　이것을 크게 보면 도너 원자는 본래 정전하를 갖고 1개의 자유전자를 붙잡아 전기적으로는 중성인 것과 같다. 억셉터 원자는 본래 부전하로 움직이기 쉬운 정전하의 정공을 붙들고 있다고 보면 간단하다.

　1개 1개의 도너, 억셉터 원자는 마치 제1장에서 설명한 자유전자를 갖는 금속원자와 비슷한 상태로 된다.

(1) 불순물 반도체의 캐리어량

　여기서 도너, 억셉터를 진성 반도체에 도핑하면 전자나 정공의 수($1cm^3$당의 밀도)는 얼마 만큼 늘어나는가? 느낌을 잡기 위해 계산해 보자. 이것은 간단하게 계산된다.

① 진성 반도체의 캐리어 밀도 (열요란에 의한 것)

　반도체 물리이론에서 계산결과는 Si 에 대해서

Si 원자 밀도 ($1cm^3$당) : 5×10^{22} 개

$25℃$에서 자유전자 (정공) 수 : 1.7×10^{10}개

　온도가 올라가면 이 1.7×10^{10}의 수는 점점 증가한다.

② 불순물 반도체 전자 (정공) 밀도

예를 들면 붕소원자 (5가) 를 도너로 해서 Si 원자에 대해서 100만분의 1 비율로 도핑하면 이 N형 반도체의 자유전자의 수는 $5 \times 10^{22} / 1 \times 10^6 = 5 \times 10^{16}$, 이 수를 도핑하기 전의 열요란에 의한 전자의 수를 나누면 $5 \times 10^{16} / 1.7 \times 10^{10} = 3 \times 10^6$ 로 되어 단지, 100만분의 1의 불순물을 도핑하는 것만으로도 자유전자의 수는 300만 배에 도달한다. 5×10^{16} 의 전자는 도너로만 된 전자이므로 그의 수는 온도의 영향을 전혀 받지 않는다. 다시 말하면

$$\text{N형 반도체의 다수 캐리어의 수 (1cm}^3\text{)}$$
$$= \text{도너에 의한 것} + \text{열요란에 의한 것}$$
$$= 5 \times 10^{16} + 1.7 \times 10^{10} \fallingdotseq 5 \times 10^{16}$$

로 된다.

따라서, 다수 캐리어의 수나 밀도는 도너의 도핑만으로 결정되며 온도 영향을 받지 않는다는 것을 알 수 있다.

이 계산에서와 같이 도너, 억셉터 원소를 순수 반도체에 미량 도핑하는 것만으로 자유전자 (또는 정공) 의 수가 변해 P형, N형 반도체로서 그 도전율을 자유롭게 제어할 수 있게 된다.

2-4 PN 접합 (接合)

앞에서 불순물 도핑에 의해서 도전율을 제어할 수 있고 자유전자와 정공이 움직이는 P형과 N형의 반도체를 얻을 수 있다는 것을 설명했다.

다음은 P형과 N형의 반도체를 그림 6-8과 같이 접합하면 어떤 일이 일어나는가 하는 점이다.

이 구조를 「PN 접합」이라 하며, 트랜지스터나 사이리스터의 기본이 되는 접합이다. 물론 P형과 N형의 접합면은 기계적으로 접촉하고 있는 것만 아니고, 경계면에서도 Si 는 공유결합 전자를 갖고 결정으로서 원자의 배열이 정연하고 연속되어 있다.

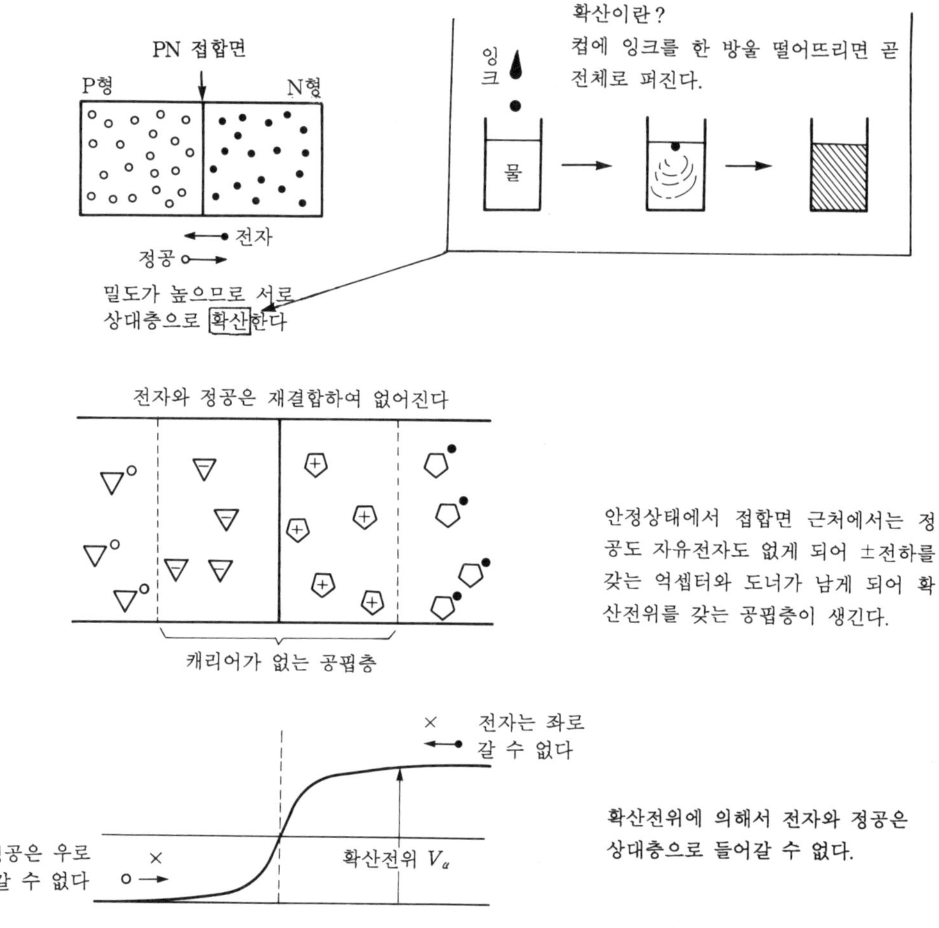

확산전위 V_a

그림 6-8 전압을 걸기 전의 접합부의 모양

(1) 전압을 걸기 전의 PN 접합

이 PN 접합에 전압을 가하면 어떻게 될까? 흥미있는 일이지만, 먼저 그림 6-8에서 전압을 걸기 전의 접합부 상태를 알아보자.

접합면을 경계로 해서 우측의 N형은 자유전자의 밀도가 높고 좌측에는 거의 없게 된다. 좌측의 P형은 정공밀도가 높으며 우측은 정공이 거의 없는 상태가 된다.

이와 같이 전자와 정공밀도의 급격한 단절이 접합면에서 일어나고 있으므로 컵의 물에 잉크를 한 방울 떨어 뜨리면 컵 전체에 확산하는 것과 같이 우에서 전자가, 좌에서 정공이 확산된다. 확산한 전자와 정공은 각기 상대층의 다수 캐리어인 정공이나 전자와 재결합되어 소멸된다.

최종적으로 접합면 부근에는 확산과 재결합에 의해서 P형의 정공도 N형의 전자도 존재하지 않는 지대가 된다. 이와 같이 원래의 캐리어가 존재하지 않는 지대(층)를 「공핍층(空乏層)」, 공간전하층(空間電荷層)이라 한다.

공핍층의 우측은 정전하의 도너 원자, 좌측은 부전하를 갖는 억셉터 원자가 대항한 형으로 남게 된다. 이것은 콘덴서에 직류전압을 걸 때 2매의 전극에서 대항하는 정전하와 부전하가 같은 형으로 공핍층에는 공간전하에 의한 전위차(V_d)가 생긴다. 이 전위차를 PN접합의 「확산전위(擴散電位)」라고 한다.

확산전위는 캐리어의 밀도 차에 의한 확산운동이 멈추도록 방해하므로 확산전위를 전위장벽(電位障壁)이라고도 한다.

또한, 공핍층은 공간전하가 형성되어 커패시턴스의 기능을 갖게 되므로 이것을 「장벽용량(障壁容量)」이라 부른다.

2-5 PN 접합에 전압을 걸어 본다.

(1) 순방향 특성(順方向特性)

앞에서 평형상태에 있는 PN접합은 다수 캐리어를 잃은 공핍층과 그 확산전위차 V_d가 생기는 일을 알았다.

이 PN접합에 확산전위 V_d를 없애는 방향으로 그림 6-9 (a) 와 같이 P형에 +, N형에 -의 전압을 걸면 어떻게 될까?

전위장벽이 있어 캐리어가 접합면을 넘을 수 없었으나, 그림 6-9 (c) 와 같이 전위장벽이 외부에서 가해준 전압으로 낮게 되어 P층에서는 정공이 N층으로, N층에서는 P형으로 전자가 다시 확산에 의해서 유입된다.

외부전압을 높게 하면 확산은 점점 활발하게 된다. 이것을 PN접합의 순방향 특성(順方向特性), 흐르는 전류를 순방향 전류(順方向電流)라고 한다.

여기서 주의해야 할 것은 이 순방향 전류는 전자 및 정공의 상대층으로 소수 캐리어의 확산에 의해서 성립하고 있는 점이다.

　발생한 층에서는 다수 캐리어이지만, 상대층으로 들어가면 소수 캐리어가 되는 것뿐이다. 뒤에서 다루게 되는 트랜지스터에서도 같은 현상이 일어난다.

　이 전류는 보통의 회로에서 전압으로 생기는 전류와는 다르고, 확산원리로 흐르는 전류이다. 따라서, 반도체에서 흐르는 전류는 그림 6-9(c)에서와 같이 지수함수가 되며 옴의 법칙을 따르지 않는다.

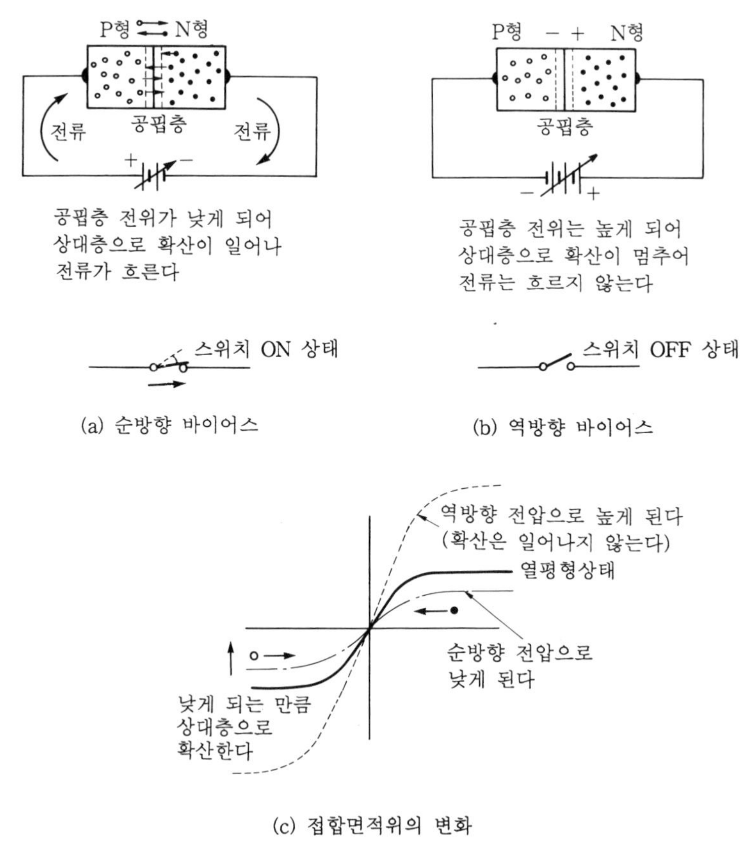

그림 6-9　PN접합에 전압을 건다

(2) 역방향 특성 (逆方向 特性)

　순방향과 반대로 직류전압을 그림 6-9(b)와 같이 걸어 준 경우는 어떻게 될까?

　이 경우 전압은 확산 전위차 V_d를 강화하는 방향으로 외부전압은 대부분이 공핍층에 걸리고 순방향으로 일어난 소수 캐리어의 확산은 멈추게 된다. 그러나 반도체 자체에 캐리어가 열요란에 의해서 발생한 자유전자와 정공을 약간은 가지고 있으므로 P 층의 자유전자와 N 층의 정공은 역방향 전압에 의해서 끌려가는 형으로 상대측에 유입해서 역바이어스일 때의 전류가 된다.

이것은 말하자면 누설전류와 같은 것으로 그 크기는 순방향 전류에 비하면 미소하다.

2-6 다이오드의 전기적 특성

다이오드는 PN 접합을 그대로 부품화한 것으로 그림 6-10 과 같은 형을 하고 있다. 또, IC (집적회로) 에서도 다수 사용되고 있다.

이하 다이오드의 전기회로 부품으로서 전기적 특성을 알아본다.

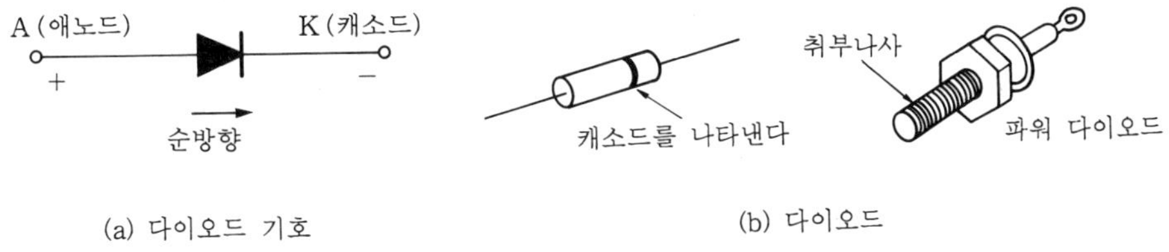

그림 6-10 다이오드 부품

(1) 전압전류 특성

그림 6-11 은 다이오드의 전압전류 특성을 나타내고 있다. 이 곡선은 다음 식으로 표현된다.

$$I = I_s(e^{qV/kT} - 1) \quad\cdots\cdots\cdots 6 \cdot 1$$

여기서, I_s : 포화전류라 부르며, 역방향 전압이 충분히 클 때의 역방향 전류이다.

실리콘 (Si) 에서는 수 μA 정도로 미소하다.

q : 전하, V : 전압, T : 절대온도

k : 볼츠만의 상수 $k = 1.38 \times 10^{-23}$ [J/K]

　그림 6-11 로부터 알 수 있는 바와 같이 순방향 전류는 지수곡선으로 전압을 조금 올리면 급격히 전류가 증가한다. 그리고 증가는 거의 직선적이다.

　역방향은 I_s 로 일정하며 수 μA 정도이다. 순방향에 비하면 전류는 거의 흐르지 않는다.

　다이오드는 가하는 전압에 따라서 순방향 전압에서는 ON, 역방향 전압에서는 OFF 로 되는 스위치라고 볼 수 있다.

　그림 6-11 (b) 에서와 같이 다이오드의 전압 전류 특성은 입상(立上) 전압부분을 제외하고는 스위치 특성에 가깝다고 할 수 있다.

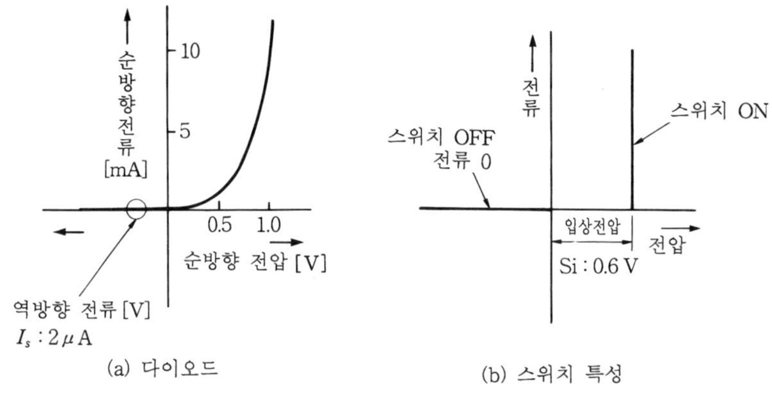

그림 6-11　다이오드의 전압전류 특성

(2)　Si 와 Ge 다이오드의 차이점

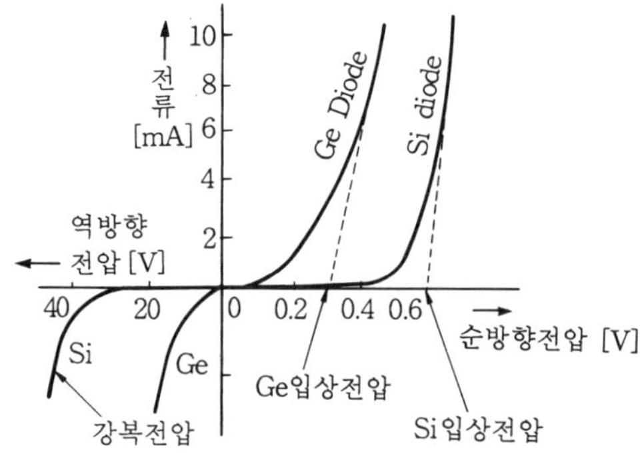

그림 6-12　다이오드의 특성

그림 6-12는 Si와 Ge의 특성 차이를 나타낸 그림이다. Si는 비교적 이상 (理想) 스위치에 가깝고 커브 (curve) 가 가파르다. 이것에 비해 Ge은 순·역방향이 완만한 특성을 갖는다.

순방향 특성에서는 전류가 급격히 흐르기 시작하는 입상의 전압이 중요하며 「오프셋 (offset) 전압」이라 한다. Si는 0.6~0.7 V, Ge은 0.3~0.4 V 정도가 되며 게르마늄쪽이 실리콘보다 적다. 따라서 소신호를 검파 (검출) 하는데 유리하다.

그러나 지금은 Ge 재료로 만든 검파용 다이오드를 제외하고는 대부분 반도체 소자는 Si 재료로 만들고 있다. Si는 Ge에 비해 역방향 특성이 양호하고 내열성 (耐熱性) 이 뛰어나기 때문이다.

순방향일지라도 오프셋 전압을 넘지 않으면 전류가 흐르지 않는다는 것을 알고 있을 필요가 있다.

다음에 역방향에서 전압을 올리면 Ge에서는 완만하나 Si에서는 어떤 전압에서 급격히 역전류가 증가한다. 이 전압을 다이오드의 「항복전압 (break-down votage)」 이라 하며, 항복전압을 넘으면 큰 전류가 흘러 다이오드는 파손되므로 주의해야 하며, 항복전압은 역방향 전압의 최대 정격으로서 정하고 있다.

이 항복 전압에서는 접합부에 걸린 역전압으로 역방향 전류의 캐리어가 가속되어 접합부의 결정 원자에 연이어 충돌해서 전자와 정공의 쌍을 만드는 「사태 (沙汰 ; avalanche) 현상」이 발생하게 된다.

다음은 이론식인 식 6·1을 미분 (dv/di) 하면, 미소신호에 대한 다이오드의 저항 r_d 이 얻어진다. 결과는 다음 식과 같이 주어진다.

$$r_d = \frac{26}{I} \ [\Omega] \ \cdots\cdots\cdots\cdots\cdots\cdots\cdots\cdots\cdots\cdots\cdots\cdots\cdots\cdots\cdots\cdots\cdots\cdots \quad 6 \cdot 2$$

r_d 는 직류전류 1 mA 일 때, 26 Ω 이 된다. 다이오드는 이외에도 수 Ω~수십 Ω 의 직류저항을 가지고 있으며, 소신호용의 Si 다이오드의 등가회로는 그림 6-13과 같다.

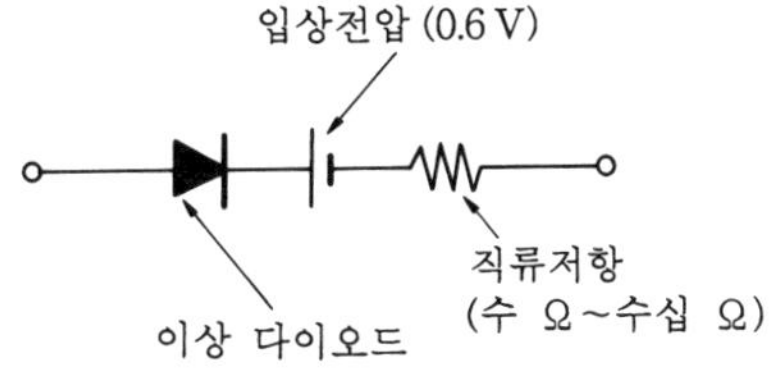

그림 6-13 Si 다이오드의 등가회로

(3) 제너 다이오드와 가변용량 다이오드

① **제너 다이오드**(zener diode) : 불순물 농도가 높은 PN 접합에서는 당연히 공핍층의 폭이 좁게 된다. 거기에 역방향 전압을 걸면 그림 6-14와 같이 어떤 전압 V_z에서 전류가 급격히 증가하는 현상을 나타낸다. 이것은 항복전압에서 나타나는 사태 현상이 아니며, 「제너(zener) 현상」이라 한다. 이 현상은 역바이어스된 PN 접합에서 아주 얇은 공핍층인 경우 N층의 Si 결정의 가전자가 직접 공핍층을 뛰어 넘어서 P층으로 들어가는 효과에 기인된다.

이 현상을 응용한 것이 제너 다이오드로 그림 6-14와 같이 제너전압 V_z에서는 전류변화에 대해서 전압이 일정하므로 전압의 기준, 정전압 다이오드로서 사용되고 있다. V_z는 2~100 V 의 제너 다이오드가 있고 상용전원에서 직류전원을 얻는 안정화 직류전원의 전압기준 등에 널리 쓰여지고 있다.

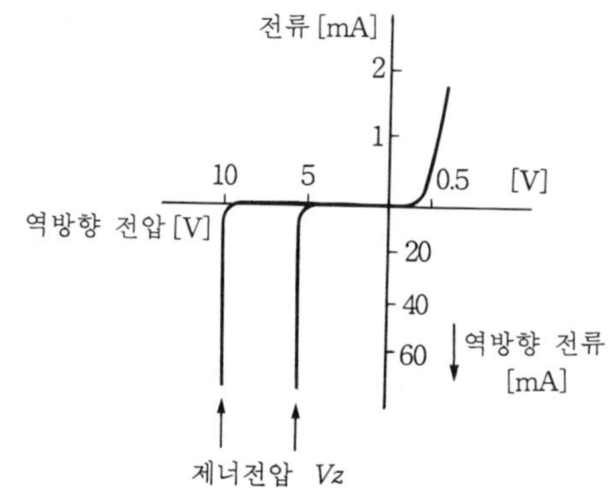

(a) 전압·전류특성 제너전압에서 날카로운 입상특성

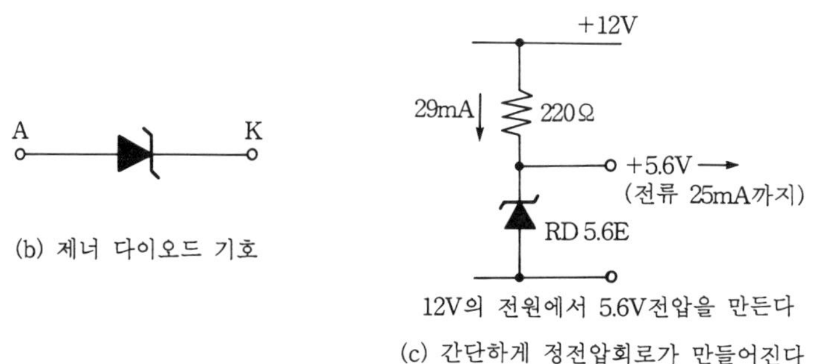

(b) 제너 다이오드 기호

12V의 전원에서 5.6V전압을 만든다

(c) 간단하게 정전압회로가 만들어진다

그림 6-14 제너 다이오드의 특성

② **가변용량 다이오드** (variable capacitance diode) : 바리캡 (varicap) 다이오드라고도
한다. 역바이어스된 PN 접합은 커패시턴스의 기능을 갖는다. 이 커패시턴스의 크
기는 대략 전압평방근 ($\sqrt{V}$)에 반비례한다. 이 현상을 응용한 것이 가변용량 다이
오드로 역바이어스된 직류전압의 크기에 의해서 PN 접합의 커패시턴스의 크기를
바꿀 수 있다.

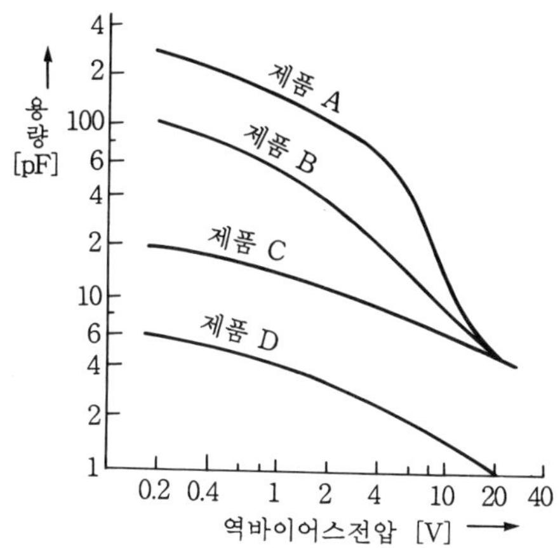

그림 6-15 가변용량 다이오드의 특성

이 특성의 일례를 그림 6-15 에 나타내었다.

이 다이오드는 N층의 불순물 농도를 접합면에서 높게 하는 것에 의해서 커다란
용량변화가 얻어지도록 하고 있다. FM이나 TV의 수신기의 국부 발진기나 AFC
회로 등에서 이용하는 LC 공진회로의 커패시턴스 C 를 바꾸어서 발진 주파수
$\dfrac{1}{\sqrt{LC}}$ 를 가변하는 용도에 이용되고 있다.

3 트랜지스터 (transistor)

3 - 1 트랜지스터 구조

트랜지스터 (transistor) 는 다이오드의 PN 접합 구조를 잘 이해하면 그 연장으로 동작을 알 수 있다. 이 때문에 PN 접합의 동작에 대해서는 조금 자세히 다루었다.

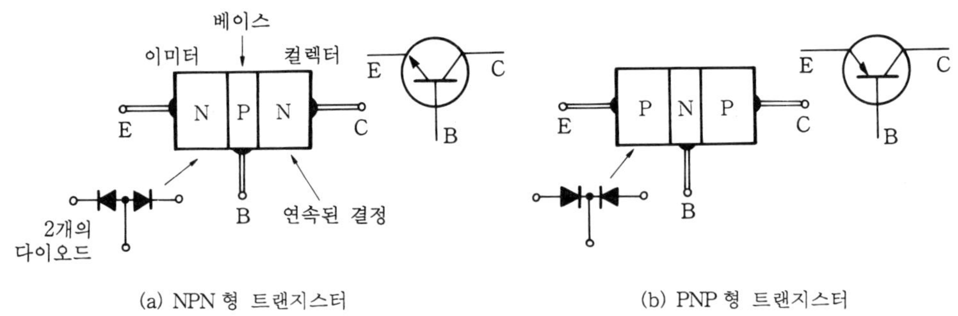

(a) NPN 형 트랜지스터   (b) PNP 형 트랜지스터

그림 6-16 바이폴러 트랜지스터의 구조와 도기호

트랜지스터 구조는 그림 6-16과 같이 PN 접합을 두 개가 되도록 한 형으로 PNP형과 NPN형이 있다. 이 형식의 트랜지스터를 「바이폴러 (bipolar) 트랜지스터」라 하며 트랜지스터의 기본형이 된다. 여기서는 NPN형으로 설명한다.

그림 6-16 (a) 의 좌측의 PN 접합 내에서 제일 좌측의 N층을 이미터 (emitter), 가운데 P층을 베이스 (base) 라 한다. 또, 베이스층과 PN층을 구성하고 있는 제일 우측의 층은 컬렉터 (collecter) 라 한다. 어느 층도 외측의 리드 (lead) 선으로 접속하고 있다.

또한, PN 접합을 샌드위치 (sandwitch) 한 구조이므로 3개층의 원자배열은 이미터에서 컬렉터까지 정연하고 연속적으로 결정을 이루고 있다.

3-2 트랜지스터 동작

트랜지스터를 동작시키기 위해서는 그림 6-17 (c) 와 같이 전압을 걸어 준다. NPN 형인 경우, 이미터를 기준으로 컬렉터 단자에 +5~100 V, 베이스 단자에 +1~2 V의 전압을 공급하며 중요한 것은 「컬렉터 접합에 역방향 바이어스, 이미터 접합에 순방향 바이어스」를 걸어 주는 일이 요점이 된다.

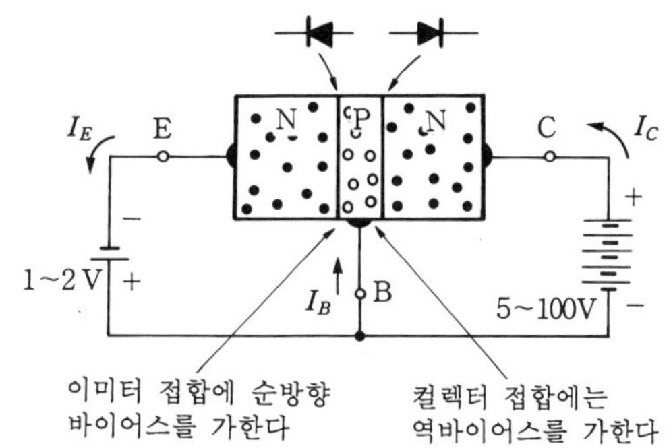

(a) 트랜지스터의 직류 바이어스 (회로도)

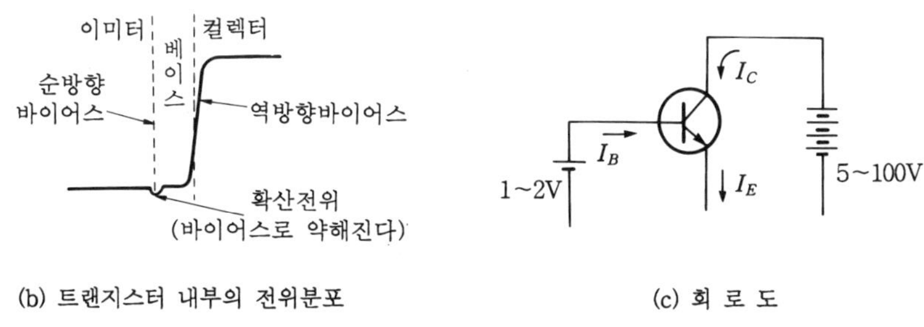

(b) 트랜지스터 내부의 전위분포   (c) 회 로 도

그림 6-17 트랜지스터의 바이어스 (bias)

여기까지는 다이오드 (PN 접합) 와 별로 다르지 않으나 트랜지스터 동작의 요점은 베이스층에 관한 다음과 같은 지식이 필요하다.

─── • 트랜지스터의 베이스층 • ───

① 베이스 P층의 불순물 농도를 낮게 해서 다수 캐리어 (정공)를 적게 하고 있다.
② 베이스 P층의 폭을 μm 정도로 대단히 좁게 만들져 있다.

그래서 두 개의 PN 접합에 전압을 걸면 순방향 바이어스된 이미터 접합에서는 이미터측에서 많은 전자가 공핍층을 넘어서 확산현상으로 베이스층에 흘러 들어간다 (확산이 잘 되도록 이미터층의 도너 농도를 특히 높게 하고 있다).

어쨌든 다이오드 경우와 달라서 베이스에는 앞에서 말한 특징이 있으므로 이미터측에서 확산해서 베이스층으로 들어간 전자는

① 베이스층의 다수 캐리어인 정공과 재결합해서 없어지는 확률은 낮게 된다.
② 확산하는 거리가 짧아, 곧바로 컬렉터 접합에 도달한다.

라는 이유로 전자의 대부분은 확산이동에 의해서 목표인 컬렉터 접합의 공핍층에 날아들어갈 수 있다. 즉, 컬렉터 접합의 공핍층에는 커다란 역바이어스 전압이 걸어져 있어들어온 전자는 전압에 이끌리고 가속되어 쉽게 공핍층을 넘어 컬렉터층에 들어가고 컬렉터 단자에 도달하게 된다 (그림 6-18 참조).

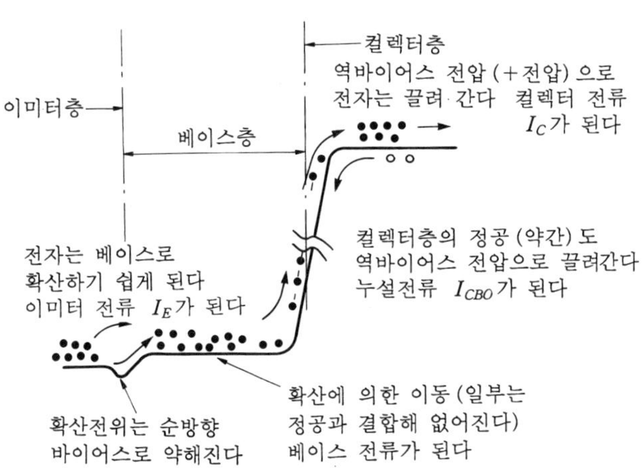

그림 6-18 트랜지스터의 동작

이와 같이 해서 이미터의 전자들은 베이스를 지나 컬렉터로 흘러, 그 양은 이미터 접합의 순방향 전압 V_{BE} 에 의해서 자유로 바꿀 수 있다. 이것이 트랜지스터 동작원리이다.

이제 베이스 영역에서는 주입된 전자와 다수 캐리어인 정공과 재결합이 부분적으로 일어나고 있으므로 재결합분의 약간의 전류가 베이스 단자에서 공급된다. 이것이 베이스 전류로 된다.

이상으로 산업의 쌀이라고 하는 트랜지스터의 동작에 대해서 알아보았다.

3-3 회로소자로서 트랜지스터의 동작

이상으로 트랜지스터의 구조와 반도체 이론을 기본으로 한 전자의 흐름을 알아보았다.

한편, 트랜지스터를 회로소자로서 사용하는 입장에서는 원리의 이해는 필요하나 조금 간단히 하는 것이 필요하다.

회로소자로서는 다음과 같이 생각하면 좋을 것 같다.

NPN형을 예를 들면 트랜지스터에 흐르는 전류란 대부분은 컬렉터 단자로 들어가서 이미터 단자로 흘러 나온다. 그리고 그 전류량을 베이스 단자의 전압 V_{BE} 또는 베이스 단자의 전류 I_B 를 바꾸는 일로 자유롭게 제어할 수 있다라고 할 수 있다.

수도를 예를 들면 베이스 전압 (전류) 은 수도꼭지에 해당하고, 꼭지를 돌리는 것으로 흐르는 수류 (전류) 를 자유롭게 조정할 수 있는 기능과 같다. 회로소자로서는 트랜지스터의 기능은 이와 같이 아주 간단한 것이다.

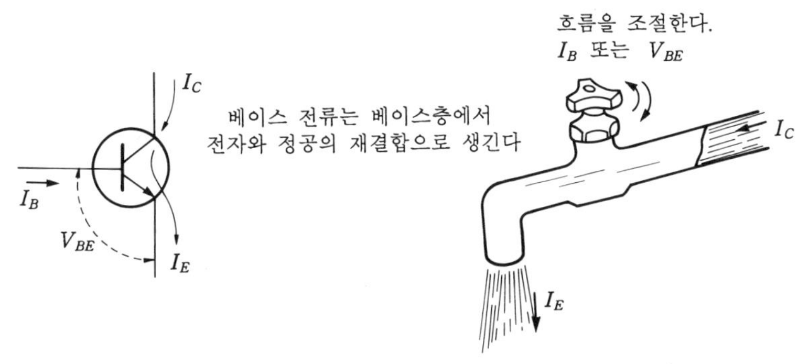

그림 6-19 트랜지스터 기능을 회로적으로 보면 수도꼭지

3-4 증폭작용(增幅作用)

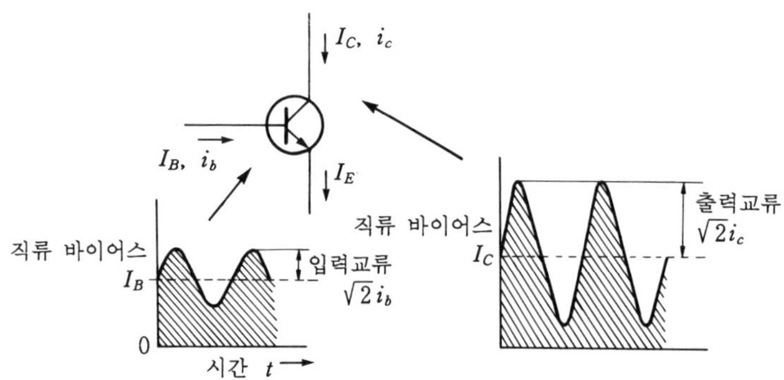

① 먼저 직류 바이어스를 걸어서 직류전류를 흐르게 한다.
$$I_c = \beta I_B$$
② 다음에 직류 바이어스의 변화로서 교류를 중첩한다.
$$i_c = \beta i_b$$

그림 6-20 직류동작과 교류동작 (이미터 접지인 경우)

이미터에서 주입된 전자 중 컬렉터에 도달하는 전자의 비율을 α라 하면, 컬렉터 전류 I_c와 이미터 전류 I_E 와의 사이는

$$I_c = \alpha I_E + I_{CBO} \quad\cdots\cdots\cdots\cdots\cdots\cdots\cdots\cdots\cdots\cdots\cdots\cdots\cdots\cdots 6 \cdot 3$$

의 관계가 성립한다. 여기서 α 는 베이스 접지 전류증폭률 (電流增幅率) 이라 하며, 0.99 정도로 1 에 가까운 값이다. I_{CBO} 는 역바이어스된 컬렉터 접합의 누설전류이다.

다음에 베이스 전류 I_B 와 이미터 전류 I_E, 컬렉터 전류 I_C 와의 사이에는

$$I_E = I_B + I_C \quad\cdots\cdots\cdots\cdots\cdots\cdots\cdots\cdots\cdots\cdots\cdots\cdots\cdots\cdots 6 \cdot 4$$

의 관계가 있으므로 I_B 와 I_C 의 사이에는 식 $6 \cdot 3$, $6 \cdot 4$ 에서

$$I_C = \frac{\alpha}{1-\alpha} \cdot I_B + \frac{1}{1-\alpha} \cdot I_{CBO} \quad\cdots\cdots\cdots\cdots\cdots\cdots\cdots\cdots\cdots 6 \cdot 5$$

여기서

$$\beta = \frac{\alpha}{1-\alpha} \quad\cdots\cdots\cdots\cdots\cdots\cdots\cdots\cdots\cdots\cdots\cdots\cdots\cdots\cdots\cdots\cdots\cdots\cdots\cdots\cdots\cdots 6\cdot6$$

로 놓으면, 식 6·5는 다음과 같이 된다.

$$I_C = \beta \cdot I_B + (\beta+1)I_{CBO} \quad\cdots\cdots\cdots\cdots\cdots\cdots\cdots\cdots\cdots\cdots\cdots\cdots\cdots\cdots\cdots 6\cdot7$$

식 6·7에서 β는 베이스 전류 I_B와 컬렉터 전류 I_C의 관계를 나타내는 파라미터로 이미터 접지 전류증폭률(電流增幅率)이라 한다.

α를 0.99로 하면 β는 100으로 되어 베이스 전류는 컬렉터에 100배로 증폭되어 흐른다. 또, α가 1에 가까울수록 β는 크게 되어 β는 500, 1000에 달하는 트랜지스터도 있다.

이것이 트랜지스터의 증폭작용이다. I_B의 흐름으로 I_C를 대폭으로 바꿀 수 있다.

4 트랜지스터의 전기회로적 특성

4-1 회로적 동작, 접지방식

트랜지스터를 사용하는 방법에는 3개의 접지방식이 있다. 그림 표 6-1을 중심으로 이 3개의 방식의 특징, 차이를 확실히 알아 두자.

(1) 직류전압을 거는 방법

어느 접지방식에서도 컬렉터 접합은 충분한 전압 (3~100 V) 으로 역바이어스, 이미터 접합은 순방향 (1~2 V) 의 바이어스를 걸어 주는 것이 트랜지스터의 표준동작이다 (그림 6-17 (a) 참조).

(2) 직류동작과 교류동작

어느 접지방식에서도 먼저 (1) 에서 설명한 바이어스 전압을 걸어 직류전류를 흘러 준다. 이것을 직류동작 (直流動作) 이라 한다.

I_C와 I_E의 관계는 식 6·2에서 I_{CBO}를 무시하면,

$$I_C \simeq \alpha I_E \, (\alpha = 0.99 \cdots)$$

I_B와 I_C 의 관계는 식 6·4에서 I_{CBO}를 무시하면,

$$I_C \simeq \beta I_B \, (\beta = 50 \sim 500)$$

으로 3개의 단자에 흐르는 전류의 관계는 접지방식에 따라 변하지 않는다.

이 직류동작 상태에서 직류의 변화분으로서 입력신호를 겹치는 것이 교류동작이다. 교류동작에서의 i_c, i_e, i_b의 관계는 직류동작과 같이 α, β 의 값은 직류동작과 다소 다르나 거의 가까운 값이 된다.

(3) 이미터 접지 동작

이미터 접지 동작의 기본은 입력의 베이스 단자에 베이스 전류 $I_B(i_b)$을 조금 흘려 주면 그것이 β배 되어서 컬렉터 전류 $I_C(i_c)$로 되어 흐른다고 보는 것이 간단하게 된다. 이미터 전류 $I_E(i_e)$는 베이스 전류와 컬렉터 전류를 합한 것이므로, $I_E = I_B(\beta + 1)$로 된다.

트랜지스터는 전류 증폭기이고 입력전류 $I_B(i_b)$를 100배, 1000배로도 증폭해서 컬렉터 전류, 이미터 전류로서 흘러내는 능동소자라고 생각한다.

이미터 접지 트랜지스터의 접지측에서 본 입력 임피던스는 2~3 kΩ 정도이지만, 무엇이라고 해도 전류 증폭률이 높은 것이 특징이다.

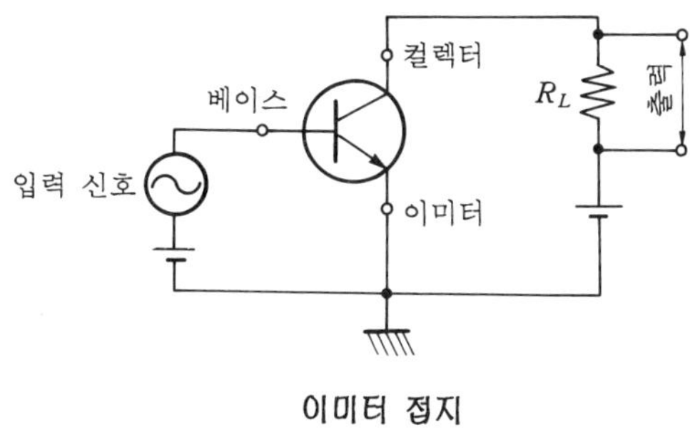

이미터 접지

(4) 컬렉터 접지 동작 (이미터 폴로어)

이미터 접지와 유사하며, 입력단자는 베이스이며 이미터 단자에 부하저항을 넣어서 출력단자로 하는 방식으로 이미터 폴로어 (emiter follower) 라고도 한다.

베이스 단자와 이미터 단자 사이를 보면 순방향으로 바이어스된 이미터 접합이 있는 것 뿐이므로 직류 전위적으로는 다이오드의 오프셋 전압 0.6~0.7 V 차가 있을 뿐이다. 또, 교류 전위적으로는 다이오드는 도통 (on) 상태이므로 베이스의 교류전압 v_b과 이미터의 교류전압 v_e는 거의 같게 된다 (교류전압 증폭도는 1이고, 베이스와 이미터의 교류전압 파형은 같은 파형이 나온다).

이미터 폴로어의 최대 특징은 입력 임피던스가 높고 (10~100 kΩ), 출력 임피던스가 대단히 낮으므로 (30~50Ω), 높은 임피던스 회로 사이에 넣어서 버퍼 (buffer ; 완충) 증폭기로 사용된다.

(5) 베이스 접지 동작

거의 사용되지 않으나 IC 의 직결 증폭기에 조합회로로 사용하는 예가 많으며, 입력 이미터 전류 $I_E(i_e)$ 가 α 배되어 출력의 컬렉터 전류 $I_C(i_c)$ 로 되므로 전류 증폭률은 대략 1 에 가깝다.

그래서 입력 임피던스는 낮고 (수십 Ω), 출력 임피던스가 높은 (수백 kΩ) 것이 특징이다. 이 접지방식은 낮은 임피던스와 높은 임피던스에 접속하는 임피던스 변환기의 기능이 있다.

다음은 세 가지 접지방식의 특징을 모아서 표 6-1 에 나타낸 것이다.

표 6-1 트랜지스터의 접지방식 비교

	전류 증폭률 $\beta = \dfrac{i_c}{i_b}$ 50~500 정도로 크다	입력 임피던스 2~3 kΩ 출력 임피던스 수십 kΩ	각종 증폭용
• 이미터 접지			
• 컬렉터 접지 (이미터 폴로어)	전압 증폭률 $\dfrac{v_e}{v_b} \fallingdotseq 1$	입력 임피던스 높다 10~100 kΩ 출력 임피던스 낮다 30~50 Ω	단간 버퍼 증폭기 임피던스 변환
• 베이스 접지	전류 증폭률 $\alpha = \dfrac{i_c}{i_e}$ 대략 1 정도이다	입력 임피던스 낮다 수십 Ω 출력 임피던스 높다 수백 kΩ	임피던스 변환

4 - 2　h (hybrid) 파라미터

　전기회로의 세계에서는 마술사는 별로 없으나, 지금 대상으로 하고 있는 회로를 알 수 없는 블랙 박스(black box)로서 다루는 공학적 방법이 있다.

　자유전자나 정공이 어떤 것, 소수 캐리어의 재결합이 어쨌다든가, 하나 하나 다루어 가는 것은 아무래도 회로중에서 트랜지스터를 다루어 갈 때는 대단히 복잡하게 된다. 그래서 제5장에서 나온 「테브낭의 정리」처럼 트랜지스터의 내부의 메커니즘은 그대로 두고 회로소자로서의 성능은 어떠한 것인가, 블랙 박스로서 다루는 방법이 널리 쓰여 지고 있다(지금까지 배운 트랜지스터의 반도체적 동작 메커니즘을 전혀 관계가 없다 고 말하는 것은 아니며, 뒤에서 밀접한 관계가 나온다).

　「테브낭의 정리」일 때는 단자가 2개인 블랙 박스였으나 트랜지스터는 입구와 출구를 갖는 증폭소자이므로 4개의 단자를 갖는 상자가 된다. 이와 같은 상자를 「4단자 회로 (4端子回路)」라고 한다.

　또, 입구와 출구 2조의 단자를 갖는 회로라고 하는 편이 보다 적격하므로 「2단자대 회로(2端子對回路)」라고 말하는 표현도 사용되고 있다.

　「테브낭의 정리」나 「노튼의 정리」는 「1단자대회로」에 적용하는 정리이다.

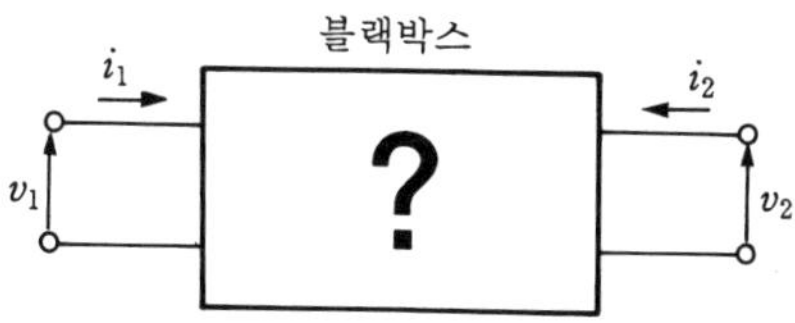

상자 속을 알 수 없어도 입력·출력의 전압, 전류의 관계, 4개를 측정할 수 있으면 블랙박 스의 특성을 추정할 수 있다.

그림 6-21　4단자 정수를 구하는 방법

　4단자를 갖는 블랙박스의 전기회로적 특성을 어떻게 정의할 것인가? 함께 생각해 보자.

　4단자 회로의 전기적 특성은 4개의 정수(파라미터)를 정하면 완전히 정의할 수 있다. 그것은 입력, 출력단자와 같은 단자에서 전압, 전류의 관계(임피던스와 어드미턴스), 또 다른 하나는 입력과 출력, 다른 단자 사이의 전압과 전류의 관계, 이것은 상자의 전달특성을 나타내는 것이 된다. 이것으로 2종류가 합쳐져 4개의 정수가 정해진다.

4단자 회로정수는 5~6가지의 파라미터 정의가 있으며, 트랜지스터는 하이브리드(hybrid ; 혼합) 파라미터(parameter)가 널리 쓰이고 있다.

h 파라미터의 표기방법은 보통 h_{ab} 라고. 쓰며, 첨자 a 는 파라미터의 정의, b 는 접지방식을 나타낸다. 일반 회로에서는 a 는 변화를 받는 단자, b 는 변화를 일으키는 단자를 표시하는 방법으로 쓰고 있으나 여기에서는 앞의 방법을 이용한다.

트랜지스터의 h 정수의 정의를 이미터 접지를 예를 들어서 나타내면 그림 6-22 와 같다.

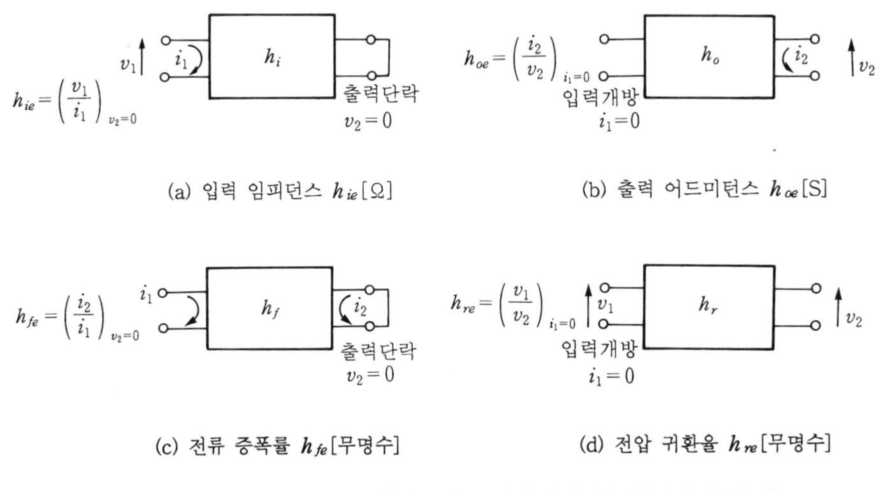

(a) 입력 임피던스 h_{ie}[Ω]

(b) 출력 어드미턴스 h_{oe}[S]

(c) 전류 증폭률 h_{fe}[무명수]

(d) 전압 귀환율 h_{re}[무명수]

그림 6-22 트랜지스터 h 파라미터 정의 (이미터 접지)

지금 4개의 h 파라미터와 전류, 전압 사이는 다음 식이 성립한다.

$$\left.\begin{array}{l} v_1 = h_i\,i_1 + h_r\,v_2 \\ i_2 = h_f\,i_1 + h_0\,v_2 \end{array}\right\} \quad \cdots\cdots\cdots\cdots\cdots\cdots\cdots\cdots\cdots\cdots\cdots\cdots\cdots\cdots\cdots\cdots\cdots\cdots\cdots\cdots 6\cdot8$$

이상의 h 파라미터는 미소 교류신호에 대한 것이므로 직류적인 동작에 대해서는 첨자를 영문자로 해서 h_{ie}, h_{fe}, h_{re}, h_{oe} 라고 쓰고 있다.

트랜지스터 회로를 다루는 트랜지스터의 특성은 대개 h 파라미터로 표현하는 경우가 많으므로 그림 6-22 에서 4개의 h 파라미터의 의미를 잘 이해해 주길 바란다.

4-3 등가회로와 특성곡선

트랜지스터를 회로에 연결할 때, 회로 전체로서 또는 트랜지스터로서 어떤 동작을 하는가를 알기 위해서는 트랜지스터의 전기적 특성을 표현하는 회로를 생각해서 외부 회로와 접속해서 함께 생각하면 지금까지 배운 전기회로의 계산법으로 풀 수 있다.

이것을 트랜지스터의 등가회로라 한다. 등가회로는 일반적으로 R, L, C와 전원으로 표현할 수 있다.

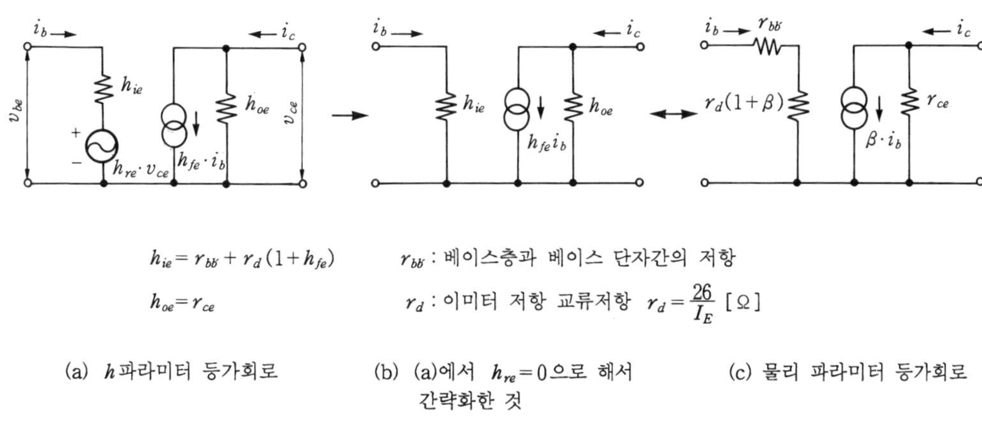

$$h_{ie} = r_{bb'} + r_d(1 + h_{fe})$$

$$h_{oe} = r_{ce}$$

$r_{bb'}$: 베이스층과 베이스 단자간의 저항

r_d : 이미터 저항 교류저항 $r_d = \dfrac{26}{I_E}$ [Ω]

(a) h 파라미터 등가회로   (b) (a)에서 $h_{re} = 0$으로 해서 간략화한 것   (c) 물리 파라미터 등가회로

그림 6-23 트랜지스터의 등가회로(이미터 접지)

등가회로는 용도에 따라서 여러 가지 형식이 있으며 기본적인 것은 그림 6-23에 나타낸 h 파라미터 등가회로이다. 이 중에서 전압궤환율 h_r는 보통 생략하므로 그림 6-23(b) 와 같은 간단한 회로가 된다.

여기서, 이 h 파라미터의 등가회로와 제1절에서 배운 트랜지스터의 내부 메커니즘의 관계를 알아보기로 한다.

(1) 전류 증폭률 h_{fe}

베이스 전류 i_b에 대한 컬렉터 전류 i_c이므로 전류 증폭률은 β와 같게 된다.

$$h_{fe} = \beta = \frac{\alpha}{1 - \alpha}$$

(2) 입력 임피던스 h_{ie}

$$h_{ie} = r_{bb}' + r_d(1 + \beta)$$

그림 6-23 (c)에 나타낸 바와 같이 r_{bb}' 는 베이스단자와 베이스층 중앙과 사이에 옴의 법칙에 따른 저항값이 된다. 이 값에 베이스의 리드선이나 접합의 저항분도 포함된다.

r_d 는 접합부의 교류저항이며, 베이스측에서 보면 $(1 + \beta)$ 배의 이미터 전류가 흐르므로 $r_d(1 + \beta)$ 로 된다. r_d 는 식 6-2 의 다이오드의 저항으로 $r_d = \dfrac{26}{I_E}$ [Ω] (여기서는 I_E 는 이미터 전류의 단위는 mA이다) 가 된다.

(3) 출력 어드미턴스 h_{oe}

이것은 역바이어스된 컬콜렉터 접합의 저항 r_{cb} 에 대응한다. 이미터 접지에서는 전류 증폭률 β 의 영향을 받아서 다음과 같이 된다.

$$h_{oe} = \frac{1}{r_{ce}} = \frac{1}{r_{cb}}(1 + \beta)$$

(4) 트랜지스터 특성곡선과 h 정수

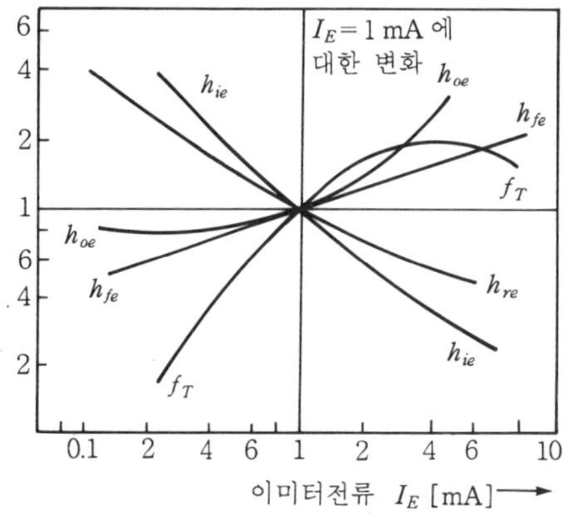

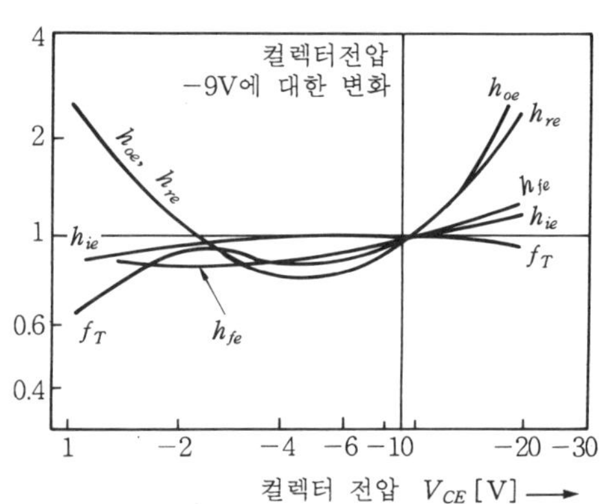

(a) 이미터 전류특성 (1mA, 25℃기준)　　　(b) 컬렉터 전압특성 (−9V, 25℃ 기준)

그림 6-24 h 파라미터의 전압·전류에 의한 변화의 예

h 파라미터는 트랜지스터의 카탈로그를 보면 알 수 있다. 그림 6-24에 h 정수의 전류·전압에 대한 변화의 예를 나타낸다. 대략의 경향을 그림에서 아는 것은 트랜지스터를 사용하는데 도움이 된다.

h 정수는 주로 회로해석, 설계에 사용되며, 세밀한 동작점의 설정에는 그림 6-25에 나타낸 정특성 곡선을 사용하고 있다. 이것도 개개의 트랜지스터에 대해서 표준곡선을 트랜지스터 제조자가 발표해서 핸드북 등에 게재하고 있다. 실제의 사용방법은 제 5 절에서 다룬다.

제일 많이 사용되는 것은 그림 6-25의 1상한(右上)의 $V_{CE} - I_C$ 의 특성곡선이며 이 곡선의 경사는 h_{oc} (출력 어드미턴스) 을 나타낸 것이고 $V_{CE} \rightarrow 0V$ 로 되면 급격히 크게 되는 것을 나타낸다.

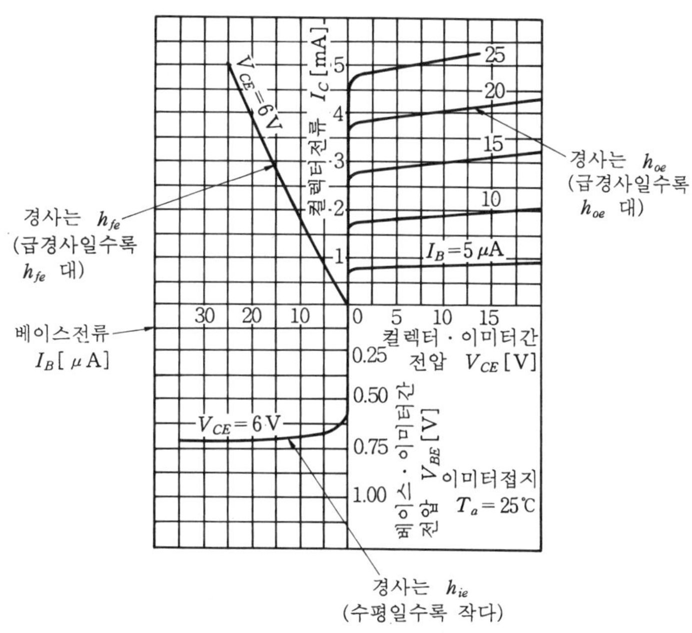

그림 6-25 트랜지스터 특성곡선과 h 정수

그림 6-25의 2상한(左上)의 $I_C - I_B$ 특성은 그 경사가 전류 증폭률 h_{fe} 에 해당된다. 또, 3상한(左下)의 그림 $I_B - V_{BE}$ 특성은 입력특성으로 곡선의 경사는 입력 임피던스 h_{ie} 에 속한다.

4-4　트랜지스터의 특성표를 보는 법

　트랜지스터를 사용할 때는 제조자의 데이터북의 특성표를 보면 그 트랜지스터에 적합하게 사용하는 방법을 알 수 있으며, 목적에 맞는 트랜지스터를 찾을 때에도 데이터북을 사용하나 평판이 좋은 트랜지스터나 나쁜 트랜지스터 등 자신의 귀로 얻는 정보가 참고로 되는 경우도 많다.

　그러면 제1표의 특성표의 예를 참고로 이야기를 진행하기로 한다.

(1) 사용 목적

　저주파 저잡음 증폭용이라든가 VHF 증폭용, 고속 스위치용, 컬러 텔레비전 수평편향 출력용이라든지 세밀하게 사용목적을 분류해서 제조하고 있으며, 트랜지스터를 사용하는 경우의 특징도 간결하게 나타내고 있다.

　다음 그림 6-26에 트랜지스터의 형명(形名)을 부르는 방법이다.

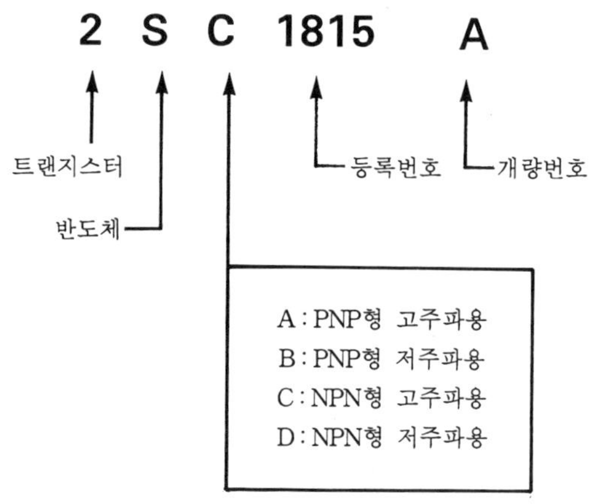

그림 6-26　트랜지스터의 이름 규칙

(2) 컬렉터, 이미터의 차단전류 (I_{CBO}, I_{EBO})

PN 접합의 역바이어스일 때 누설전류이며, 온도가 상승하면 증가하게 된다. 특히 전력을 다루는 트랜지스터에서는 이 차단전류를 주목할 필요가 있다. 소신호용의 트랜지스터에서는 $0.1\,\mu\mathrm{A}$ 정도가 된다.

(3) 직류전류 증폭률 (h_{FE})

이 값은 50~1000 정도이며 컬렉터 전류 I_C 와 온도에 따라 변한다. 이 변화의 모양은 그래프로 발표되어 있다.

표 6-2 트랜지스터 특성표의 예 (2SC 1815)

◇ **용도 · 특징**
- 저주파 전압 증폭용
- 여진단 증폭용
- 고내압, 전류용량이 크다.
- 직류전류 증폭률의 전류 의존성이 크다.
- $P_0 = 10\,\mathrm{W}$ 용 앰프의 드라이버 및 일반 스위치용으로 적합하다.

◇ **전기특성 (주위온도 25℃)**

항 목	기 호	조 건	MIN.	TYP.	MAX.	단위
컬렉터 차단전류	I_{CBO}	$V_{CB}=60\,\mathrm{V}$, $I_E=0$	–	–	0.1	$\mu\mathrm{A}$
이미터 차단전류	I_{EBO}	$V_{EB}=5\,\mathrm{V}$, $I_C=0$	–	–	0.1	$\mu\mathrm{A}$
직류전류 증폭률	h_{FE}	$V_{CE}=6\,\mathrm{V}$, $I_C=2\,\mathrm{mA}$	70	–	700	
	h_{FE}	$V_{CE}=6\,\mathrm{V}$, $I_C=150\,\mathrm{mA}$	25	–	–	
컬렉터 · 이미터간 포화전압	$V_{CE\,(\mathrm{sat})}$	$I_C=100\,\mathrm{mA}$, $I_B=10\,\mathrm{mA}$	–	0.1	0.25	V
베이스 · 이미터간 포화전압	$V_{BE\,(\mathrm{sat})}$	$I_C=100\,\mathrm{mA}$, $I_B=10\,\mathrm{mA}$	–	–	1.0	V
천이 주파수	f_T	$V_{CE}=10\,\mathrm{V}$, $I_C=1\,\mathrm{mA}$	80	–	–	MHz
컬렉터 출력전압	C_{OB}	$V_{CB}=10\,\mathrm{V}$, $I_E=0$, $f=1\,\mathrm{MHz}$	–	2.0	3.0	pF
베이스 저항	r_{bb}'	$V_{CB}=10\mathrm{V}$, $I_E=-1\,\mathrm{mA}$, $f=30\,\mathrm{MHz}$	–	50	–	Ω
잡 음 지 수	NF	$V_{CE}=6\,\mathrm{V}$, $I_C=0.1\,\mathrm{mA}$, $R_g=10\,\mathrm{K\Omega}$, $f=1\,\mathrm{KHz}$	–	1.0	10	dB

(4) 포화전압 ($V_{CE(\mathrm{sat})}$, $V_{BE(\mathrm{sat})}$)

트랜지스터를 증폭기나 스위치로서 사용할 때, ON일 때의 전압이다. 포화전압은 적은 값일수록 좋으며, 표 6-2에서 ON일 때의 저항을 계산할 수 있다. B-E 사이는 최대 100Ω, C-E 사이는 1Ω임을 알 수 있다.

(5) 천이 (transition) 주파수 (f_T)

그림 6-27에서와 같이 교류전류 증폭률 h_{fe}가 1로 되는 주파수이다. f_T 이상의 주파수에서는 트랜지스터는 동작하지 않는다. f_T는 트랜지스터를 증폭기로서 사용할 때의 증폭도와 고역차단 주파수의 적 (GB積) 의 최고 한계를 나타낸다.

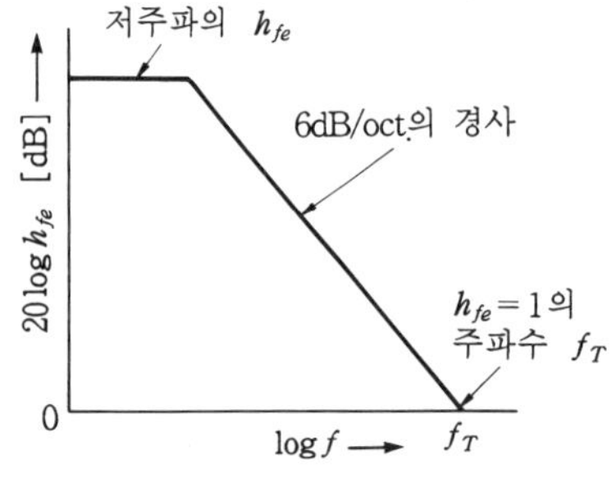

전류증폭률 h_{fe}의 고역특성은 6 dB / oct.의 경사 (주파수가 2배에서 1/2로 된다) 를 나타낸다.
① f_T 는 트랜지스터로서 동작할 수 있는 주파수의 상한
② f_T 는 증폭기로 사용할 때 이득적 (GB積) 을 나타낸다.

그림 6-27 천이 (遷移) 주파수

(6) 컬렉터 출력용량 (C_{ob})

컬렉터 접합부가 역바이어스일 때 공핍층의 용량을 표시한다. 컬렉터측의 교류전압은 컬렉터 출력용량 C_{ob} 을 거쳐서 베이스측으로 귀환되어 고역특성을 저하시키므로 고주파용에서는 중요한 파라미터가 된다.

(7) 베이스 저항 (r_{bb}')

베이스 단자에서 이미터 접합부까지의 저항이며, 50Ω 정도이다. 고주파용으로는 적을수록 좋은 것이 된다.

(8) 잡음지수 NF (Noise Figure)

트랜지스터 내부에서 발생하는 잡음량을 나타내며, 미약한 신호를 증폭할 필요가 있는 수신기의 고주파 증폭부, TV 카메라의 헤드앰프 등에서는 대단히 중요한 파라미터이다. 또, NF는 직류 바이어스 전류·전압으로 변동하게 된다. 일반적으로 NF를 최소로 하는 최적 동작점이 있다.

4-5 트랜지스터의 최대정격

트랜지스터는 다른 R, L, C 부품에 비해서 큰 전압, 전류, 전력, 고온 또는 펄스적 변화에 약하므로 사용할 때에 데이터북 (data book) 에 있는 최대정격을 넘지 않도록 주의할 필요가 있다 (표 6-3 참조).

(1) 최대정격과 딜레이팅 (derating) 및 접합부 온도 T_j

데이터북에 기재되어 있는 최대정격은 절대 최대정격이라 하며 짧은 시간 동안이라도 초과해서는 안 된다. 또, 트랜지스터의 성능 열화는 장시간에 걸쳐서 진행되므로 장기간의 신뢰도를 얻기 위해서는 「딜레이팅 (derating)」으로 사용상태를 규격보다 낮추어 여유를 갖고 쓰도록 권장하고 있다.

딜레이팅의 예 ▮

- 전 압 : 최대정격의 70~80 % 이내
- 전 류 : 최대정격의 50 % 이내
- 소비전력 : 최대정격의 50 % 이내
- 접합부 온도 : Si 에서는 125℃이며, 이 값의 70~80 % 이내에서 사용한다.

또, 주로 컬렉터 접합에서 발생하는 열은 여러 가지 요인에 의해서 일어나므로, 특히 전력을 다루는 전력용 트랜지스터에서는 다음과 같은 주의가 필요하게 된다.

① 온도상승에 의해서 트랜지스터의 특성 (예를 들면, h정수로 표현된다) 이 변동하는 것만이 아니고, I_{CBO} 등이 증가해서 직류 동작점이 움직여 열적으로 폭주 (暴走) 해서 소손할 우려가 있다.

② 고온에서 사용하면 장시간에서 트랜지스터의 열화 (熱火) 가 뚜렷하게 빨라지는 일을 알 수 있다. 될 수 있는 한 낮은 컬렉터 접합온도, 주위온도에서 사용해야 한다.

③ 대책으로서는 사용상태를 가능한 낮은 컬렉터 접합온도로 하는 일, 직류 부귀환으로 해서 트랜지스터의 직류 동작점을 안정하게 하는 회로로 하고, 컬렉터 접합에서 발생하는 열을 방열판 (heat sink) 을 붙여서 제거하는 방법 등이 있다.

표 6-3 트랜지스터 최대정격의 예 (2SC 1815)

주위온도 $(T_a = 25 \, ℃)$

항 목	기 호	정 격 값	단 위
컬렉터 · 베이스간 전압	V_{CBO}	60	V
컬렉터 · 이미터간 전압	V_{CEO}	50	V
이미터 · 베이스간 전압	V_{EBO}	5	V
컬렉터 전류	I_C	150	mA
이미터 전류	I_E	−150	mA
컬렉터 손실	P_C	400	mW
접합 온도	T_j	125	℃
보존 온도	T_{stg}	−55~125	℃

(2) 컬렉터 · 베이스간 전압 (V_{CBO}), 컬렉터 · 이미터간 전압 (V_{CEO}),
이미터 · 베이스간 전압 (V_{EBO})

V_{CBO}, V_{CEO} 는 이미터 혹은 베이스 단자를 개방할 때의 컬렉터 접합의 내압 (耐壓) 이다. 첨자 o 는 개방 (open) 을 뜻한다. 실제 회로에서는 개방이 아니고 저항이 접속되어 있으므로 이 전압보다 내압은 높게 되며, 개방할 때의 전압을 가리키며 이들의 값을 규격으로 하고 있다.

V_{EBO} 는 이미터 접합의 역바이어스일 때의 내압이며, 이 값은 컬렉터 접합의 내압보다 한자리 낮은 것에 주의한다.

(3) 컬렉터 전류, 이미터 전류

컬렉터 접합에서 소비되는 전력 P_c는 근사적으로 컬렉터 전류와 컬렉터 전압의 곱 (積) 으로 다음 식으로 된다.

$$P_C = I_C \cdot V_{CE} \ [\text{W}]$$

이 전력은 모두 열로 되어 접합부의 온도를 상승시키게 된다. 여기서 주의할 것은 I_C, V_{CE}가 정격 이하에 있어도 P_C를 넘지 않도록 하는 일이다.

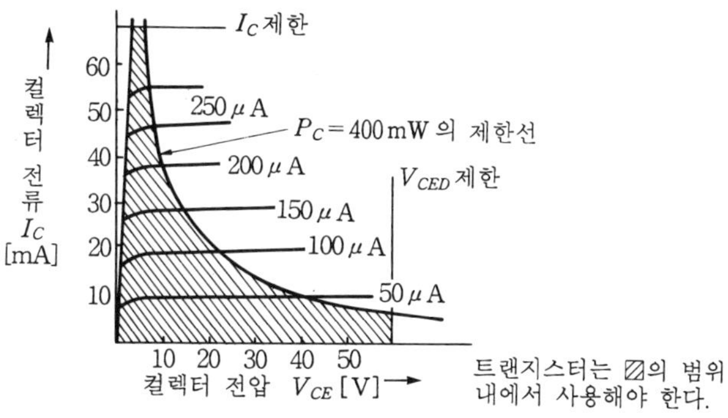

(a) 컬렉터 손실 P_c의 제한곡선

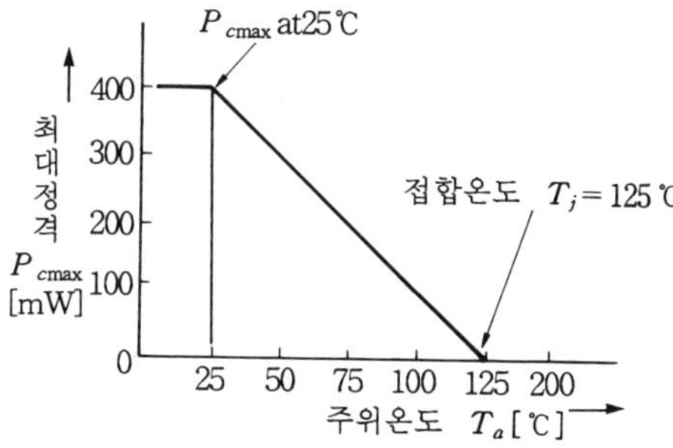

(b) 최대 정격 P_{cmax} 는 주위온도에 따라 다르다

그림 6-28　최대정격 (컬렉터 손실 P_c)

그림 6-28 (a) 에 나타낸 바와 같이 P_C 의 제한은 상당히 엄격하다는 것을 알 수 있다. 트랜지스터를 사용할 때는 P_C 가 어느 정도인가를 암산을 해보는 습관이 요구된다.

또, 그림 6-28 (b) 에 나타낸 바와 같이 사용주위온도에 의해서 허용 컬렉터 손실은 변화한다. 이 커브 (curve) 는 125℃에서는 $P_C = 0$이 아니고, 온도와 함께 상승하는 것을 고려한다면 의미가 있다.

(4) 접합부 온도 T_j

발열이 큰 컬렉터 접합의 허용온도에서 Si는 125℃로 Ge 의 75℃보다 높고 이 만큼, 컬렉터 손실 P_C을 크게 잡을 수 있으므로 반도체 재료로서 Si 가 Ge 보다 유리한 원소가 된다.

5 트랜지스터 증폭기

5-1 직류 바이어스

지금 우리는 트랜지스터로 신호를 증폭하는데까지 진행해 왔다. 지금까지와 같이 이미터 단자를 접지한 이미터 접지 방식으로 이야기를 진행하기로 한다.

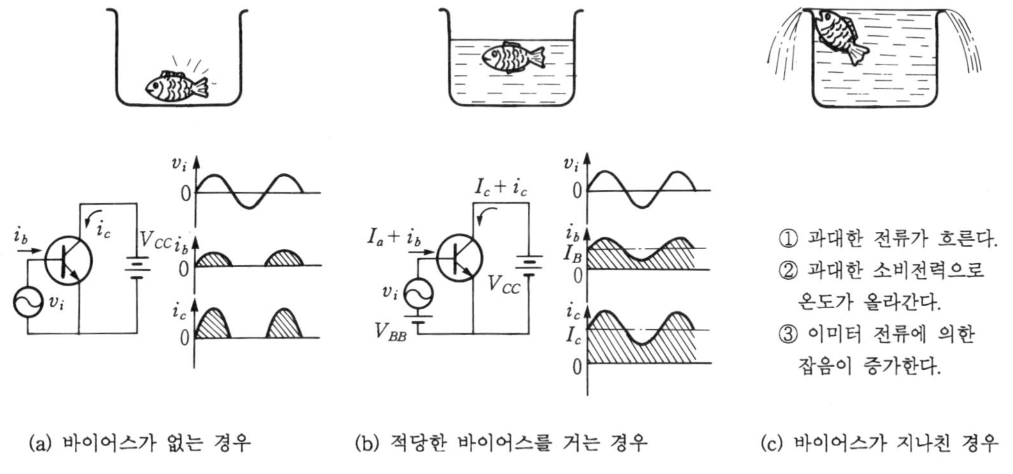

그림 6-29 직류 바이어스는 어항의 물

트랜지스터를 증폭기로 동작시키기 위해서는 먼저 컬렉터 전압을 수~수십 V 걸어 주는 일이 첫째로 필요하게 된다. 그림 6-28 (a) 와 같이 이것만으로는 신호를 베이스에 가해도 동작하지 않는다. 그것은 어항에 물이 없는 금붕어와 같이 금붕어의 배가 바닥에 닿아서 퍼덕거리게 되는 것과 같다. 금붕어에게 금붕어의 배가 바닥에 닿지 않도록 물을 넣어 주면 금붕어는 자유롭게 헤엄을 칠 수 있게 된다. 여기서 입력신호는 금붕어에 해당된다.

교류신호의 진폭 (정현파 신호일 때의 최대값) 에 대응해서 확실히 조금 여유를 갖고 직류의 베이스 전류 I_B 를 어항의 물같이 흘려 놓고 그것에 얹어서 입력신호 i_b 를 넣을 필요가 있다. 이 조금 여유를 갖는다는 것은 입력신호에 비례해서 100배, 1000배로 베이스의 직류전류를 흘리지 않는 방법을 말하는 것이다.

　물론 신호를 왜곡없이 증폭하는데는 문제가 없으나, 여기에 또 다른 제한이 있게 된다. 컬렉터 전류도 베이스 전류의 h_{FE} 배 흘려 컬렉터 접합의 열손실 ($P_C = V_C \cdot I_C$) 이 크게 된다. 또, 트랜지스터가 발생하는 잡음의 일부는 이미터 전류의 2승에 비례하므로 미소신호의 경우는 될 수 있는 한 적은 바이어스 전류가 바람직하게 된다.

　이와 같이 트랜지스터 증폭기에서는 신호에 대응해서 적절한 직류전류 (I_B, I_C)를 흘려 주는 일이 중요하며 이것을 트랜지스터에 바이어스(bias)를 건다라고 말하며, 이 회로를 바이어스 회로라 한다. 이와 같이 바이어스 회로는 트랜지스터 증폭기의 기본적인 필요조건이 된다. 반대로 증폭기의 회로도는 신호를 전송하는 길과 바이어스를 거는 회로로 성립하고 있으므로 회로도를 읽을 때는 이의 두 가지의 관점에서 회로를 보면 회로도의 내용을 파악하기 쉽게 된다.

　다음에 바이어스를 가한 트랜지스터의 직류동작의 현상을 특성곡선을 적용해 보기로 한다.

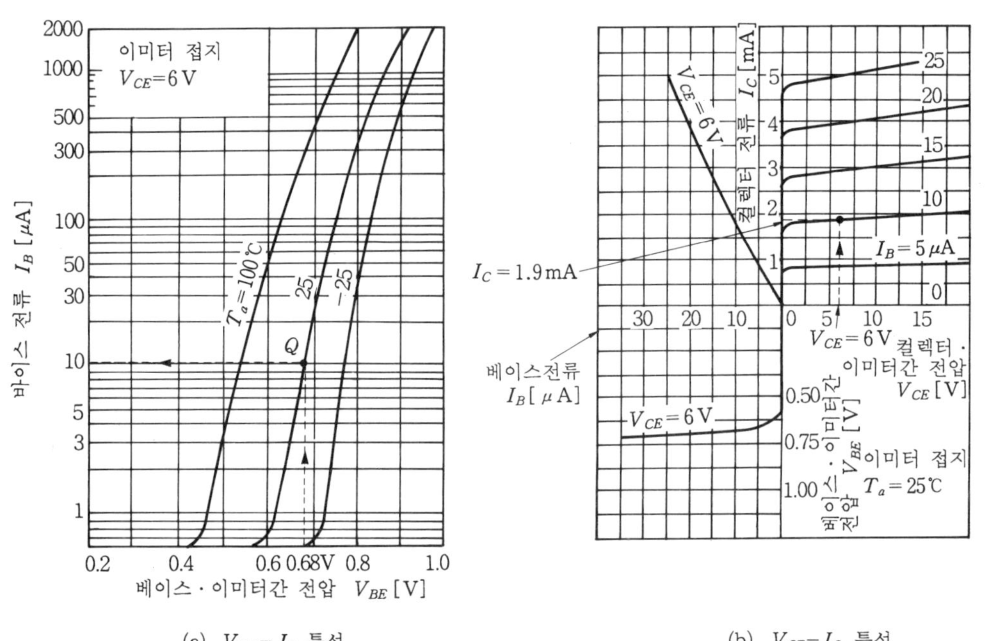

(a)　$V_{BE}-I_B$ 특성　　　　　　　　　　(b)　$V_{CE}-I_C$ 특성

그림 6-30　직류 바이어스의 동작점 (Q) 을 정한다

그림 6-30은 일반용 NPN 트랜지스터 2SC 1815의 특성곡선이며, 컬렉터 전압 $V_{CE}=6\,\text{V}$, 베이스 전압 $V_{BE}=0.68\,\text{V}$의 바이어스를 걸 때의 상태를 알아보자.

그림 6-30 (a) 의 $V_{BE}-I_B$ 특성에서 $V_{BE}=0.68\,\text{V}$일 때, 베이스 전류 $I_B=10\,\mu\text{A}$가 구해진다. 여기서, 교류신호 i_b 의 최대 진폭값은 5~7 μA로 충분하다는 것을 알 수 있다 (그림 6-31 참조).

다음에 컬렉터 전류는 그림 6-30 (b) 의 우상반면 $V_{CE}-I_C$ 특성에서 $V_{CE}=6\,\text{V}$, $I_B=10\,\mu\text{A}$에 대응하는 점 Q를 보아 Q점의 컬렉터 전류를 읽으면 $I_C=1.9\,\text{mA}$가 얻어진다.

이와 같은 수순으로 특성곡선을 사용해서 트랜지스터의 바이어스 상태를 알 수 있다. 따라서 이 점 Q를 「직류동작점 (直流動作点)」이라 한다.

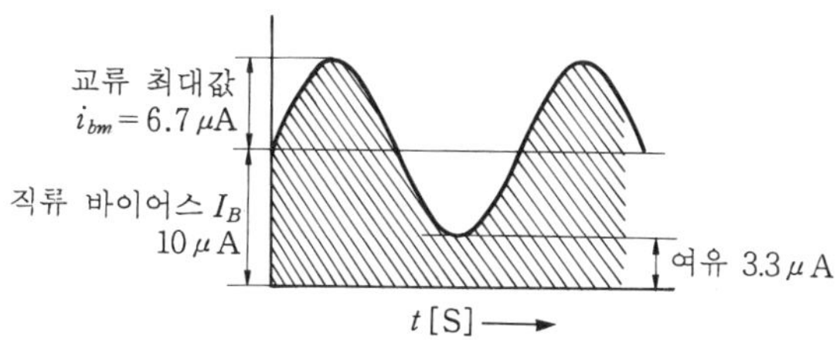

그림 6-31 직류 바이어스의 전류와 교류신호

5-2 바이어스 회로 설계

특성곡선상에서 직류 동작점을 보는 방법을 알았으므로 여기서는 실제의 바이어스 회로를 알아본다.

(1) 베이스 단자의 바이어스 회로

그림 6-32 (a) 에 나타낸 바와 같이 독립한 베이스의 바이어스 전원 V_{BB}를 써서 저항 R_B를 거쳐서 바이어스를 공급하는 것이 원리적이나 실용회로에서는 컬렉터측의 전원선 V_{CC}에 의해 브리더 (breeder) 저항 R_{B1}, R_{B2}를 넣어서 하나의 독립전원을 생략

하는 경우가 많다. 그림 6-33 (a), (b)의 회로동작은 완전히 같은 것으로 「테브낭의 정리」를 적용하여 (그림 6-32 (c) 참조)

$$R_B = \frac{R_{B1} \cdot R_{B2}}{R_{B1} + R_{B2}}, \quad V_{BB} = \frac{R_{B2}}{R_{B1} + R_{B2}} \cdot V_{CC} \quad\cdots\cdots\cdots\cdots\cdots\cdots\cdots 6\cdot9$$

의 관계로 보면, 양 회로는 완전히 같게 된다.

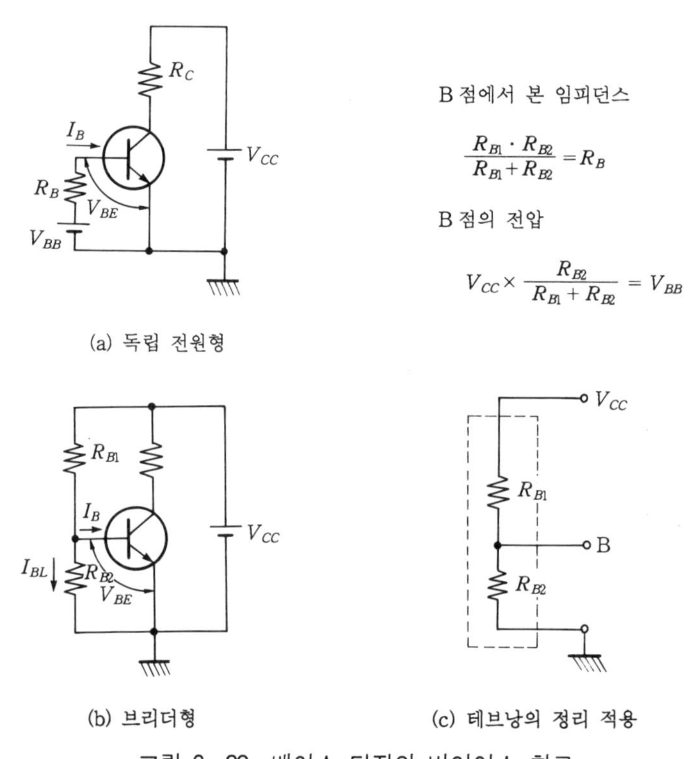

B 점에서 본 임피던스

$$\frac{R_{B1} \cdot R_{B2}}{R_{B1} + R_{B2}} = R_B$$

B 점의 전압

$$V_{CC} \times \frac{R_{B2}}{R_{B1} + R_{B2}} = V_{BB}$$

(a) 독립 전원형

(b) 브리더형   (c) 테브낭의 정리 적용

그림 6-32 베이스 단자의 바이어스 회로

① 주어진 회로의 베이스 전류 I_B를 구하는 데에는 R_{B1}, R_{B2}를 알고 있으므로 식 6·9에서 먼저 R_B, V_{BB}를 계산한 다음에 특성곡선의 $V_{BE} - I_B$ (그림 6-30 (b) 왼쪽 아래)에서 종축상에 V_{BB}를 정해, V_{BB}에서 경사 R_B의 직선을 그려서 커브와의 교점 Q를 구하면, 점 Q의 I_B가 실제로 흐르는 전류가 된다.

그림 6-33에 실제의 계산예를 보여 주고 있다.

㈎ 트랜지스터를 분리했을 때 B점의 전압 V_{BB}와 저항 R_B를 구한다. 식 6·9에서

$$V_{BB} = 12 \times \frac{22}{330 + 22} = 0.75 \text{ V}$$

$$R_B = \frac{330 \times 22}{330 + 22} = 20.6 \text{ k}\Omega$$

(나) 트랜지스터의 특성곡선 $V_{BE} - I_B$ 곡선에서

$$경사 = \frac{\Delta V_{BE}}{\Delta I_B} = 20.6 \text{ k}\Omega$$

의 직선을 $V_{BB} = 0.75$ V 의 점까지 그린다.

(다) 곡선상의 교점 Q 에서 $I_B = 4.7\,\mu$A 를 얻다.

■주■ $R_B = 20.6$ kΩ 의 곡선를 그리는 방법 (예를 들면 $\Delta V_{BE} = 0.5$ V 로 한다.)

$$\Delta I_B = \frac{0.5}{20.6 \times 10^3} = 24.3\,\mu\text{A}$$

P점 ($24.3\,\mu$A, $0.75 - 0.5 = 0.25$ V) 와 $V_{BE} = 0.75$ 를 연결하는 선이 20.6 kΩ의 R_B의 선

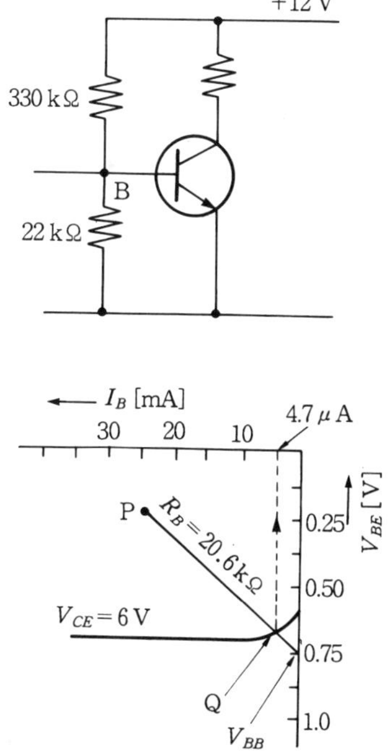

그림 6-33　베이스 바이어스 전류의 계산예

② 브리더 회로 R_{B1}, R_{B2}를 설계할 때 : 설계할 때에는 다른 조건에서 베이스 바이어스 전류 I_B와 등가 베이스 저항 R_B를 결정한다. 그러면 앞의 수순과 같이 $V_{BE} - I_B$곡선 (그림 6-30) 을 사용해서 등가 베이스 바이어스 전압 V_{BB}를 얻는다. 등가적인 R_B와 V_{BB}가 정해지므로 식 6·9를 변형한 다음의 식에서 R_{B1}, R_{B2}를 구한다.

$$R_{B1} = R_B \cdot \frac{V_{CC}}{V_{BB}}, \qquad R_{B2} = R_B \cdot \frac{V_{CC}}{V_{CC} - V_{BB}} \quad\cdots\cdots\cdots\cdots\cdots\cdots\cdots 6 \cdot 10$$

등가 베이스 저항의 설정에는 두 개의 조건이 있다.

㈎ R_B가 트랜지스터의 입력 임피던스 Z_i보다 클 때 : R_B가 작으면 신호전류가 트랜지스터에 흐르지 못하고 R_B에 흘러서 이득이 저하하므로 Z_i는 R_B 하한이 기준이 된다.

㈏ R_B가 될 수 있는 한 작은 편이 직류 바이어스 안정도가 향상된다. 하나의 기준으로서 브리더에 흐르는 전류 $\dfrac{V_{CC}}{(R_{B1} + R_{B2})}$는 베이스 전류 I_B의 10배 이상으로 정한다.

이 베이스측의 바이어스 만으로는 변동에 약하므로 다음의 이미터 단자의 바이어스 회로와 조합해서 바이어스를 거는 것이 보통이다.

(2) 이미터 단자의 바이어스 회로 (전류 귀환회로)

그림 6-34와 같이 이미터 단자와 접지 사이에 저항 R_E를 넣으면, 전류가 흘러서 이미터 단자의 전압은

$$V_E = R_E \cdot I_E \fallingdotseq R_E \cdot I_C \quad\cdots\cdots\cdots\cdots\cdots\cdots\cdots\cdots\cdots\cdots\cdots 6 \cdot 11$$

로 되어 이 전압은 베이스와 이미터 사이의 바이어스 전압을 감소하는 방향으로 동작한다.

부품을 증가시켜 R_E를 넣은 것은 뒤에서 설명한 바와 같이 부귀환에 의해서 회로의 안정도를 향상시킬 수 있으므로 실용회로에서는 대체로 이미터 저항을 넣어서 베이스측과 함께 바이어스 회로를 구성하고 있다.

이와 같이 이미터 저항은 자신에 흐르는 전류로 바이어스를 걸므로 「자기 바이어스 (self bias)」 회로라고 한다.

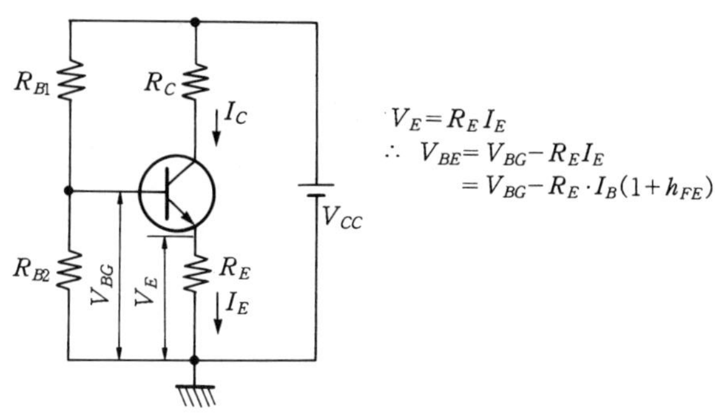

그림 6-34 이미터 바이어스 회로

지금 어떤 원인으로 이미터 전류가 조금 증가한 (감소한) 것으로 하면 이미터 단자의 전위 $V_E = R_E \cdot I_E$ 가 증가 (감소) 하여 베이스 전류가 감소되며, 트랜지스터의 베이스 ·이미터 전압 V_{BE} 는 낮게 되어 (깊게 되어) 이미터 전류는 감소해서 (증가해서) 변화가 일어나기 전의 상태로 되돌아간다. 결국 이미터 전류의 변동을 자동적으로 누르는 작용이 있다.

이미터 저항 R_E, 베이스 등가저항 R_B, 등가 바이어스 전압 V_{BB}일 때 베이스 전류 I_B 는 다음 식으로 주어진다 (V_{BE} 는 실리콘에서는 0.7 V).

$$I_B = \frac{V_{BB} - V_{BE}}{R_E(h_{FE} + 1) + R_B} \quad\cdots\cdots 6\cdot12$$

이 식의 의미는 이미터 저항 R_E 는 $(h_{FE} + 1)$배 (100~500배) 되어 베이스 단자 바이어스에 영향을 주는 것을 뜻한다. h_{FE} 를 설정하면 (1) 의 베이스 단자의 바이어스와 같은 수순으로 그림 6-33 의 수순, R_B 대신에 $R_B + (1 + h_{FE})R_E$ 를 써서 직류 동작점이 구해진다.

5 - 3 부귀환(負歸還) 회로

이미터 저항의 귀환효과를 알기 전에 부귀환에 대해서 알아보자.

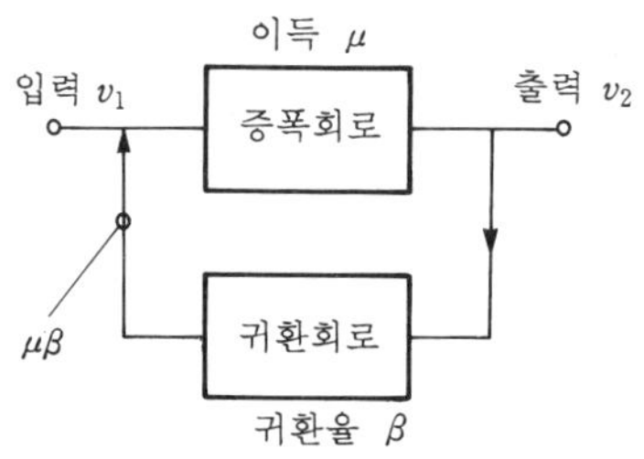

그림 6-35 부귀환의 모델

그림 6-35 는 부귀환 회로의 모델을 나타내고 있으며, 부귀환이란 증폭기의 출력 일부를 증폭기의 입력측으로 보내 입력신호에 출력신호를 역극성 (입력신호를 없애려는 방향) 으로 가한 회로를 말한다. Negative Feed Back 의 머릿자를 따서 NFB 회로라고도 한다.

부귀환 회로의 출력을 입력신호와 역위상으로 입력신호를 없애도록 가한다.

$$\text{전압증폭도 } A_v = \frac{v_2}{v_1} = \frac{\mu}{1 + \mu\beta}$$

이 부귀환을 걸면 증폭기의 증폭도 A 는

$$A = \frac{v_2}{v_1} = \frac{\mu}{1 + \mu\beta} \quad \cdots\cdots\cdots\cdots\cdots\cdots\cdots\cdots\cdots\cdots\cdots\cdots\cdots\cdots\cdots\cdots 6\cdot 13$$

로 되어 부귀환을 걸기 전의 증폭도 $A = \mu$ 보다 $1/(1 + \mu\beta)$ 만큼 저하하게 된다. 이 $(1 + \mu\beta)$ 는 반환차 (return difference) F_0 라 부르며, 부귀환의 크기를 나타내는 중요한 파라미터가 된다.

$$\text{반환차 } F_0 = 1 + \mu\beta \quad \cdots\cdots\cdots\cdots\cdots\cdots\cdots\cdots\cdots\cdots\cdots\cdots\cdots\cdots\cdots 6\cdot 14$$

> **• NFB의 효과 •**
>
> 반환차 F_0의 NFB를 걸면 귀환 루프 내의 증폭기에 대해서
>
> (1) 증폭도의 저하 : $1/F_0$로 저하한다.
>
> (2) 안정도의 향상 : NFB를 건 루프 내의 부품값의 변동, 트랜지스터를 포함한 부품의 교환, 부품의 온도변화, 경년변화의 원인으로서 생기는 모든 변동을 $1/F_0$로 저하한다. 즉, 안정도는 F_0가 된다.
>
> (3) 잡음의 억제 : 루프 내에서 발생하는 잡음을 $1/F_0$로 저하시킨다.
>
> (4) 왜곡의 저하 : 루프 내에서 발생하는 신호의 왜곡을 $1/F_0$로 저하시킨다.
>
> (5) 임피던스의 수정 : 입력 임피던스, 출력 임피던스를 F_0만큼 크게 하거나 작아지도록 수정할 수 있다 (귀환 방식에 따라 차이가 있다).
>
> (6) 주파수 특성 : F_0만큼 고역, 저역 한계를 넓혀 주파수 특성을 개선할 수 있다.

NFB는 만병의 특효약이라는 느낌으로 증폭도 저하의 대가로 많은 성능 향상을 전자회로에 주게 된다. 전자회로에는 반드시 NFB가 걸어져 있다고 해도 지나친 말은 아니다. 이미터 저항은 이런 의미에서 중요한 작용을 한다.

여기서 주의해야 할 것은 특성이 나쁜 증폭기에 다량의 NFB를 걸어도 NFB의 효과를 얻을 수 없다. NFB를 걸기 전에 앞의 특성은 충분한 것으로 해서 NFB로 개선하는 것이 필요하다.

5 – 4 이미터 저항의 귀환효과

여기서는 직류 동작점의 안정화를 과제로 다루기로 한다. 그림 6−34, 6−38의 이미터 접지회로에서 부귀환의 반환차 $F_0 = 1 + \mu\beta$를 계산하면

$$\mu = h_{FE}, \qquad \beta = \frac{R_E}{R_E + R_B}$$

$$F_0 = 1 + h_{FE} \cdot \frac{R_E}{R_E + R_B} \fallingdotseq h_{FE} \cdot \frac{R_E}{R_B} \quad\text{................................ } 6 \cdot 15$$

로 된다. 위 식에서 알 수 있는 바와 같이 F_0를 크게 하는데는 h_{FE}가 큰 트랜지스터로 R_E/R_B를 될 수 있는 한 크게 한다.

예를 들면 $h_{FE} = 100$, $R_B = 10\,\mathrm{k\Omega}$, $R_E = 1\,\mathrm{k\Omega}$으로 하면, 식 $6 \cdot 15$에서

$$F_0 = 100 \times 1 \times 10^3 / (10 \times 10^3) = 10$$

즉, 20 dB 의 NFB 가 걸리고 증폭도는 1/10 로 되며 온도변동 등에 대한 회로의 직류 동작점의 변동을 약 1/10 로 누를 수 있다.

트랜지스터의 온도변화에 대해서 직류 동작점 (I_C)를 변화시키는 주요 원인은

① 컬렉터 접합 역바이어스 전류 I_{CBO}의 변동

② 이미터 접합 전압 V_{BE}의 변동

③ 전류 증폭률 h_{FE}의 변동

을 들 수 있다.

이들의 온도변동 데이터를 참고하기 위해 그림 6-36 에 나타내었으며, 이미터 저항 R_E를 삽입해서 약 F_0만큼 개선할 수 있다.

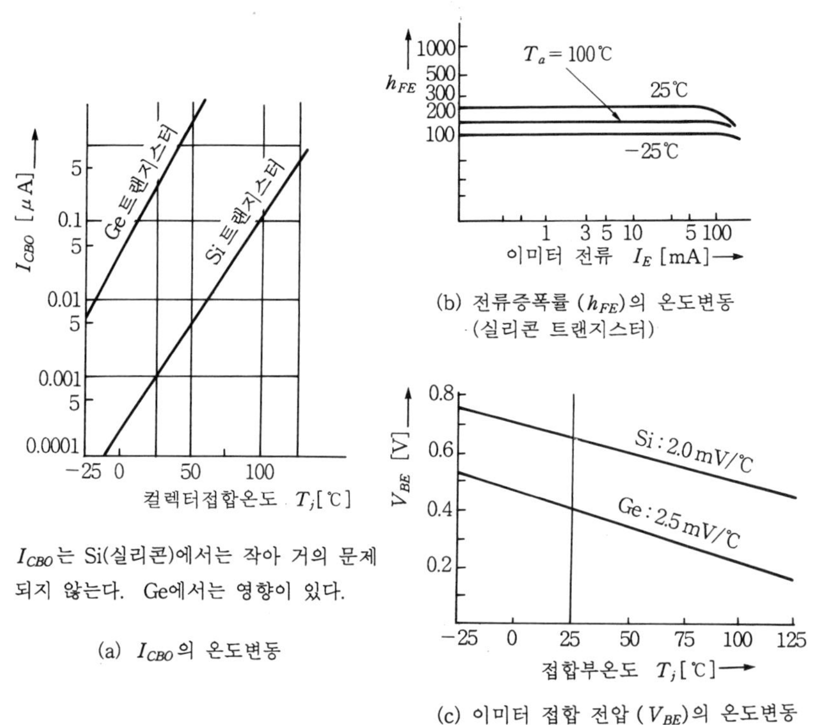

I_{CBO} 는 Si(실리콘)에서는 작아 거의 문제 되지 않는다. Ge에서는 영향이 있다.

(a) I_{CBO}의 온도변동

(b) 전류증폭률 (h_{FE})의 온도변동 (실리콘 트랜지스터)

(c) 이미터 접합 전압 (V_{BE})의 온도변동

그림 6-36 트랜지스터의 온도변동에 따른 성능변화

실제 증폭회로에서는 이미터 저항에 병렬로 바이패스(bypass) 콘덴서 C_E를 붙이는 경우가 많다. 바이패스 콘덴서는 직류에 대해서는 커패시턴스 C_E의 리액턴스는 ∞ 로 되므로 직류동작에 대해서는 R_E의 NFB 효과는 변하지 않는다. 그러나 신호 주파수에 대해서는 C_E의 리액턴스가 0 으로 되도록 충분히 큰 커패시턴스를 채용하므로 R_E는 단락된 형으로 된다. 따라서, R_E의 NFB 효과는 없게 되어 신호에 대한 증폭도를 내리지 않고 직류동작을 안정화하는 효과가 있다.

직류에서는 C_E의 리액턴스 $\dfrac{1}{\omega C} \to \infty$ 이므로 C_E가 없을 때와 같다. R_E만 작용한다.

교류에서는 $\dfrac{1}{\omega C} \to 0$ 이 되어 교류신호가 C_E 로 통과하므로 R_E가 작용하지 않는다. 즉, C_E는 교류 증폭도를 내리지 않고 직류 안정도를 향상시키는 역할을 한다.

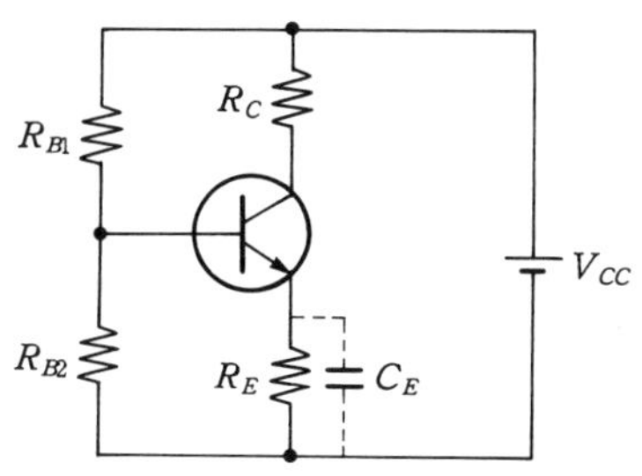

그림 6-37   이미터 바이어스 회로와 바이패스 용량 C_E의 효과

5-5 직류와 교류의 동작점

증폭기의 동작상태는 바이어스를 거는 직류 동작점과 교류신호에 대한 교류 동작점이 합쳐서 설정되고 있다. 여행하기 전에 지도를 펼쳐 놓고 교통로와 숙박장소를 생각해서 계획을 세우는 것과 같이 트랜지스터를 어떤 동작상태로 놓는가는 부하곡선을 그려서 상황을 조사할 필요가 있다. 특히, 파워를 다루는 출력 증폭단은 최적 설계가 요구되므로 반드시라고 할 정도로 부하곡선에 의한 체크가 필요하다.

(1) 직류 부하곡선

그림 6-38 (a)의 이미터 증폭기에 대해서 직류동작을 다루면 결합 콘덴서 C_1, C_2 에 의해서 직류적으로는 입력측, 출력측과는 분리해서 보는 것이 좋고 결국 그림 6-39 (b) 의 회로가 된다.

여기서 이미터 저항 R_E 가 있는 경우는 직류 부하저항으로서 컬렉터측의 저항 R_C 과 직렬로 $(R_C + R_E)$ 를 생각할 필요가 있다.

출력 부하곡선은 그림 6-38 (c) 의 출력 특성곡선 $(V_{CE} - I_C)$ 에서 전원 V_{CC} 에서 경사 $\theta = \tan^{-1}(R_C + R_E)$ 를 갖는 직선을 그린다. 이것이 출력 부하곡선이라 부르는 커브이다.

$R_C + R_E$ 의 경사를 얻는 대신에 다음의 두 점을 묶어도 같다.

- **횡축** V_{CE} 위에서 : 전원전압 V_{CC} 를 잡아 $I_C = 0$ (트랜지스터 차단영역) 에서는 컬 렉터에는 전원전압이 걸린다.

- **종축** I_C 위에서 : $\dfrac{V_{CC}}{(R_C + R_E)}$ 를 얻어 $V_{CE} = 0$ (포화) 일 때의 컬렉터 전류

직류 부하곡선을 그려서 2항의 (1)~(2) 에서 배운 베이스·이미터 단자의 바이어스 점 I_B 와 교점 Q 를 구한다. Q 점은 부하곡선 중앙부근에서 I_B 파라미터의 선이 등간 격으로 나란히 하는 장소를 선택한다.

그 이유는 교류동작일 때 I_B 의 변화에 대해서 I_C 의 변화가 균일하게 되고 출력신 호의 왜곡 (歪曲 : distortion) 이 적게 되기 때문이다.

$R_C + R_E = 3\,\text{k}\Omega$ 의 부하곡선 전원전압 $V_{CC} = 12\,\text{V}$ 점과 $\dfrac{V_{CC}}{R_C + R_E} = 4\,\text{mA}$ 의 점 을 연결한다. 베이스 바이어스 전류 $I_B = 10\,\mu\text{A}$ 로 하면 Q 점이 직류 동작점이 된다.

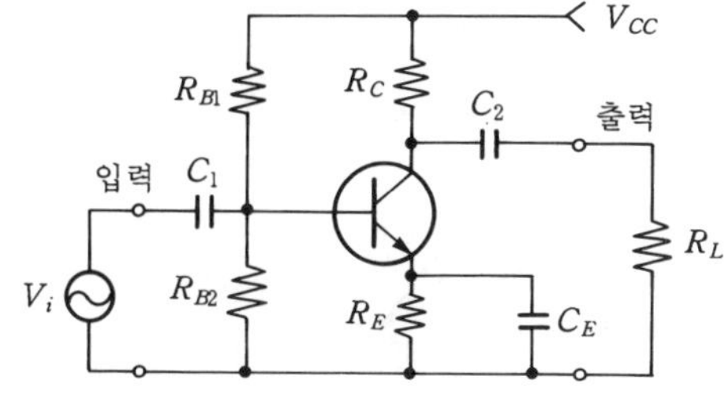
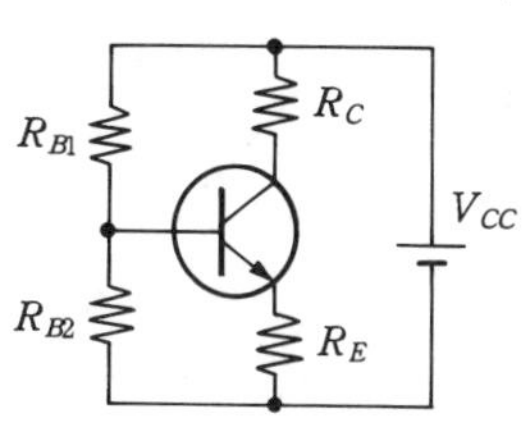

(a) 이미터 접지 증폭기   (b) 직류분 통로

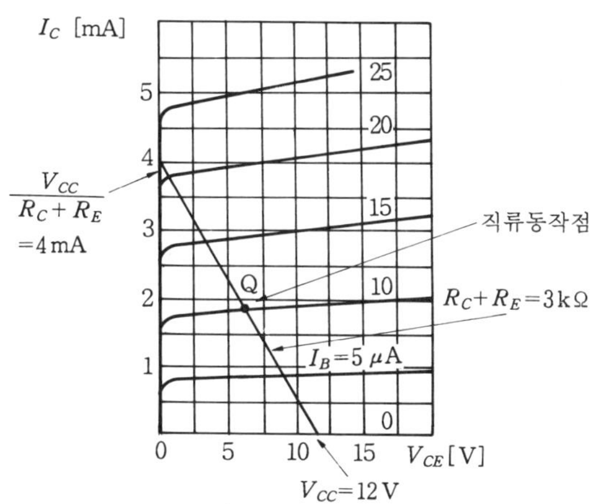

$R_C + R_E = 3\,k\Omega$ 의 부하곡선   전원전압
$V_{CC} = 12\,V$점과 $\dfrac{V_{CC}}{R_C+R_E} = 4\,mA$의 점
을 연결한다.
베이스 바이어스 전류 $I_B = 10\,\mu A$로
하면 Q점이 직류 동작점이 된다.

(c) 직류 부하곡선

그림 6-38 직류 부하곡선을 그려서 동작점 Q를 정한다

그리고 또 하나의 주의점은 Q점은 트랜지스터의 허용최대 소비전력의 영역에서 일정의 여유를 가질 필요가 있다. Q점의 소비전력은 그 좌표의 읽은 값 $P_O = V_{CO} \times I_{CO}$ 로 주어진다. 이 전력은 모두 트랜지스터의 컬렉터 접합의 열로 된다.

그래서 직류 부하곡선은 그림 6-39 (a)에서와 같이 전원 전압 V_{CC}를 바꾸면 평형 이동하게 되며 전원 전압 V_{CC}이 일정할 때는 그림 6-39 (a)와 같이 직류 부하 $(R_C + R_E)$를 크게 (작게) 하면 누워 (세워) 진다.

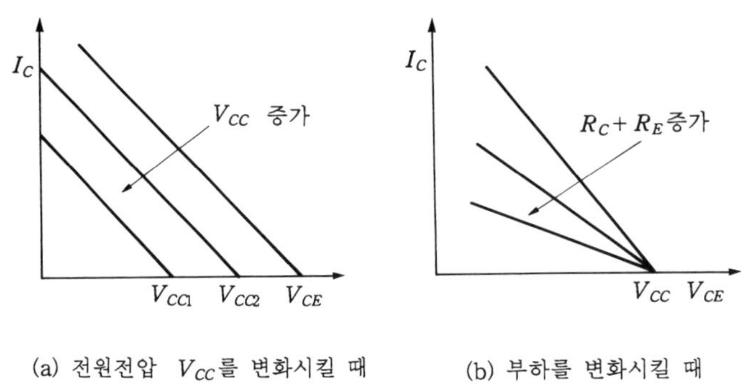

(a) 전원전압 V_{CC} 를 변화시킬 때   (b) 부하를 변화시킬 때

그림 6-39 직류 부하곡선의 이동

(2) 교류 부하곡선

직류 동작점 Q 에서 컬렉터측 부하 R_L' 의 경사를 갖는 직선을 그린다. 출력신호는
Q 점을 중심으로 이 직선상을 움직이게 된다.

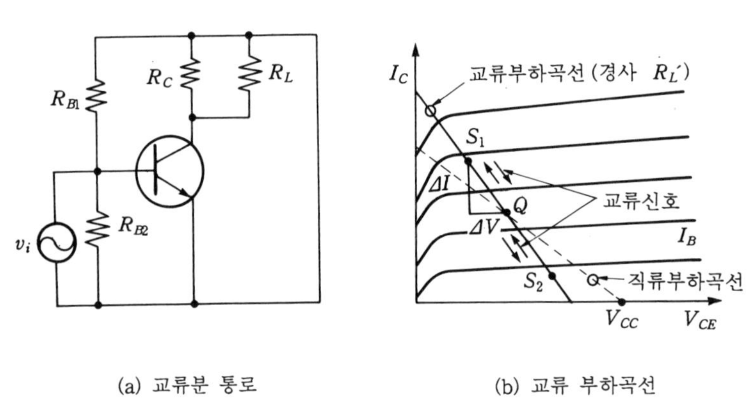

(a) 교류분 통로   (b) 교류 부하곡선

그림 6-40 교류 부하곡선을 구한다

그림 6-40 (a) 의 이미터 증폭기에서 입력신호에 대한 교류동작을 다룰 때는 결합
콘덴서 C_1, C_2, 바이패스 콘덴서 C_3 는 그의 리액턴스를 무시할 수 있을 정도로 작게
해 놓으면 단락이라고 해도 좋으므로 교류분의 통로로서 그림 6-40 (a) 와 같이 그릴
수 있다.

교류동작의 부하로서는 컬렉터측의 저항 R_C와 R_L가 그림 6-40(a)와 같이 병렬로 들어간다.

$$R_L' = \frac{R_C \cdot R_L}{R_C + R_L} \quad\cdots\cdots\cdots\cdots\cdots\cdots\cdots\cdots\cdots\cdots\cdots\cdots\cdots\cdots\cdots\cdots\cdots\cdots\cdots\cdots\cdots\cdots\cdots\cdots\cdots\quad 6\cdot16$$

교류입력이 0일 때는 컬렉터의 전압·전류는 Q점에 있고 교류신호가 들어가면 동작점 Q를 중심으로 해서 부하 R_L'로 동작하므로 교류 부하곡선은 동작점 Q를 갖고 $\dfrac{1}{R_L'}$의 경사를 갖는 직선이 된다.

이 직선을 긋는데는 동작점 Q에서 임의의 전류변화 ΔI를 가정하여 이 ΔI에 대한 전압변화 $\Delta V = R_L' \cdot \Delta I$로 계산한다. 동작점 Q에서 $\pm(\Delta I, \Delta V)$의 변화를 그 양측으로 잡아 점 S_1, Q, S_2를 통하는 선을 끌어내면, 그것이 $\dfrac{1}{R_L'}$의 경사를 갖는 교류 부하곡선이 된다.

(3) 교류 부하곡선을 보는 방법

이상과 같이 작도한 교류 부하곡선은 어떻게 보는 것이 좋은지 예를 들어 본다.

그림 6-41을 보자. 이 그림에서는 정현파 교류를 예로 그려져 있으며, 먼저 점 Q를 중심으로 해서 입력신호 i_b의 파형을 그려 놓는다. 이것은 부하곡선과 I_B일정의 특성곡선의 교점에서 Q_1, Q_2를 결정하여 입력파형을 V_{CE}축, I_C축에 투영해 보면 이 그림과 같이 컬렉터 전류파형, 컬렉터 전압파형이 얻어진다.

직류 동작점 Q를 선정해도 좋으나, 왜곡이 적은 선형적인 증폭을 하기 위해서는 출력 특성곡선에서 그은 교류 부하직선상에서 파라미터 I_B가 등간격으로 배열하는 범위를 선정하는 일, 그리고 직류 동작점 Q는 보통 그 중심에 선정하면 좋다는 것을 이해할 수 있다.

또, 지금 얻은 부하곡선에 대해서 왜곡이 적은 범위에서 최대 출력전압 V_{max}, 최대 출력전류 I_{max}, 및 최대 출력전력 $P_{max} = V_{max} \cdot I_{max}$를 쉽게 추정할 수 있다.

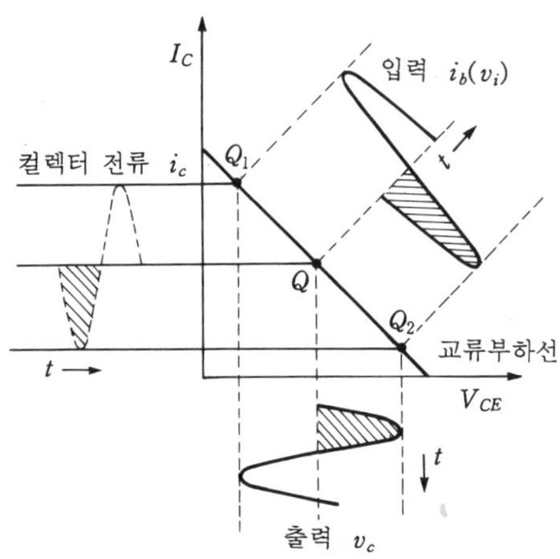

그림 6-41 교류 부하곡선상에서 입력신호와 출력신호

5-6 증폭도 구하는 방법은 두 종류가 있다

그림 6-42의 이미터 접지 증폭기를 모델로 해서 신호 증폭기의 특성을 알아보자.

그림과 같이 입력측 및 출력측에 커패시턴스 C로 연결하고 있는 회로를 CR 결합 증폭기(結合增幅器)라 부르고, 결합 커패시턴스 C의 의미를 알 수 있다. C는 직류를 통과시키지 않으므로 각 단의 직류 바이어스는 독립으로 정해지고 증폭하려는 신호성분만 C를 통해서 전달되는 구조이다.

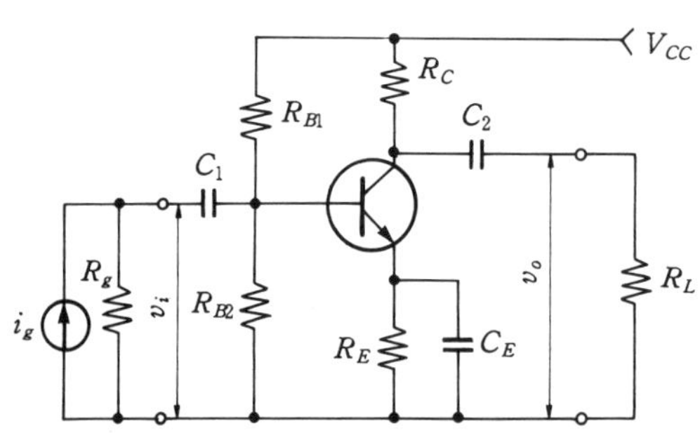

그림 6-42 저주파 증폭기 (CR결합)

먼저 기본으로 되는 증폭도를 알아보자. 트랜지스터 증폭기의 증폭도를 구하는 방법은 두 가지가 있다.

하나는 그림 6-43 (a) 에 나타난 방식으로 증폭기의 입력에 내부저항 R_g 의 등가전류 신호원 i_g를 놓고 출력측은 트랜지스터의 컬렉터 저항 R_C 를 흐르는 전류 i_C와의 비를 얻어 증폭기의 증폭도로 정하는 방법이다. 이 책에서는 제2방법과 구별하기 위해 G_i 의 기호를 사용한다.

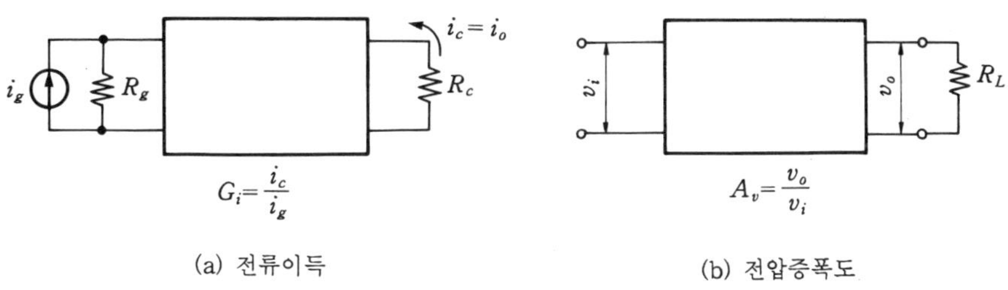

(a) 전류이득   (b) 전압증폭도

그림 6-43 전류이득과 전압증폭도

$$G_i = \frac{i_c}{i_g} \quad\text{..}\quad 6\cdot17$$

이 증폭기의 출력으로 다음 단의 증폭기를 구동할 때는 R_C (또는 R_C와 $1/h_{FE}$ 의 병렬저항) 가 신호원의 내부저항 R_g에 상당한다.

이와 같이 해서 다수 증폭기를 다루는 경우 다음 단의 영향을 분리해서 독립으로 G_i가 정의되므로 각 단의 G_i를 곱하면 종합 증폭도가 얻어지므로 설계시에는 매우 편리하며 부귀환을 다룰 때에도 쓰인다.

제2방법은 회로의 검사, 조정에 편리한 방법으로 전압을 다루므로 전자식 전압계나 오실로스코프에 의한 측정과 대응시킬 수 있다.

그림 6-43 (b) 와 같이 입력단자의 신호전압 v_i과 부하 R_L에 걸리는 출력전압 v_o와의 비로 증폭도를 정의하고 있다.

$$\text{전압증폭도}\quad A_v = \frac{v_o}{v_i} \quad\text{..}\quad 6\cdot18$$

현재는 이 방식을 많이 사용하므로 앞으로 이 책에서도 주로 사용하기로 한다.

5-7 등가회로를 이용한 증폭도 계산

통상의 CR 결합 증폭기의 증폭도가 주파수에 의해서 변화하는 현상을 보면, 이미 앞에서 배운 것과 같이 그림 6-44와 같은 특성으로 된다.

중역에서는 평탄하고 주파수에 대해서 증폭도는 일정하게 된다. 그러나 중역의 양단 저역과 고역에서는 증폭도가 점점 저하하는 형으로 된다.

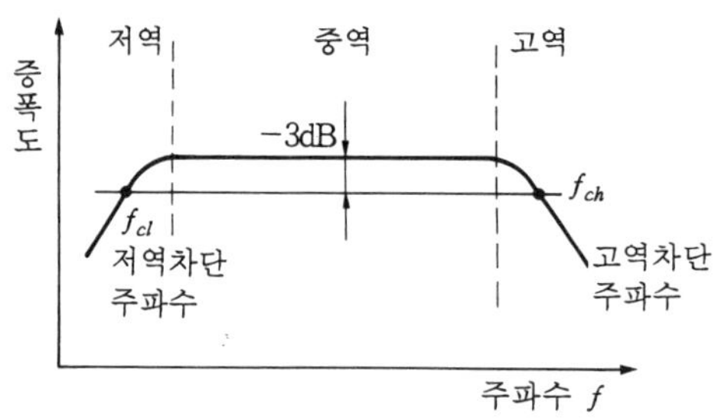

그림 6-44 증폭기의 주파수 특성

저역과 고역에서 증폭도가 중역에 비해 $1/\sqrt{2}\,(-3\,\mathrm{dB})$ 로 저하한 점의 주파수를 각기 증폭도의 저역차단 (특성) 주파수 f_{cl}, 고역차단 (특성) 주파수 f_{ch} 라 부르며, 증폭기의 특성을 표시하는 척도가 된다. 증폭하려는 신호의 주파수 스펙트럼과 중역이 거의 대응하고 있는 일은 앞에서 배웠다.

여기서는 먼저 평탄한 중역의 증폭도를 계산하여 보자. 등가회로의 편리성을 시험하는 기회를 잡게 되었다.

그림 6-45 (a) 는 모델로 한 증폭기 그림 6-42 에서 신호증폭 기능에 대해서 그린 그림이다. 그림 6-45 (a) 의 교류 통로도에서 트랜지스터를 h 파라미터 등가회로 (그림 6-23 참조) 로 바꾸면 그림 6-45 (b) 가 된다.

이 그림 6-45 (b) 를 변형하면, 그림 6-45 (c) 를 얻게 된다.

지금까지 배운 전기회로의 계산법을 써서 쉽게 증폭도를 계산할 수 있다.

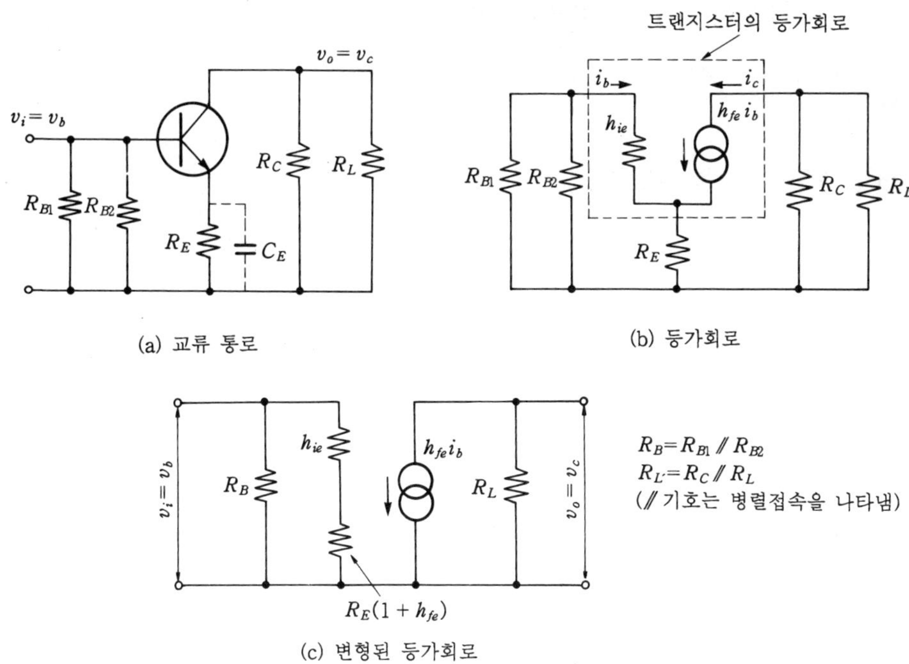

(a) 교류 통로

(b) 등가회로

(c) 변형된 등가회로

그림 6-45 중역주파수의 교류통로와 등가회로

(1) 증폭기의 입력 임피던스 Z_i 를 구한다

바이어스저항 R_{B1}, R_{B2}를 생략한 트랜지스터 자신의 베이스 단자의 입력 임피던스 Z_i 는 그림 6-45 (c) 에서 다음과 같이 된다.

$$Z_i = h_{ie} + (1 + h_{fe})R_E \quad\cdots\cdots\cdots\cdots\cdots\cdots\cdots\cdots\cdots\cdots\cdots\cdots\cdots\cdots 6\cdot19$$

회로의 입력단자에서 본 입력 임피던스 $Z_i{'}$는 그림 6-45 (c) 에서 다음과 같이 된다.

$$\frac{1}{Z_i{'}} = \frac{1}{h_{ie} + (1 + h_{fe})R_E} + \frac{1}{R_B} \quad\cdots\cdots\cdots\cdots\cdots\cdots\cdots\cdots 6\cdot20$$

[**계산예**] $R_E = 500\,\Omega$, $h_{fe} = 180$, $h_{ie} = 2.5\,\mathrm{k}\Omega$일 때 트랜지스터의 입력 임피던스 Z_i 는 식 6·19 에서

$$Z_i = 2.5 \times 10^3 + (1 + 180) \times 150 = 93\,\mathrm{k}\Omega$$

$R_E = 0$일 때는 2.5 kΩ, 이미터에 500Ω 삽입한 것만으로 93 kΩ이 되어 40배 가까이 증대하게 된다. 이와 같이 입력 임피던스를 높게 하고 싶을 때 R_E 는 대단히 효과가 있다. 이것도 먼저 설명한 R_E의 전류귀환 효과이다.

(2) 전압 증폭도 A_v를 구한다

그림 6-45 (c) 의 등가회로에서 입력전압 v_i는

$$v_i = i_b \times Z_i = i_b [h_{ie} + (1 + h_{fe})]R_E$$

로 되어 컬렉터에 나타나는 출력 교류전압 v_c는 v_i와 역위상으로 되므로 부호를 붙여서

$$v_c = -i_c \times R_{L'} \quad 단, \quad R_{L'} = \frac{R_C \cdot R_L}{R_C + R_L}$$

로 된다. 여기서 전압 증폭도 A_v는 v_o / v_i이므로 $i_c / i_b = h_{fe}$를 대입해서

$$A_v = \frac{v_o}{v_i} = -h_{fe} \frac{R_{L'}}{h_{fe} + (1 + h_{fe})} R_E$$

$$= -h_{fe} \frac{R_{L'}}{Z_i} \quad \cdots\cdots\cdots\cdots\cdots\cdots\cdots\cdots\cdots\cdots\cdots\cdots\cdots\cdots\cdots\cdots\cdots 6 \cdot 21$$

로 된다.

트랜지스터 증폭기의 전압 증폭도는 트랜지스터의 전류 증폭률 h_{fe}에 입력 임피던스와 출력측의 임피던스의 비를 곱한 값으로 된다 (엄밀하게는 R_B가 들어간 Z_i를 이용한다).

특별한 경우로서 $R_E = 0$일 때 (이미터 바이패스 콘덴서 C_E가 있을 때)

$$A_v = -h_{fe} \cdot \frac{R_{L'}}{h_{ie}} \quad \cdots\cdots\cdots\cdots\cdots\cdots\cdots\cdots\cdots\cdots\cdots\cdots\cdots\cdots\cdots 6 \cdot 22$$

R_E가 크고, $(1 + h_{fe})R_E \gg h_{ie}$일 때는 다음 식이 된다.

$$A_v \fallingdotseq -\frac{R_{L'}}{R_E} \quad \cdots\cdots\cdots\cdots\cdots\cdots\cdots\cdots\cdots\cdots\cdots\cdots\cdots\cdots\cdots\cdots 6 \cdot 23$$

식 6 · 23 은 중요한 의미를 갖고 있다. 전압 증폭도 A_v는 트랜지스터 특성과 무관하게 일정한 것으로 이것도 전류귀환의 효과이다.

[**계산예**] $R_{L'}=10\,\text{k}\Omega$, $h_{ie}=2.5\,\text{k}\Omega$, $h_{fe}=180$, $R_E=500\,\Omega$ 일 때 식 6·21에서 전압 증폭도 A_v를 계산한다.

$$A_v = -10 \times 10^3 \times 180 / (2.5 \times 10^3 + 181 \times 500)$$

$$= -1800 / 93 = -19.5 \fallingdotseq -20\,(26\,\text{dB})$$

같은 방법으로 근사식 식 6·23에서 A_v를 계산한다.

$$A_v = -10 \times 10^3 / 500 = -20$$

가 되어 양쪽이 같게 된다.

$R_E = 0$일 때는 식 6·22을 사용하여

$$A_v = -180 \times 10 \times 10^3 / 2.5 \times 10^3 = -720\,(57\,\text{dB})\text{이 된다.}$$

이상으로 계산예에서 알 수 있는 것처럼 이미터 저항 R_E의 유무에 따라서 다음과 같이 된다.

트랜지스터 입력 임피던스 $Z_i : 2.5\,\text{k}\Omega \to 93\,\text{k}\Omega$ (37배)

증폭기의 전압 증폭도 　 $A_v : 57\,\text{dB} \to 26\,\text{dB}$ (1/36 배)

여기에도 R_E에 의한 전류귀환의 효과가 나타나고 있다. 이미터 저항이 있으면 입력 임피던스는 증가하나 전압 증폭도는 감소하게 된다.

5-8 트랜지스터 증폭기의 주파수 특성

중역의 전압 증폭도 A_v를 알고 있으므로 여기서는 저역, 고역의 특성을 알아보자. 이 특성은 이미 앞에서 RC회로로서 자세히 다루었으므로 여기서는 요점만 설명한다.

(1) 저역 주파수 특성

• 입력 결합 콘덴서 : C_1의 리액턴스 $1/\omega C$는 주파수가 낮은 것에 대해서 증대하므로 저주파수역에서 전달전압(전류)이 저하되어 증폭기의 증폭도 저하의 원인이 된다. 그림 6-46(a)는 결합 콘덴서 C_1에 대해서 입력측의 교류신호의 통로를 나타내므로 이것은 마치 고역통과형 CR회로와 같다. 이 지식을 활용하면 결합회로의 전달특성 A_{i1}은

$$A_{l1} = \frac{v_o}{v_i} = |A_v| \cfrac{1}{1 - j \cfrac{1}{\omega C_1} Z_i{}'} \quad \cdots\cdots\cdots\cdots\cdots\cdots\cdots\cdots\cdots\cdots\cdots\cdots 6\cdot24$$

가 되며, 또 $3\,\mathrm{dB}$ 저하의 저역차단 주파수 f_{cl}는

$$f_{cl} = \frac{1}{2\pi C_1 Z_i{}'} \quad \cdots\cdots\cdots\cdots\cdots\cdots\cdots\cdots\cdots\cdots\cdots\cdots\cdots\cdots\cdots\cdots 6\cdot25$$

가 된다.

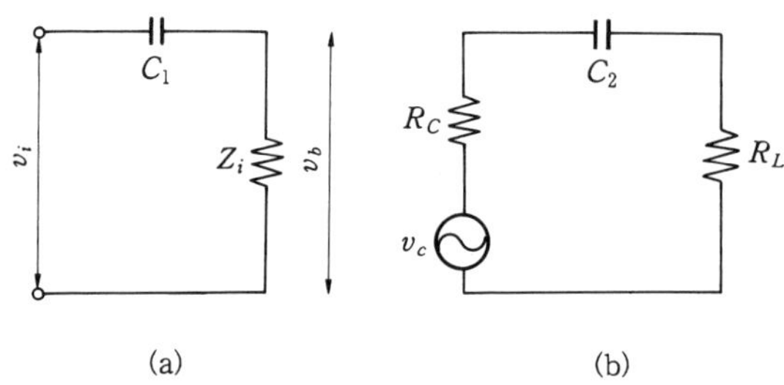

(a)　　　　　　　　　　　(b)

그림 6-46　증폭기의 저역 주파수 특성을 알아본다

[계산예]　$Z_i{}' = 2\,\mathrm{k\Omega}$일 때 저역차단 주파수가 $f_{cl} = 10\,\mathrm{Hz}$로 되기 위해서는 결합 콘덴서 C_1는 얼마로 하면 되는가?

식 $6\cdot25$에서

$$C_1 = \frac{1}{2\pi f_{cl} Z_i{}'} = \frac{1}{2 \times 3.14 \times 10 \times 2 \times 10^3}$$

$$= 7.96 \times 10^{-6} \fallingdotseq 8\,\mu\mathrm{F}$$

출력측의 결합 콘덴서 C_2에 의해서도 저역의 저하가 일어난다 (그림 $6-46\,(b)$). 그러므로 전달특성 A_{l2}는

$$A_{l2} = |A_v| \cfrac{1}{1 - \cfrac{1}{j\omega C_2 (R_C + R_L)}} \quad \cdots\cdots\cdots\cdots\cdots\cdots\cdots\cdots 6\cdot26$$

가 되고, 저역차단 주파수 f_{cl}과 출력 결합 콘덴서 C_2의 관계는

$$C_2 = \frac{1}{2\pi f_{cl}(R_C + R_L)} \quad \cdots\cdots\cdots\cdots\cdots\cdots\cdots\cdots\cdots\cdots\cdots\cdots 6\cdot27$$

으로 계산할 수 있다.

(2) 이미터 바이패스 콘덴서 C_E

중역 증폭도의 계산식 6-21에 있어서 R_E를 R_E, C_E의 병렬 임피던스 $1/(1 + j\omega C_E R_E)$로 치환하면, C_E에 의한 저역 주파수의 영향을 계산할 수 있다. 여기서, $R_E(1 + h_{fe}) \gg h_{ie}$의 조건을 대입하면

$$A_v \fallingdotseq - \frac{h_{fe} \cdot R_{L'}}{h_{ie} + (1 + h_{fe})R_E} \times \frac{1 + j\omega C_E R_E}{1 + j\omega C_E \times \dfrac{h_{ie}}{1 + h_{fe}}} \quad\cdots\cdots\cdots\cdots 6 \cdot 28$$

(중역 증폭도)   (C_E 의 영향)

주파수 특성을 나타내는 위 식의 제2항에서는 분자보다 분모가 먼저 영향을 미친다. 또, 분모의 저항분 $h_{ie}/(1 + h_{fe})$ 가 대단히 작으므로 바이패스 용량 C_E는 다른 결합 콘덴서에 비해서 큰 용량이 요구된다. 바이패스 용량 C_E와 저역차단 주파수 f_{cl} 과의 관계는 다음 식과 같다.

$$C_E = \frac{1 + h_{fe}}{2\pi f_{cl} \cdot h_{fe}} \quad\cdots\cdots\cdots\cdots\cdots\cdots\cdots\cdots\cdots\cdots\cdots\cdots\cdots\cdots\cdots 6 \cdot 29$$

[**계산예**] $h_{fe} = 180$, $h_{ie} = 2.5\,\mathrm{k\Omega}$, $f_{cl} = 10\mathrm{Hz}$ 일 때 바이패스 용량 C_E 값을 구하여라. 식 $6 \cdot 29$ 에서

$$C_E = \frac{181}{2 \times 3.14 \times 10 \times 2.5 \times 10^3} \fallingdotseq 1153\ \mu\mathrm{F}$$

이미터 바이패스 콘덴서 C_E는 상당히 큰 용량이 필요한 것을 알 수 있다.

(3) 고역 주파수 특성 (그림 6-47 참조)

증폭기의 고역 주파수 특성에 영향을 주는 요인의 대표적인 것은 부하측의 배선용량을 포함하는 부유용량과 트랜지스터 자신의 h_{fe} 를 주로 한 고역특성이다 (특히, 출력 증폭단에서는 주의해야 한다).

부하측의 부유용량을 고려한 등가회로는 그림에 나타낸 바와 같이 「테브낭의 정리」로 변환하면 3개의 저역통과형 필터가 된다. 전달특성은

$$A_h = |A_v| \frac{1}{1 + j\omega C_s R_{L'}} \quad \cdots\cdots\cdots\cdots\cdots\cdots\cdots\cdots\cdots\cdots\cdots\cdots\cdots\cdots\cdots\cdots\cdots\cdots \quad 6 \cdot 30$$

로 된다. 3 dB 저하의 고역차단 주파수 f_{ch} 는

$$f_{ch} = \frac{1}{2\pi C_s R_{L'}} \quad \cdots\cdots\cdots\cdots\cdots\cdots\cdots\cdots\cdots\cdots\cdots\cdots\cdots\cdots\cdots\cdots\cdots\cdots \quad 6 \cdot 31$$

로 주어진다.

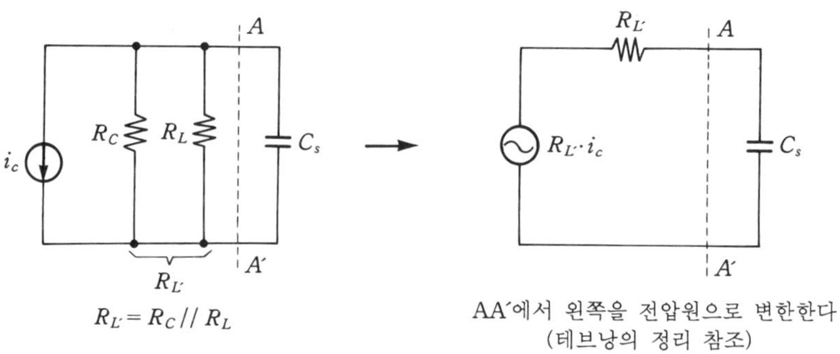

그림 6-47　증폭기의 고역 주파수 특성

[**계산예**] 부하 $R_{L'} = 10 \text{ k}\Omega$, 부유용량 $C_s = 50 \text{ pF}$ 일 때 고역 차단 주파수 f_{ch} 는?
식 6 · 31 에서 다음과 같이 구해진다.

$$f_{ch} = \frac{1}{6.28 \times 50 \times 10^{-12} \times 10 \times 10^3} \fallingdotseq 318 \text{ kHz}$$

5 - 9 　트랜지스터 h_{fe} 의 고역 특성

　트랜지스터 자신의 순방향 전류증폭률 h_{fe} 도 베이스 영역에 있어서 소수 캐리어의 확산현상으로 수반되는 확산용량이라 부르는 효과에 의해서 고역에서는 그 크기와 위상이 변한다. 그 변화의 현상은 근사적으로 저역 통과형 필터 CR 회로와 등가가 된다.
　그림 6-48 은 이미터 접지의 순방향 전류 증폭률 h_{fe} 의 주파수 특성을 중심으로 증폭기의 특성과 겹쳐서 모델화한 그림이다.

① **곡선 A** : h_{fe}의 특성을 나타낸다. P_1점의 주파수에서 6 dB / oct.의 곡선에서 저하한다. $h_{fe}=1$이 되는 주파수를 천이 주파수 f_T라 부르며, 트랜지스터 증폭기능의 한계를 나타낸다.

② **곡선 B** : 이미터 저항 R_E를 갖는 트랜지스터 증폭기의 전류 증폭도 G_i (식 6·17에 의한다)의 특성을 나타낸다. 곡선 A에 따라 증폭도가 반환차 F_0 만큼 저하하며, 증폭기로서 고역차단 주파수 P_2점은 F_0 만큼 향상된다.

 P_2가 곡선 A보다 약간 떨어져 있는 것은 입력회로에서 신호원 전류 i_g의 손실에 의한 것이다.

③ **곡선 C** : 부귀환을 극단으로 행하여 전압 증폭도 $G_i=1$로 된 상태이다. 차단 주파수 P_3는 천이 주파수 f_T와 거의 일치한다.

 6 dB / oct.의 경사는 GB 적 = f_T의 관계를 나타낸다. 이득 G_i를 F_0 만큼 내리면 고역차단 주파수 f_{ch}는 F_0 만큼 향상된다.

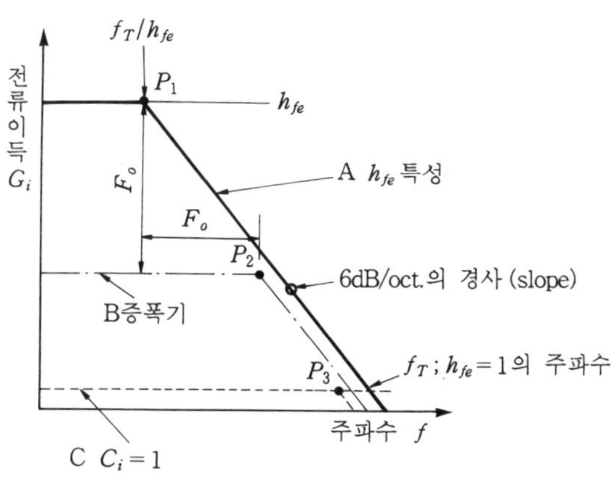

6dB/oct.의 경사는 GB적= f_T의 관계를 나타낸다. 이득 G_i를 F_0 만큼 내리면 고역차단 주파수 f_{ch}는 F_0 만큼 향상된다.

그림 6-48 트랜지스터의 고역특성과 증폭기의 고역특성

 이와 같이 트랜지스터 증폭기의 고역특성은 f_T/h_{fe}에서 6 dB / oct.의 경사에서 f_T와 맺은 직선 A에 따라 (R_E에 의한 부귀환량 F_0에 대응해서) 임의로 이동하게 된다.

R_E 를 크게 해서 부귀환량을 증가하는 것 만큼 증폭도는 내려가며 차단 주파수는 곡선 A에 따라 그 내려간 것만큼 상승하게 된다.

결국 부귀환에 의해서 고역차단 주파수는 $f_T \sim (f_T / h_{fe})$, 전류 증폭도 G_i는 $1 \sim h_{fe}$로 조절할 수 있다. 곡선 A는 G_i와 주파수를 대수로 하면 경사는 $45°$이므로 곡선 A에 따르고 있다는 것은

$$\text{고역차단 주파수} f_{ch} \times \text{전류증폭도} G_i = \text{천이주파수} f_T \quad\cdots\cdots\cdots\cdots\cdots \quad 6\cdot32$$

의 관계가 있기 때문이다. 이것을 「GB적 (gain band width product) 의 일정」의 관계가 있다고 말한다.

[계산예] $f_T = 200\,\text{MHz}$ 인 트랜지스터를 사용하여 고역차단 주파수 $f_{ch} = 2\,\text{MHz}$ 의 증폭기를 만들고 싶다. 전류 증폭도 G_i를 얼마로 잡으면 되는가? 단, $h_{fe} = 500$ 으로 한다.

식 $6\cdot32$ 에 의해서

$$\text{전류 증폭도}\quad G_i = \frac{f_T}{h_{ch}} = \frac{200}{2} = 100\ \text{배}$$

로 간단히 추정할 수 있다.

천이 주파수 f_T 는 GB 적을 나타내고 있다라고 하는 지식은 트랜지스터의 고역특성을 다룰 때 기초로 된다.

■주 트랜지스터의 고역특성

이 장에서 다루고 있는 전압증폭도 A_v 식 $6\cdot18$ 은 직류－저역－중역의 주파수 범위에서 사용할 수 있다. 트랜지스터의 f_T 가 $200\sim500\,\text{MHz}$ 정도이므로 특별한 광역 (廣域) 증폭기가 아닌 한 트랜지스터 자신의 고역특성은 그다지 문제가 되지 않는다고 본다. 고역특성을 포함해서 다루는 전류이득 G_i 식 $6\cdot17$을 기재해 놓는다.

$$G_i = \frac{i_c}{i_g} = \frac{\eta' h_{fe}}{F_0} \times \frac{1}{1 + \dfrac{j\omega}{\omega_{\alpha 0}}} \quad\cdots\cdots\cdots\cdots\cdots\cdots \quad 6\cdot33$$

그림 6–48 은 이 식을 모델화해서 얻는 것이다.

$$\eta' = \frac{R_g}{R_g + r_{bb'} + r_d + R_E} \quad\cdots\cdots\quad \text{입력회로의 전류 이용률}$$

$$F_0 = 1 + h_{fe} \frac{r_d + R_E}{R_g + r_{bb}{}' + r_d + R_E} \cdots\cdots\cdots h_{fe}\text{에 대한 반환차}$$

$$\omega_{\alpha 0} = \frac{\omega_T}{h_{fe}} \cdot F_0 \cdot \zeta_0 \cdots\cdots\cdots\cdots \text{증폭기의 차단 주파수}$$

여기서, ζ_0는 컬렉터 접합용량 C_C에 의한 귀환(일반으로 밀러(Miller)의 효과라고 말한다)에 의한 고역특성 저하를 나타내는 계수로

$$\zeta_0 = \frac{1}{1 + \omega_T C_C(R_L + R_E)} \cdots\cdots\cdots\cdots\cdots\cdots\cdots\cdots 6 \cdot 34$$

으로 계산할 수 있다.

트랜지스터 자신에 관계하는 증폭기의 고역특성은 $\omega_{\alpha 0}$의 식에서 알 수 있는 바와 같이 천이 주파수 f_T, 반환차 F_0, 컬렉터 접합 C_C의 밀러효과 ζ_0, 전류증폭률 h_{fe}의 4개의 파라미터가 영향을 준다.

6 전계효과 트랜지스터 (FET)

6 - 1 바이폴러형과 차이점

지금까지는 증폭기 기본으로 되는 바이폴러형 트랜지스터와 그 회로를 배웠다. 바이폴러형은 트랜지스터 개척시대부터 사용되어 초기에는 트랜지스터라고 말하면 바이폴러형 뿐이었다.

FET 는 트랜지스터의 발명자의 한 사람인 쇼크레이 (Schokley) 에 의해서 1952년에는 그 이론과 가능성이 제안되었으며 실용화된 것은 훨씬 뒤였다.

전계효과 트랜지스터는 바이폴러형 트랜지스터에 없는 많은 특징을 갖고 있어 집적회로의 발전과 함께 널리 사용되어 왔다. FET 는 동작원리나 회로적 특성이 바이폴러와 대부분 다르고 이 책에서는 바이폴러형을 기본으로 다루어 왔었다.

그러면 FET 는 바이폴러형과 비교해서 어떤 차이와 특징이 있는가를 알아본다.

잘 쓰이는 트랜지스터는 크게 나누어서 바이폴러형과 FET이며, FET 는 PN 접합을 이용한 J-FET (접합형) 와 금속산화피막을 이용한 MOS형으로 나누어진다 (그림 6-49 참조).

이 3종류를 알고 있으면 트랜지스터에 대해서 허둥대는 일은 없을 것이다.

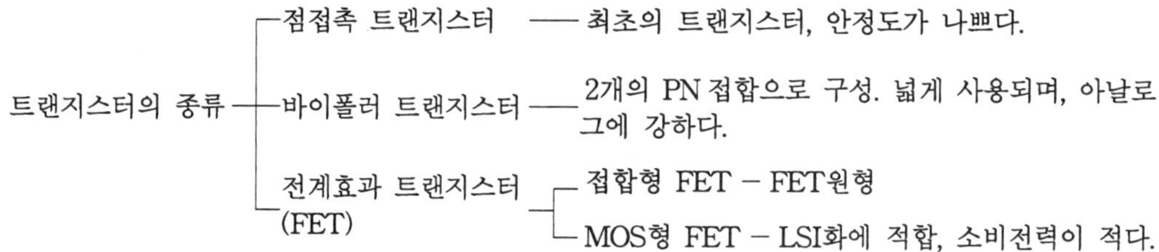

그림 6-49 트랜지스터의 분류

그림 6-50 은 J-FET (접합형 FET) 의 동작 원리도이다. P형 반도체와 N형 반도체의 성질을 잘 이용하고 있는 것은 기본이 되는 바이폴러형과 같으며 커다란 차이는 동작원리에 있다.

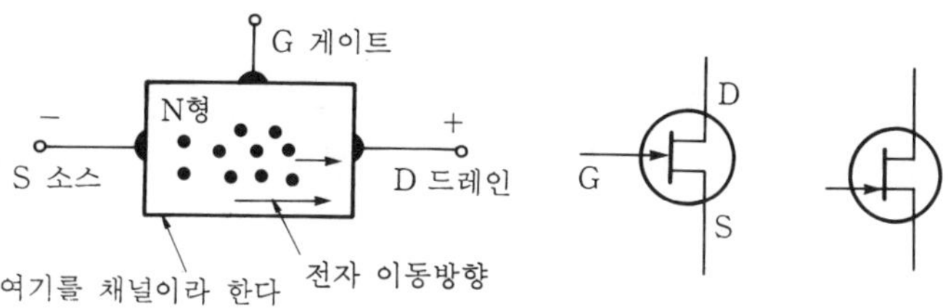

(a) N채널형 (전자가 움직인다)

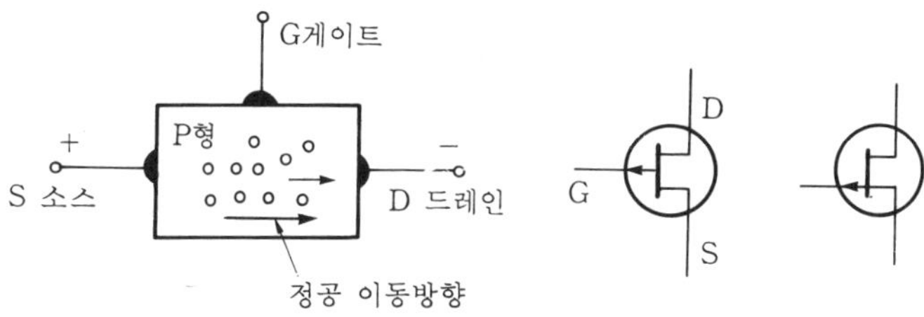

(b) P채널형 (정공이 움직인다)

그림 6-50   FET 는 전계 (전기력) 작용으로 전자·정공 (다수 캐리어) 이 움직인다

• 바이폴러와 FET의 원리가 다르다 •

(1) 바이폴러형의 동작전류 : 베이스에 주입된 소수 캐리어의 확산에 의한 이동
(2) FET의 동작전류 : 소스, 드레인 사이의 전계에 의한 전기력으로 다수 캐리어가 이동

밀도가 높은 곳에서 낮은 곳으로 움직이는 확산과 전계 (전압) 에 이끌리는 전하의 이동과는 차이가 있다.

FET 는 전계효과를 이용하는 반도체 소자로 Field Effect Transistor (電界效果 트랜지스터) 의 머릿자이다. 전기력으로 전하를 갖는 전자 또는 정공이 이동하는 원리는 제 1 장에서 나온 TV의 브라운관 중에서의 전자의 이동과 흡사하다.

반도체의 실용화되기 전은 전자회로에서 증폭의 중심으로 된 것은 진공관으로 브라운관과 같이 진공중의 전계에 의한 전자의 이동을 제어하는 일로 그 기능을 하고 있었다.

바이폴러형은 확산이라 하는 새로운 아이디어이었으나 전계를 이용하는 FET 는 반도체중에서도 진공관과 같이 전압으로 전자나 정공을 이동할 수 없을까 하고, 쇼클레이가 최초로 착상한 것이라 한다.

　물론 고체중의 전자의 운동은 전계로 이끌리어도 고체의 원자가 통로에 가득차 있으므로 진공관에서와 같이 전자가 빠르게 움직일 수는 없으나 확산보다는 빠르게 이동시키는 일은 가능하다. J-FET에는 캐리어가 이동하는 반도체에 따라 N채널형과 P채널형 두 종류가 있다. 여기에서는 N채널형으로 설명한다.

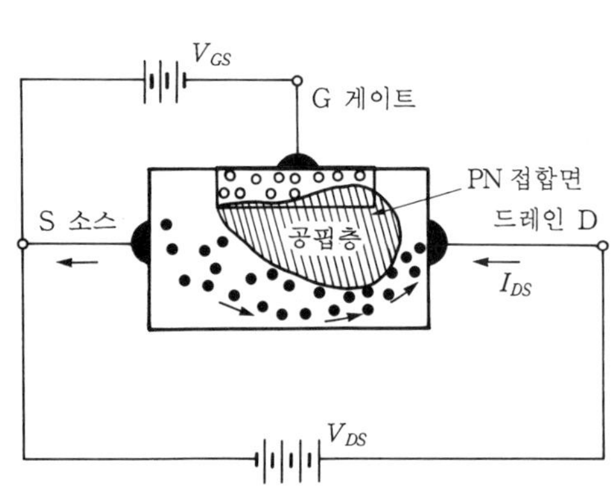

・DS 사이에 가해진 전계 (전기력) 로 전자가 이동한다.

・GS 사이의 전압을 바꾸면 PN 접합의 공핍층의 넓이가 변해서 채널의 폭이 변하고 이동하는 전자흐름이 제어된다.

(a) 구　조

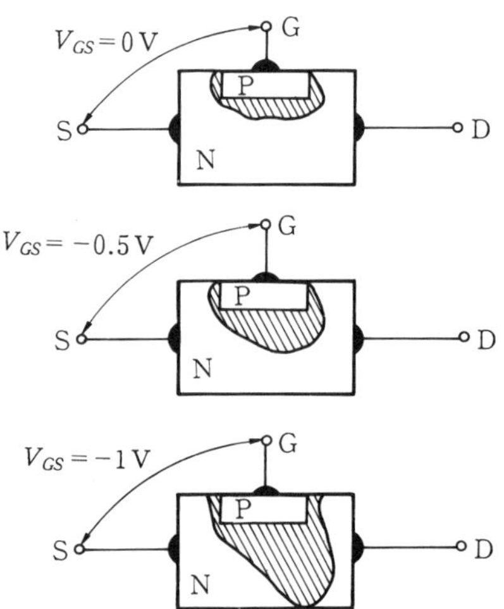

・V_{GS}를 부 (−) 방향으로 크게 하면 공핍층이 넓어지고 전자의 통로 (채널) 가 좁아지게 된다.

(b) 게이트 전압으로 공핍층이 변한다

그림 6-51　접합형 FET의 구조와 동작원리

　그림 6-51 은 원리 구조의 모델이며, 채널을 구성하는 N형 반도체의 양측에는 소스 (source) 와 드레인 (drain) 이라 부르는 전극이 있다. 소스는 원천 (源泉), 드레인은 유출구 (流出口) 의 의미가 있다.

　N채널의 경우 드레인 D 에 소스 S 보다 높은 전압을 걸면, 다수 캐리어 전자는 채널 내에서 생긴 전계의 전기력으로 소스에서 드레인쪽을 향해서 흐른다. 이것을 드레인 전류 (I_{DS}) 라 한다.

　또, 하나의 층을 게이트 (gate : 門의 뜻) 라 하며 채널의 방향에 연한 P형 반도체로 채널과 사이의 PN 접합으로 구성되어 있다. 그리고 이 PN 접합에 역방향의 전압을 걸면 2 -4항에서 배운 바와 같이 공핍층이 PN 접합의 양측에 생겨 드레인 전류는 공핍층으로 좁게 된 채널을 통과하여 소스에서 드레인으로 흐른다.

　게이트 G 에 가한 역방향 전압을 바꾸면 공핍층의 두께가 변화하여 채널의 폭이 변하므로 소스에서 나온 다수 캐리어인 전자가 드레인으로 지나 뽑아내는 양을 변화시킬 수 있다.

　이와 같은 현상은 바이폴러형이 베이스·이미터 전압 V_{BE}를 바꾸어서 공핍층을 넘어서 베이스에 유입하는 소수 캐리어량을 제어하는 것에 대응한다.

6-2　FET 전기회로적 특징

　FET의 첫번째 특징은 게이트의 단자부분이 역바이어스된 PN 접합이므로 그 입력 임피던스는 대단히 높고 (누설전류는 μA 정도), 게이트의 단자전압으로 드레인 전류를 제어할 수 있다는 점이다.

　예를 들면 2SK 184 의 게이트의 입력저항은 300 MΩ 정도로 크다. 이것은 바이폴러형의 베이스 단자의 입력저항은 수 kΩ 으로 낮고 베이스 전류 I_B에 의해서 컬렉터 전류 I_C를 제어할 수 있는 것과 전기회로적으로 커다란 차이가 있다.

　예를 들면 트랜지스터를 다른 회로에 접속할 때 FET에서는 상대회로에 거의 영향을 주지 않고 신호를 다룰 수 있다.

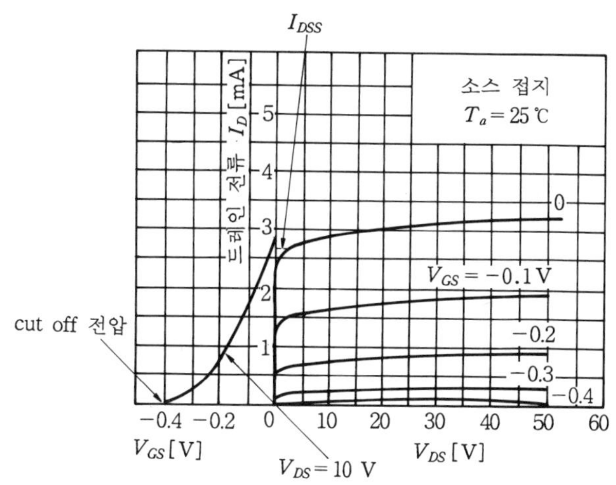

그림 6-52　FET의 특성곡선

그림 6-52 의 오른쪽은 J-FET의 특성곡선으로 출력측의 드레인 전압과 전류의 관계를 나타낸다. 각 커브는 게이트 전압 V_{GS}를 파라미터로 해서 그려져 있다. 하나의 커브에서는 V_{GS}는 일정하다.

그림 6-52 의 곡선은 V_{DS}를 조금 올리면 드레인 전류 I_D는 급격히 증가하며, 어떤 점에서 부터는 평탄하고 V_{DS} 변화에 대해서 그다지 변하지 않는다.

이 경계에 해당하는 곡선에서 왼쪽 어께에 대응하는 드레인 전압을 핀치 오프(pinch off) 전압 V_P 이라 하며, FET의 특징을 나타낸다.

핀치 오프 전압에서는 공핍층이 넓어져서 채널이 막힌 상태가 된다. 이것 이후는 드레인 전압을 올려도 드레인 전류는 일정하게 된다. 이 상태에서는 전자는 공핍층을 지나서 드레인에 도달하게 된다. 또, $V_{GS}=0$ 일 때의 전류를 I_{DSS}라 한다. 그림 좌측은 소위 전달 특성으로 드레인 전압 V_{DS} 일정일 때 게이트 전압 V_{GS} 와 드레인 전류 I_{DS}의 관계이다.

이 커브에서 $V_{GS} = -0.4\,\mathrm{V}$의 값 이하에서는 드레인 전류가 흐르지 않고, FET는 OFF 상태로 되므로 이 전압을 V_{GS}의 컷 오프(cut off) 전압이라 한다. 이 곡선의 경사는 FET의 증폭상태를 나타내는 중요한 특성값으로 상호 컨덕턴스 g_m이라 한다.

$$\text{FET의 상호 컨덕턴스} \quad g_m = \frac{\varDelta I_{DS}}{\varDelta V_{GS}}\,[\mathrm{S}] \quad\cdots\cdots\cdots\cdots\cdots\cdots\cdots\quad 6\cdot35$$

상호 컨덕턴스 g_m이 큰 FET는 적은 전압 변화로 큰 출력 드레인 전류의 변화가 얻어지므로 증폭도가 큰 FET이라 한다. 때로는 상호 컨덕턴스와 아무런 관련없이 그런 이름인가라고 간과하기 쉬우나 I_D와 V_G와의 관계이므로 저항의 역수로 컨덕턴스라고도 한다. 같은 단자에 대해서 전류와 전압이면 컨덕턴스라 하면 되나, 게이트에 V_G을 걸면 떨어진 드레인 단자의 전류 I_D 로 되어 흐르므로 상호(mutual)라는 단어를 사용한다.

다시 말하면 트랜스도 1차측과 2차측의 결합분을 상호 인덕턴스라 하는 것과 같다. 결론적으로 상호(相互)란 입력측과 출력측의 관계를 나타내는 전달적 의미의 경우에 사용되고 있다.

FET의 전기적 특성을 바이폴러형과 비교해 보면 다음과 같다.

① **고입력 임피던스**: 대단히 높아 무한대라고 생각해도 좋은 정도이다. 핀치 오프 전압 V_P에서의 게이트의 누설전류는 0.1nA (n ; nano, 10^{-9}) 정도가 된다.

② 저잡음으로 헤드 앰프 (head amp) 에 적격이다.

③ **온도 특성이 안정** : 캐리어가 소수 캐리어가 아닌 다수 캐리어이므로 온도 특성이 안정하다.

④ 바이폴러형과 같이 PN 접합의 오프셋 (offset) 전압을 갖지 않으므로 스위치 회로에 적당하다.

6-3 FET 증폭기

(1) FET의 등가회로

그림 6-53 의 FET의 등가회로를 그림 6-23 의 바이폴러의 등가회로와 비교해 보자.

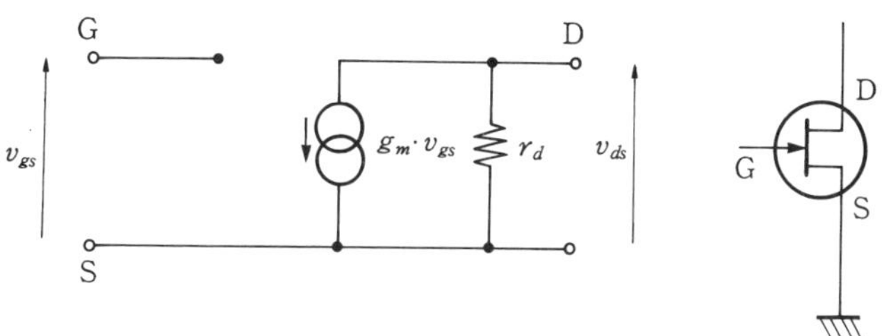

r_d 는 드레인 저항으로 그림 6-53의 $V_D \sim I_D$ 곡선의 기울기와 같다.

그림 6-53 FET의 등가회로

소스 접지인 경우 게이트 단자에는 아무 것도 없다. 입력 임피던스는 100 MΩ 정도로 실용상 무한대이다. 그리고 게이트 전압 v_{gs} 에 비례한 전류를 발생하는 정전류원 $g_m \cdot v_{gs}$ 이 출력 드레인측에 있다. 드레인 단자의 출력 임피던스 r_d 는 10~100 kΩ 으로 이것은 바이폴러형과 비슷하다. 여기서 g_m 는 10 mS (milli Siemence) 정도이므로 0.1V의 게이트 입력전압에 대해서 1mA의 드레인 전류를 얻는다. 바이폴러형에 비해서 동작이 매우 간단하다.

이 등가회로를 써서 그림 6-54 와 같은 증폭기의 기본형에 대해서 계산해 보자.

R_S 는 바이폴러의 이미터 저항에 상당하는 자기바이어스 저항으로 드레인 전류에

의한 전압강하로 게이트 바이어스 전압을 얻고 있다. 그리고 바이폴러형의 경우와 같이 부귀환에 의한 드레인 안정화 효과가 있다. 소스 바이어스 용량 C_S, 결합용량 C_1, C_2의 리액턴스는 적용하는 주파수로 충분히 작게 잡으면, 증폭기의 교류동작 등가회로는 그림 6-54(b)와 같이 된다. 이 그림에서 출력전압 v_o는

$$v_o = - g_m \cdot v_{gs} \cdot \frac{r_d \cdot R_D}{r_d + R_D}$$

가 된다. 증폭기의 전압 증폭도 A_V는 다음과 같다.

$$A_V = \frac{v_o}{v_i} = \frac{v_o}{v_{gs}} = - g_m \cdot \frac{r_d \cdot R_D}{r_d + R_D}$$

$$= - g_m \cdot R_D \ (r_d \gg R_D \text{일 때}) \cdots\cdots 6 \cdot 36$$

　　FET 증폭기는 입력 임피던스가 높고 2단, 3단으로 연결해도 바이폴러 증폭기와 같이 서로 영향을 받지 않으므로, 증폭도 A_V는 다단(多段) 증폭기의 경우에도 그대로 이용할 수 있다.

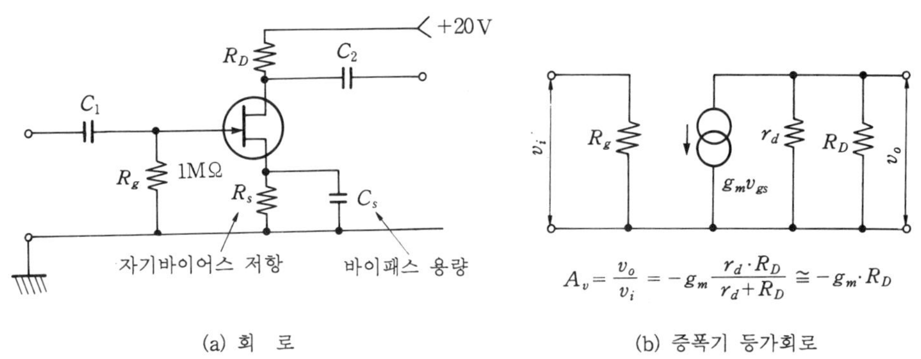

$$A_v = \frac{v_o}{v_i} = - g_m \frac{r_d \cdot R_D}{r_d + R_D} \cong - g_m \cdot R_D$$

(a) 회 로　　　　　(b) 증폭기 등가회로

그림 6-54 FET 1단(段) 증폭기

　　여기서 1단 증폭기를 설계해 본다.

　　FET는 저주파 증폭용 2SK184를 써서 전원전압은 20 V, 자기 바이어스를 사용하기로 한다.

표 6-4 FET 의 특성표 (2SK 184)

1. 용도 · 특징

◇ 저주파 저잡음 증폭용

• 높은 g_m 으로 고이득을 얻을 수 있다.

• 고내압이다.

• 초저잡음이다.

• 고입력 임피던스이다.

최대정격 (T_a=25℃)

게이트 · 드레인 전압 $V_{GDS} = -50\,V$

게이트 전류 $I_G = 10\,mA$

허용손실 $P_D = 200\,mW$

접합온도 $T_j = 125\,℃$

보존온도 $T_{stg} = -55 \sim 125\,℃$

2. 전기특성 (T_a=25℃)

항 목	기 호	조 건	MIN.	TYP.	MAX	단 위
게이트 누설전류	I_{GSS}	$V_{GS} = -30\,V$, $V_{DS} = 0$	−	−	−1.0	nA
게이트 · 드레인간 항복전압	$V_{(BR)GDS}$	$V_{DS} = 0$, $I_G = -100\,\mu A$	−50	−	−	V
드레인 전류	I_{DSS}	$V_D = 10\,V$, $V_{GS} = 0$	0.6	−	14.0	mA
핀치 오프 전압	V_P	$V_{DS} = 10\,V$, $I_D = 0.1\,\mu A$	−0.2	−	−1.5	V
상호 컨덕턴스	g_m	$V_{DS} = 10\,V$, $V_{GS} = 0$, $f = 1\,kHz$	4.0	15	−	mS
입 력 용 량	C_{iss}	$V_{DS} = 10\,V$, $V_{GS} = 0$, $f = 1\,MHz$	−	13	−	pF
귀 환 용 량	C_{rss}	$V_{DG} = 10\,V$, $I_D = 0$, $f = 1\,MHz$	−	3	−	pF
잡 음 지 수	$NF^{(1)}$	$V_{DS} = 10\,V$, $R_g = 1\,k\Omega$ $I_D = 0.5\,mA$, $f = 10\,Hz$	−	5	10	dB
	$NF^{(2)}$	$V_{DS} = 10V$, $R_g = 1\,k\Omega$ $I_D = 0.5\,mA$, $f = 1\,Hz$	−	1	2	

그림 6-55 (a) 의 $V_{GS} - I_D$ 곡선, $V_{DS} - I_D$ 곡선에서 직류 동작점을 $I_D = 1.25\,mA$, $V_{DS} = 13\,V$(Q점) 으로 선정하면, 부하저항 R_D 는 $(20\,V - 13\,V) / 1.25\,mA = 5.6\,k\Omega$ 으로 된다. 다음에 소스 바이어스 저항 R_S 은 $V_{DS} - I_D$ 곡선에서 1.25mA 에 대한 $V_{GS} = 0.125\,V$ 를 구하면, $R_S = 0.125\,V / 1.25\,mA = 100\,\Omega$ 이 얻어진다.

또, 이 FET의 출력저항 r_d 는 $V_{DS} - I_D$ 곡선의 평탄부의 경사와 같으므로 $r_d = 150\,k\Omega$, 부하저항 5.6kΩ에 비해 크므로 무시한다.

이상의 결과 그림 6-55 (b) 의 회로정수가 구해진다.

이 회로의 전압 증폭도는 $g_m = 12\,mS$ 로 해서 식 6-36 에서 구하면

$$A_V = 12 \times 10^{-3} \times 5.6 \times 10^3 = 67.2 \ (= 37\,dB)$$

가 된다. 지금 다루려는 신호전압의 범위는 $V_{DS} - I_D$ 곡선의 선형적인 영역에서 대략

$10\,V_{P-P}$, 실효값으로 $\dfrac{1}{2} \times 10 \times 0.707 = 3.5\,V$, 입력신호는 $\dfrac{3.5\,V}{67.2} = 0.025\,V$가 된다.

이 증폭기는 $50\,mV$ 이하의 입력신호의 증폭기용으로 사용할 수 있다.

이제 직류 동작점의 드레인 손실전력은 $I_D \times V_{DS} = 1.25 \times 10^{-3} \times 13 = 16.3\,mW$로, 허용값 $200\,mW$에 충분히 여유가 있다는 것을 알 수 있다.

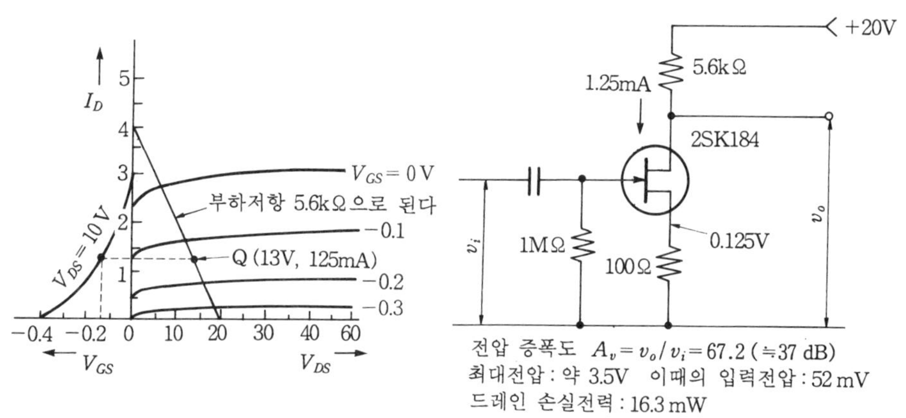

(a) 부하곡선을 그려서 직류동작을 정한다

(b) 얻어진 회로와 증폭도

① 직류 동작점 $Q(V_D = 13\,V, I_D = 1.25\,mA)$를 정한다.

② V_{DS}와 Q점을 연결하여 직류 부하곡선을 끌어 경사를 구한다 ($5.6\,k\Omega$)

③ $V_{DS}-I_D$곡선에서 $I_D = 1.25\,mA$에 대응하는 전압 V_{DS}를 구한다. ($V_{DS} = 0.125\,V$)

④ 소스 저항 $R_S = 0.125\,V / 1.25\,mA = 100\,\Omega$

그림 6-55 FET 증폭기의 계산 예

7 단접합 트랜지스터 (uni-junction transistor)

　　단접합 트랜지스터는 영문 약자를 따서 UJT 라 하며, 또한 두 개의 베이스 단자를 가지고 있으므로 double base diode 라고도 한다.

　　UJT 는 그림 6-56 에 보인 바와 같이 PN 접합부와 등가의 저항으로 구성되어 있으며 그 등가회로와 기호를 각각 그림 6-56 (b), (c) 로 나타내고 대표적인 전압전류 특성을 그림 6-57 에 보여 주고 있다.

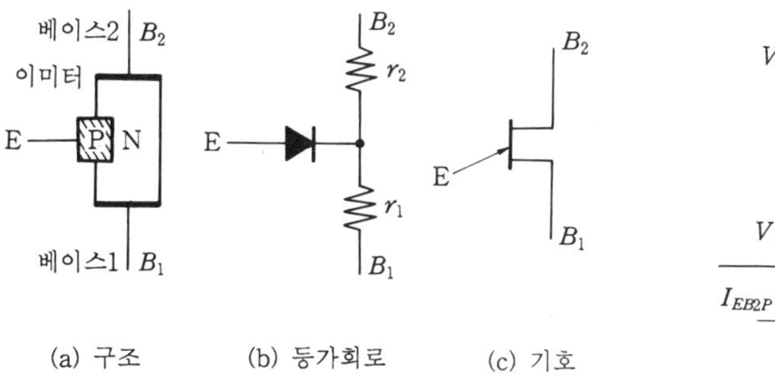

그림 6-56　UJT 의 구조와 등가회로　　　　그림 6-57　전압전류 특성

　　그림 6-57 의 전압전류 특성에서 V_P 는 피크점 전압, V_V 는 곡점 전압, I_P 는 피크점 전류, I_V 는 곡점 전류를 나타내고 있다. UJT 의 $B_2 - B_1$ 사이에 일정한 전압 V_{BB} 를 인가해 놓고, 이미터 전압 V_E 를 상승해 가면

$$V_E = V_P = \eta V_{BB} + V_D \quad\cdots\cdots\cdots\cdots\cdots\cdots\cdots\cdots\cdots\cdots\cdots\cdots 6\cdot37$$

의 전압, 즉 피크점 전압을 넘을 때 이미터 접합이 순방향 바이어스로 되어 소자는 도통하게 된다. 여기서, η 는 스탠드 오프 비 (stand off 比) 라 부르며 내부저항 r_1, r_2 의 비는 다음과 같다.

$$\eta = \frac{r_1}{r_1 + r_2} \quad \cdots\cdots\cdots\cdots\cdots\cdots\cdots\cdots\cdots\cdots\cdots\cdots\cdots\cdots\cdots\cdots\cdots\cdots \quad 6\cdot38$$

V_D는 베이스와 이미터 사이 다이오드의 전압강하(접촉전위)이며 보통 V_D는 0.7 V 정도이다.

그림 6-58에 UJT를 이용한 발진기의 기본회로와 각부의 전압을 나타내고 있다.

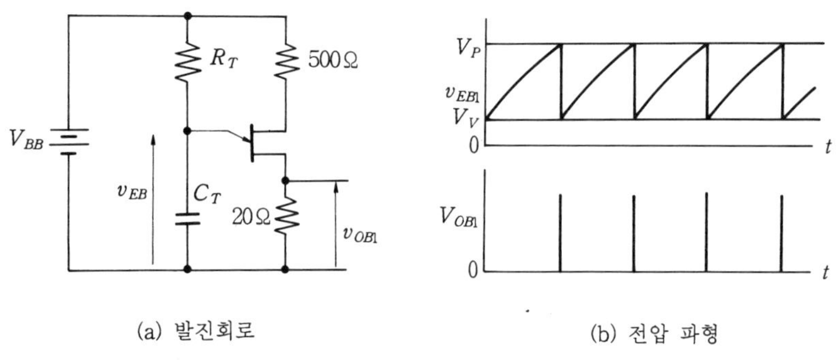

그림 6-58 UJT를 이용한 발진회로

이 회로의 발진조건 및 발진주기는 다음과 같다.

- 발진조건

$$\frac{V_{BB} - V_P}{R_T} > I_P, \quad \frac{V_{BB} - V_V}{R_T} < I_V \quad \cdots\cdots\cdots\cdots\cdots\cdots\cdots\cdots\cdots\cdots\cdots\cdots \quad 6\cdot39$$

- 발진주기

$$T \cong R_T\, C_T \ln \frac{1}{1-\eta} \quad \cdots\cdots\cdots\cdots\cdots\cdots\cdots\cdots\cdots\cdots\cdots\cdots\cdots\cdots\cdots \quad 6\cdot40$$

UJT는 발진회로에 이용하거나 사이리스터(thyristor)의 점호소자로 사용하고 있다.

8 스위치 회로

8-1 스위칭 동작

지금까지 나왔던 트랜지스터 회로는 입력신호를 찌그러짐없이 증폭되도록 그림 6-59 에서와 같이 특성곡선의 중앙 Q 에 동작점을 정해서 동작시킨다. 스위치 회로는 특성곡선의 외측을 사용하는 점이 다르다.

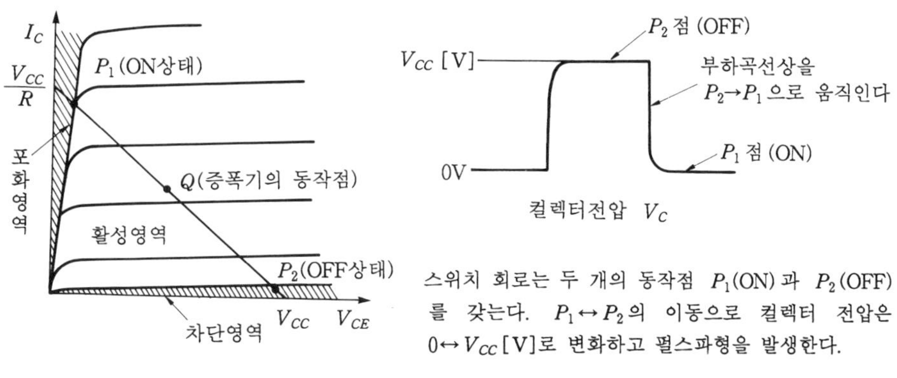

스위치 회로는 두 개의 동작점 P_1(ON) 과 P_2(OFF) 를 갖는다. $P_1 \leftrightarrow P_2$ 의 이동으로 컬렉터 전압은 $0 \leftrightarrow V_{CC}$ [V]로 변화하고 펄스파형을 발생한다.

그림 6-59 스위치 회로의 동작점

I_C 축에 가까운 동작점 P_1 는 컬렉터 전압은 0 에 가깝고, 대전류 $I_c = V_{cc}/R_c$ 가 흐른다. 이 영역을 포화영역 (飽和領域) 이라 하며, P_1 는 스위치의 ON 동작점이 된다. V_c 축에 가까운 동작점 P_2 는 전류 I_c 가 거의 흐르지 않고 컬렉터 전압은 전원전압에 가깝다.

이 영역을 차단영역 (遮斷領域) 이라 하며 P_2 는 스위치 OFF 상태가 된다. 모든 스위치 회로는 이와 같은 ON, OFF의 2개의 동작점이 있다.

스위치 회로는 지금까지의 증폭회로와 달리 전혀 다른 트랜지스터의 사용방법이며, 소신호의 선형회로와 다르게 스위치 동작은 비선형 회로동작 (非線形回路動作) 이며, 대진폭 동작 (大振幅動作) 이라고도 부르고 있다.

스위치 회로는 디지털 기술과 IC 기술의 진전에 의해서 응용범위가 급속히 확대되고 있으며 응용분야를 열거하면 전자계산기와 그 주변장치, 디지털 통신, 자동제어, 레이더나 텔레비전의 펄스회로, 디지털 화상처리, 가전분야에서는 퍼스컴, 콤팩트 디스크, 위성방송의 음성부분이나 문자방송 등 사용 예를 셀 수 없을 만큼 사회문화에 커다란 영향을 주고 있다.

8 - 2 트랜지스터의 정특성

(1) ON과 OFF일 때의 트랜지스터는 어떠한 상태일까?

먼저 스위치를 정지시켜 보아 ON 상태, OFF 상태에서 트랜지스터가 어떻게 되어 있는가를 알아보자.

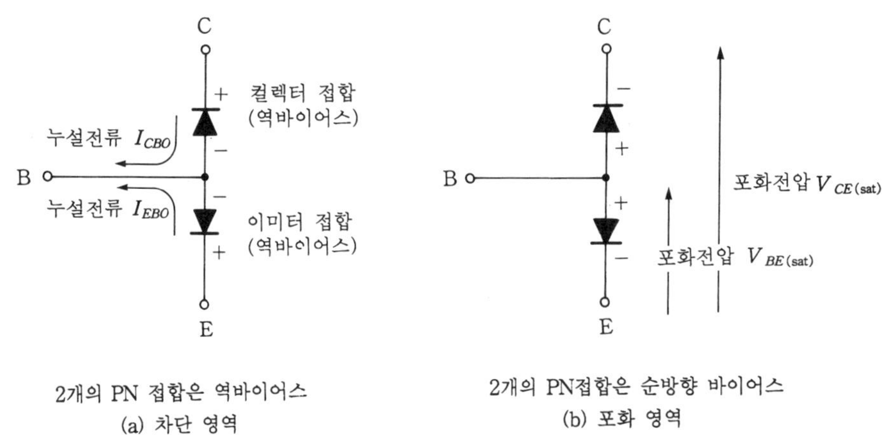

그림 6-60 스위치 동작은 트랜지스터를 두 개의 다이오드로 본다

증폭동작하는 활성영역을 제외하고 ON (포화영역) 과 OFF (차단영역) 상태에서 트랜지스터는 다이오드 (PN 접합) 를 2개 연결한 회로로 하면 알기 쉽게 된다 (그림 6-60 (a), (b) 참조).

그림 6-60 (a) 는 OFF 상태를 표시하고 컬렉터 접합 D_C, 이미터 접합 D_E 도 역바이어스된 상태로 되어 임피던스가 대단히 높게 된다. 이것은 데이터 북의 특성표 (표 6-5) 에서 추정할 수 있다.

표 6-5 스위칭용 트랜지스터의 특성 예 (2SC 979)

컬렉터 차단전류 $I_{CBO}(V_{CB}=70\,\text{V})\ 1.0\ \mu\text{A}$		천이 주파수 $f_T\ 250\,\text{mHz}$	
이미터 차단전류 $I_{EBO}(V_{EB}=5\,\text{V})\ 1.0\ \mu\text{A}$		컬렉터 출력용량 $C_{ob}\ 3\,\text{pF}$	
직류전류 증폭률 $h_{FE}(V_{CE}=1\,\text{V},$ $I_C=\text{1mA})\ 70\sim120$	스위칭 시간	Turn-On시간 $t_{ON}\ \ 25\,[\text{ns}]$	
C-E간 포화전압 $V_{CE\,(\text{sat})}\quad 0.05\,\text{V}$		축적시간 $t_s\ 400\,[\text{ns}]$	
B-E간 포화전압 $V_{BE\,(\text{sat})}\quad 0.75\,\text{V}$		하강시간 $t_f\ \ 30\,[\text{ns}]$	

$$\text{출력측 (C-E) 저항} = \frac{V_{CE}}{I_{CBO}} = \frac{70\,\text{V}}{1\,\mu\text{A}} = 70\,\text{M}\Omega$$

$$\text{입력측 (B-E) 저항} = \frac{V_{EB}}{I_{CBO}+I_{EBO}} = \frac{5\,\text{V}}{2\,\mu\text{A}} = 25\,\text{M}\Omega$$

다음으로 ON 상태에서는 그림 6-60 (b) 와 같이 컬렉터, 이미터의 두 개의 다이오드는 순방향으로 바이어스된 상태로 되어 낮은 임피던스로 된다. 이것도 표 6-5 의 특성표에서 저항값을 추정할 수 있다.

$$\text{출력 (C-E) 저항} = \frac{V_{CE\,(\text{sat})}}{I_C} = \frac{0.05\,\text{V}}{10\,\text{mA}} = 5\,\Omega$$

$$\text{입력 (B-E) 저항} = \frac{V_{BE\,(\text{sat})}}{I_B} = \frac{0.75\,\text{V}}{1\,\text{mA}} = 75\,\Omega$$

로 낮은 값으로 된다.

전자 스위치의 성능을 나타내는 하나의 파라미터로 OFF와 ON의 저항의 비 (ON·OFF비라 한다) 를 위에서 구하면 컬렉터 출력에 대해서는 1.4×10^7, 베이스 입력에 대해서는 3.3×10^5로 되어 꽤 좋은 값이 된다.

8-3 트랜지스터의 동특성

스위치 회로는 ON에서 OFF, OFF에서 ON으로 신속히 절체하지 않으면 안 된다. 이 과도상태는 그림 6-59의 출력곡선에서 직선 P_1, P_2 (부하곡선 R) 위를 P_1점에서 P_2점, P_2점에서 P_1점으로 이동하는 것으로 된다.

이 과도상태는 활성영역에 주로 관계하고 있으므로 트랜지스터 스위치 회로의 최대의 문제점도 이 동특성에 있다.

여기서, 트랜지스터의 베이스에 그림 6-61 (a) 와 같은 펄스전압을 가할 때, 출력파형 (컬렉터 전류$\times R_c$) 는 어떻게 될까? 문제는 어디에 있는 것일까를 알아보자.

입력전압이 적은 데에서는 선형동작 (증폭) 을 하므로 V_1는 트랜지스터를 충분히 포화상태로, $-V_2$는 차단상태로 하는 진폭으로 생각된다.

그림 6-61 (b) 는 베이스 전류이며, 그 특징은 OFF시에 흐르는 역방향 전류 $-I_{BR}$ 이다. I_{BR}는 소수 캐리어 축적효과라 부르는 현상으로 차단상태에 있어도 베이스 영역에는 소수 캐리어 (이 경우는 정공) 가 얼마간 남아 있다.

이 남아 있는 정공이 역바이어스된 PN접합에 대해서 이미터측에 되돌아 역전류 I_{BR}로 된다.

다음으로 컬렉터 전류 (출력) 의 파형은 그림 6-61 (c) 와 같이 된다. 용어를 설명하면서 파형을 보기로 한다.

(1) 턴 온 시간 (turn on time) t_{on}

턴 온 시간이란 차단상태에서 포화상태로 도달하는 시간을 말한다. 정확히는 출력 I_c의 90 % 로 되기까지의 시간으로 정의하고 있다.

이 시간은 선형적인 증폭특성 (활성영역) 에 대응하는 것으로 보아도 좋으며 트랜지스터의 고역특성 (천이 주파수 f_T) 에 대응하고 있다.

t_{on} 내에 컬렉터 전류가 10 % 되는 시간을 지연시간 t_d, 전진폭의 10 %에서 90 %로 되는 시간을 입상시간 t_r라 부른다.

(2) 턴 오프 시간 (turn off time) t_{off}

여기서 생각하지 않는 현상이 일어난다. 그것은 포화에 기인하는 축적시간 (storage time) t_s 의 존재이다.

이 축적시간은 잠시 늦음을 일으키게 된다. 포화시에는 전류가 흐르고 있으므로 베이스 영역에는 대량의 소수 캐리어가 머물고 있어 (이것도 포화 정도가 큰 만큼 많게 된다) 베이스 입력전압이 $-V_2$ 로 되어 이미터 접합이 역바이어스되어도 이 소수 캐리어는 좀처럼 없어지지 않고 I_c 전류로 되어 흐르고 컬렉터 접합은 낮은 임피던스를 유지한다. 이 캐리어가 흐름을 마치면 축적시간이 끝나게 된다.

이 축적시간은 입력전압이 $-V_2$ 로 되는 시간에서 I_c 가 10 % 로 떨어질 때까지의 시간으로 정의한다. I_c 가 90 % 에서 10 % 로 떨어지는 시간을 입하시간 (fall time) t_f 라 부른다.

입하시간은 입상시간과 같이 활성영역에 대응하는 시간이다.

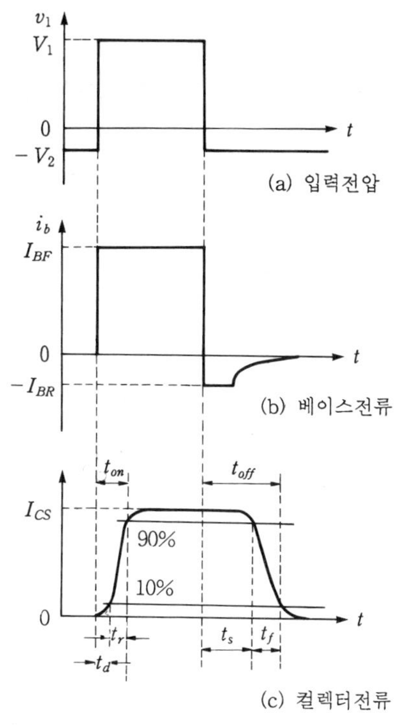

그림 6-61 펄스입력일 때의
트랜지스터 응답

축적시간과 입하시간의 화, 즉 입력전압이 차단전압 $-V_2$ 로 된 시간에서 I_c 가 10 % 로 저하하기 까지의 시간을 턴 오프 (turn off) 시간이라 부른다.

트랜지스터의 특성표 (표 6-5) 에서 이들의 시간을 읽으면 $t_{on}=25\,\mathrm{ns}$, $t_s=400\,\mathrm{ns}$, $t_f=30\,\mathrm{ns}$ 로 되어 있다.

입상시간 t_{on} , t_f 가 짧은 것으로 넘는 일은 없으며, 무엇이라 해도 축적시간이 한 자리수 크고 이용상 문제로 되는 일을 알 수 있다.

8-4 축적시간을 짧게 하는 방법

펄스회로의 타이밍을 어지럽히는 축적시간의 대책을 다음과 같이 열거해 본다.

(1) 트랜지스터 ON을 포화상태로 하지 않는다. 혹은 전혀 포화되지 않게 한다

잠시 동안 PN 접합이 포화된 상태, 가능치로서 $V_{BE} = V_{CE}$ 로 되는 경우는 활성영역과 포화영역의 경계점에서 보트밍 상태 (just bottoming) 라 부르는 이 상태에 ON 의 동작점을 놓는 것이 축적시간을 짧게 하는 한 가지의 방법이다.

(2) 스피드 업 (speed up) 콘덴서를 사용한다

그림 6-62 (a) 와 같은 회로를 입력 베이스 단자에 설치하면 축적시간만이 아니고 입상, 입하시간도 짧게 된다. 이 CR 회로는 바이패스형과 비슷하며, 그림 6-62 (b) 와 같은 주파수 특성을 가지며, $\tau_1 = CR$ 로 미분특성이 결정된다. t_s, t_r, t_f 에 대해서 $\tau_1 = CR$ 을 설정하면 최적동작이 얻어진다. 그림 6-65 의 플립플롭 (flip-flop) 에 적용되고 있다.

(3) 입력측의 임피던스를 내린다

트랜지스터를 구동하는 입력측 임피던스를 가능한 낮은 것으로 선택한다.

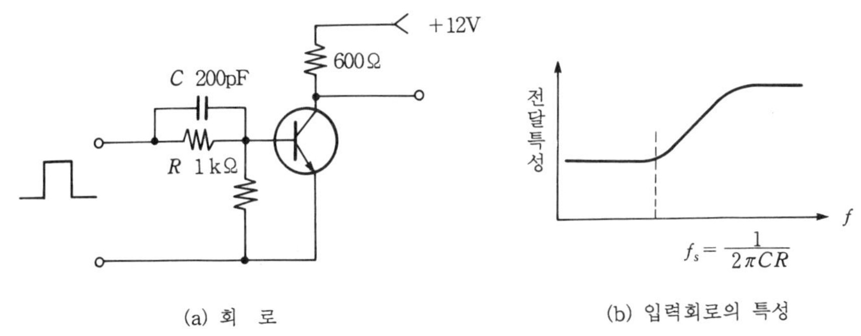

(a) 회 로　　　　(b) 입력회로의 특성

그림 6-62 스피드 업 콘덴서

(4) 클록펄스의 활용 (그림 6-63)

이것은 계의 시스템 설계에도 관련되며, 표준이 되는 클록펄스로 회로 출력의 타이밍을 결정하는 방법이다. 회로는 약간 복잡하게 되며 펄스의 늦음이 생겨도 그 변동은 전혀 출력펄스에 나오지 않고 클록펄스로 전체의 타이밍 (timing) 이 결정된다.

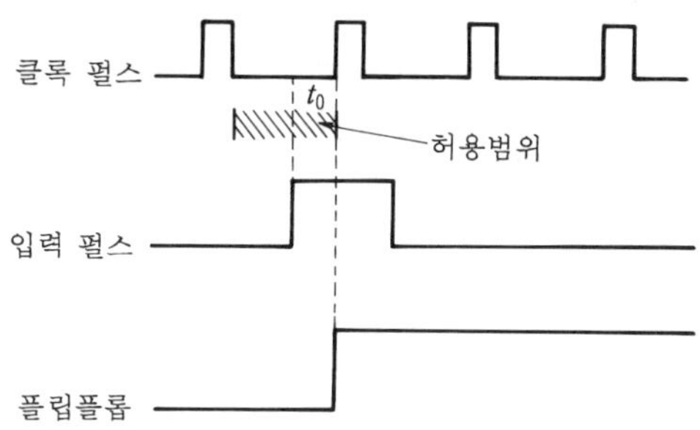

① 클록펄스와 입력펄스의 논리적 (AND) 출력을 플립플롭 (flip-flop) 의 입력으로 하면 타이밍은 클록펄스로 정해진다.

② 입력펄스의 t_0 는 경사부분의 변동으로도 플립플롭의 타이밍은 변하지 않는다.

그림 6-63 클록펄스 응용 예

8-5 스위치 회로의 용도

이상으로 스위치 회로의 기본이 되는 트랜지스터의 대진폭 동작을 알아보았다. 마지막으로 스위치 회로는 어떤 곳에 사용되고 있는가 간단히 살펴보자.

(1) 펄스 회로

멀티바이브레이터 (플립플롭), 블록킹 발진기 등의 펄스 발생기, 클램프 회로, 클리퍼, 슬라이서, 슈미트 트리거 등 진폭방향의 파형을 조작하는 회로, 게이트 등 시간축 방향의 조작을 하는 회로가 있다.

이 외에 펄스의 수를 세는 카운터, 아날로그 신호를 디지털 신호로 하는 A-D 변환기, 디지털 통신용의 각종 변복조기 등이 있다.

　펄스회로의 예로서 다음 그림 6-64, 그림 6-65에 슬라이서(slicer)와 플립플롭(flip-flop)의 동작개요를 설명한다.

(2) 논리회로 (디지털 회로)

　컴퓨터나 디지털 제어회로의 기점이 되는 논리연산을 하는 회로를 논리회로라 하며, 디지털 회로의 주요부분을 차지하고 있다.

　논리회로의 하드웨어로서는 대단히 많은 종류 IC가 생산되고 있고 데이터 북에서 목적의 IC를 고르고 IC들을 접속해서 전원, 접지(어스)와 연결하면 요구하는 회로를 완성할 수 있다.

　다음의 8-6항에서 요점을 설명한다.

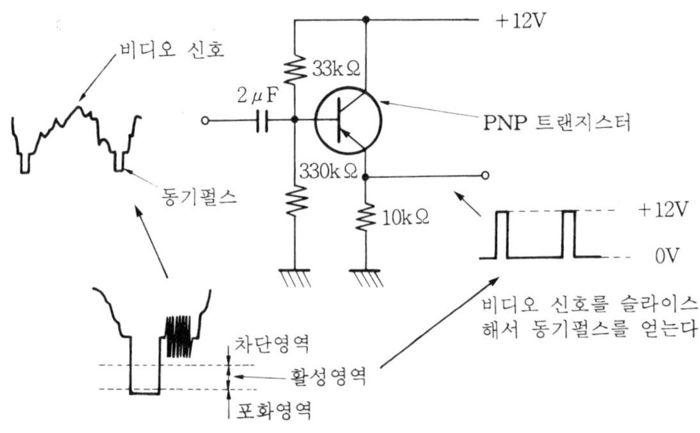

① 트랜지스터는 10kΩ의 컬렉터 저항이 들어가 있으므로 1.2mA의 전류가 흐르면 포화영역에 들어간다.
② 동기펄스의 선단에서 트랜지스터는 ON이 된다.
③ 비디오 신호기간에서는 트랜지스터는 OFF로 되어 신호가 통과하지 못한다.
④ 동기펄스의 선단보다 조금 윗 부분만이 활성영역에 들어가 증폭되어서 출력으로 된다(동기취출 기능).
⑤ 동기펄스 선단에서 트랜지스터는 ON으로 베이스 단자 전위는 +12V, 동기선단을 일정의 전위로 하는 기능도 있다. 이것을 클램프 동작(회로)라 부른다.

그림 6-64　슬라이서, 클램프 회로의 예 (텔레비전의 동기분리 회로)

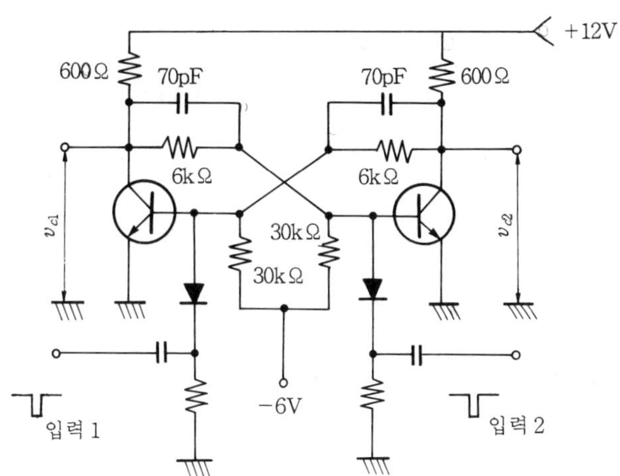

① 두 개의 트랜지스터는 한쪽은 ON, 다른 한쪽은 OFF 가 된다. 입력펄스가 없으면 이 상태가 지속된다 (기억 기능).

② 이 상태에서 출력 V_{c1}, V_{c2}의 전위는 ON 트랜지스터는 0 V, OFF 트랜지스터는 +12 V가 된다.

③ 입력펄스가 들어와서 OFF의 트랜지스터가 조금이라도 도통하면 발진 (두 개의 트랜지스터도 순간적으로 활성영역이 된다) 이 일어나 ON 과 OFF 의 트랜지스터가 교체된다. 이것은 마치 시소운동과 같다.

④ 이 회로는 입력펄스의 선택성이 있어 OFF의 트랜지스터에 부 (−) 펄스가 들어 가도 동작하지 않는다. ON의 트랜지스터에 부 (−) 펄스가 들어갈 때만 동작한다. 이것을 RS 플립플롭이라 한다.

⑤ 플립플롭은 RS형 이외에 T형, D형 등의 종류가 있다.

그림 6−65 플립플롭 회로의 요점

8−6 논리회로의 요점

(1) 펄스와 논리

그림 6−66과 같이 펄스의 전위는 스위치 회로의 ON과 OFF에 대응해서 두 개의 진폭 (전위) 밖에 갖지 않는다. 높은 쪽의 전위를 H 레벨 (high level), 낮은 쪽의 전위를 L 레벨 (low level) 이라 한다.

그리고 H 레벨을 논리학의 진 (眞 : truth) 에, L 레벨을 위 (僞 : fault) 로 대응시켜 보면 논리학적 추론이 스위치 회로를 조합할 수 있다.

한편, H 레벨을 1, L 레벨을 0 으로 대응하는 2진수 표현이 사용된다.

2진수란 일상생활에서 거리낌없이 쓰고 있는 수, 0~9 까지의 숫자로 구성되어 있는 10진수의 감각에서 생각하면 2진수는 0과 1의 두 가지의 숫자로 구성된 세계이다.

10진수에서는 $9 + 1 = 10$ 으로 자리올림이 일어나나, 2진수에서는 $1 + 1 = 10$ (일 · 영이라 부른다) 에서 자리올림한다.

또, 2진수의 각 자리의 수는 10진수적으로 보면 2^n에 대응한다. 예를 들면 2진수 101의 최초의 자리는 2^2에, 다음의 자리는 2^1에, 최후의 자리는 $2^0=1$에 대응하므로

$$2진수 \ 101 : 1 \times 2^2 + 0 \times 2^1 + 1 \times 2^0 = 4 + 0 + 1 = 5(10진수)$$

이와 같이 모든 10진수는 모든 2진수에 1 : 1 로 대응한다.

이와 같은 1, 0의 2진수 연산과 참 (眞), 거짓 (僞) 의 논리연산을 대응시킨 수학이 개척되어 있어 불대수 (boolean algebra) 라 말하고 논리회로를 구성 · 설계하는 경우 유력한 수단이 되고 있다. 논리회로란 불대수 연산을 하는 하드웨어라고 말한다.

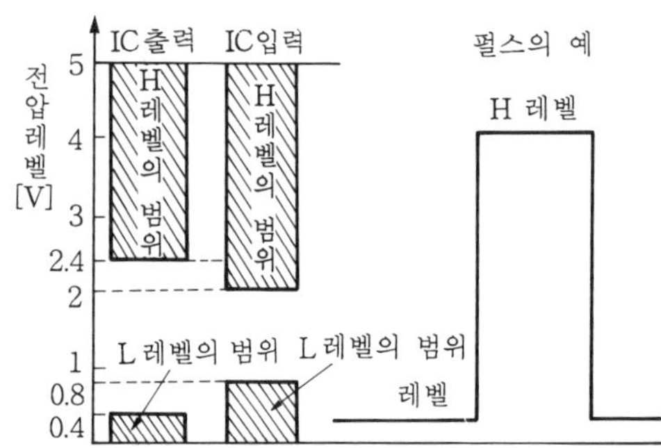

그림 6-66   디지털 신호의 전압레벨 (TTL형 IC 규격)

(2) 기본 논리회로의 종류

그림 6-67 과 같이 A, B 2개의 입력과 1개의 출력 Y 를 갖는 임의 논리회로를 예를 들어 본다. A, B, 그리고 Y에 1 (H) 이나 0 (L) 의 두 개의 값 밖에 없으므로 입력 A, B 의 조합은 표 6-6 의 상란에 표시하는 4가지의 조합으로 된다. 이 4가지의 조합의 입력에 대해서 논리회로의 출력 Y 는 16가지의 경우가 있다.

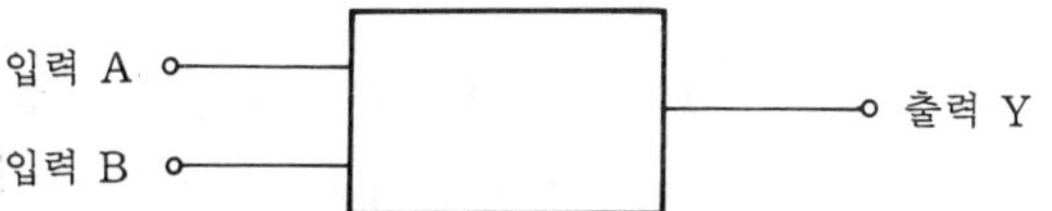

A, B, Y 어느 것도 1(H), 0(L)의 두 개의 레벨 밖에
갖자 못한다. 즉 펄스에 대응한다.

그림 6-67　논리회로

표 6-6　진리값표

입력 A 입력 B		0 0 1 1 0 1 0 1	
논리출력 Y	0	0 0 0 0	Fault
	1	0 0 0 1	AND (논리적) [A×B]
	2	0 0 1 0	
	3	0 0 1 1	
	4	0 1 0 0	
	5	0 1 0 1	
	6	0 1 1 0	EXOR (배타적 논리화)　[A$\overline{\text{B}}$+$\overline{\text{A}}$B]
	7	0 1 1 1	OR (논리화) [A+B]
	8	1 0 0 0	NOR (논리화의 부정) [$\overline{\text{A+B}}$]
	9	1 0 0 1	EXNOR (EXOR의 부정) [$\overline{\text{A}\overline{\text{B}}+\overline{\text{A}}\text{B}}$]
	10	1 0 1 0	
	11	1 0 1 1	
	12	1 1 0 0	
	13	1 1 0 1	
	14	1 1 1 0	NAND (논리적의 부정) [$\overline{\text{AB}}$]
	15	1 1 1 1	True

① 논리의 기본으로 되는 것은 AND와 OR과 NOT의 3종류이다. NOT이란 부정이라고 말하며, Amp.에서 반전시키는 간단한 회로이다. A의 부정은 $\overline{\text{A}}$ 으로 표현한다.

② NAND, NOR은 AND와 OR의 출력에 부정을 접속한 것이므로 이 2개의 조합만으로 대부분 논리회로가 구성될 수 있으므로, IC화의 기본회로로 되고 있다.

③ 그 외 EXOR (Exclusive OR), EXNOR도 잘 쓰고 있다. EXOR는 가산·감산회로나 데이터의 대소 판정에 이용된다.

④ 플립플롭 (flip-flop) 은 디지털 회로에서 중요한 구성요소로 앞의 상태를 기억하는 기능을 갖는 것이 특징이다. 기억소자는 플립플롭으로 구성된다.

펄스회로의 예로서 그림 6-65 에 설명했으나 놀라운 일은 같은 기능이 NAND 회로의 조합으로 표현할 수 있는 것이다. 그림 6-68은 플립플롭의 예를 나타낸 것이다.

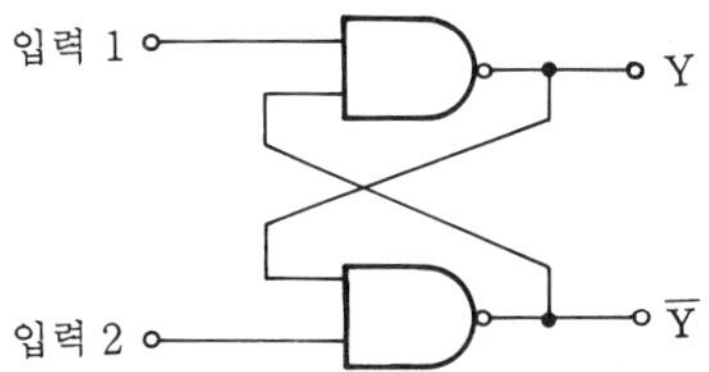

그림 6-68 NAND 회로 2개로 플립플롭을 구성

다음 표 6-7 은 논리소자의 기호를 나타낸다.

표 6-7 논리기호 (O 는 부정 (반전) 의 기호)

논 리 적 AND	A B $Y=A \cdot B$	A, B가 1일 때만 Y=1
논 리 화 OR	A B $Y=A+B$	A, B 어느 한쪽이 1이면 Y=1
부정 논리적 NAND	A B $Y=\overline{A \cdot B}$	
부정 논리화 NOR	A B $Y=\overline{A+B}$	

부 정 NOT	A —▷∘— Y $Y=\overline{A}$	A를 반전한 것
배타적 논리화 EXOR	A B —〉)— Z $Y=A\overline{B}+\overline{A}B$	OR 로 A=B=1를 제외한 것
부정 배타적 논리화 EXNOR	A B —〉)∘— Z $Y=\overline{A\overline{B}+\overline{A}B}$	
플립플롭 FF	F/F	기억기능

　기본적인 논리회로는 지금까지 배워왔던 하드웨어 (hardware) 만의 회로와 다르며, 예를 들면 불대수라든가, 2진수라든가 사고하는 세계를 바꾸어서 볼 필요가 있다.
　디지털 회로가 어떤 세계를 다루고 있는가 안다면 성공이라 본다.

9 연산증폭기 (Operational Amplifier)

9 - 1 OP Amp란?

연산 증폭기를 오피 앰프 (OP Amp) 라 부르며 널리 상용되고 있는 리니어 (linear) IC이다. 이 회로는 단순히 직결형의 다단·고이득 증폭기에 지나지 않으므로 지금까지 의 지식으로 충분히 풀 수 있는 회로이나 독특한 사용법, 응용이 있으므로 요점을 알아 본다.

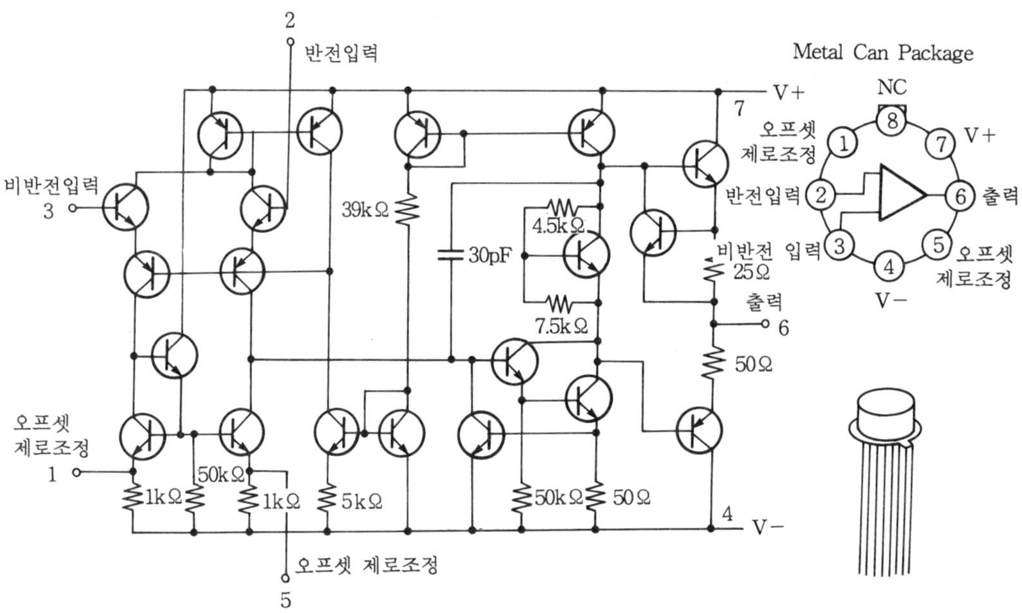

그림 6-69 OP Amp의 회로 (μA741)

오피 앰프란 Operational Amplifier (연산 증폭기) 의 약칭이다.

이름이 나온 때는 1950년대에 디지털 계산기와 미래의 왕좌를 겨루어 패한 아날로그 계산기 (진공관식으로 당시 디지털형보다 계산속도가 빨랐으나, 정확도가 낮은 것이 단점이었다) 이다.

그 후 외국에서 미사일이나 로켓 등의 병기의 제어용으로서 매우 정교하게 IC화의 이점과 조합해서 현재의 오피 앰프가 출현하게 되었다.

IC의 유닛으로 1개의 트랜지스터의 크기로 간단하게 모았으므로 이제는 제어 이외에도 편리하게 응용되고 있다.

그림 6-69는 범용 오피 앰프 IC의 대표적인 μA741의 회로도이다. 직결된 트랜지스터와 저항이 집적되어 있는 것을 알 수 있다. 익숙하지 않는 명칭의 단자가 여러 개 있으나 뒤에서 설명한다.

• OP Amp의 특징 •

① 고전압 이득 (약 100만배) 의 직류 증폭기이다.

② 다룰 수 있는 주파수 대역은 직류에서 100 kHz 정도이다.

③ 입력 임피던스가 대단히 크다 (수 MΩ).

④ 출력 임피던스는 낮다 (수십 Ω) (동작을 생각할 때는 입력 임피던스는 ∞Ω, 출력 임피던스는 0Ω로 이상 (理想) OP Amp로 하면 알기 쉽다).

⑤ 외부회로에 의한 부귀환을 충분히 걸어서 발진하지 않도록 6 dB/oct., 위상늦음 90°의 고역특성으로 하고 있다 (이와 같이 보상을 하지 않는 것도 있다).

⑥ 입력단자는 한 쌍의 차동입력, 전원은 +, -의 2전원이다.

⑦ ⑥의 차동 입력단자의 출력에 대한 이득은 같다. 즉, 출력에는 두 개의 입력의 감산값이 나타난다.

⑧ ①~⑥의 성질이 있으므로 외부소자의 연결방법, 단자의 이용에 의해서 여러 가지의 사용방법이 있다.

9-2 OP Amp의 기본 특성

(1) 회로 기호

그림 6-70 (a) 와 같이 증폭의 의미로 삼각기호를 사용하고 있다. 입력단자의 반전, 비반전의 의미는 입력에 대해서 출력이 반전하는가, 동상인가를 표시한다. 전원단자는 생략하는 경우가 많다.

등가회로는 그림 6-70 (b) 와 같이 아주 간단하다.

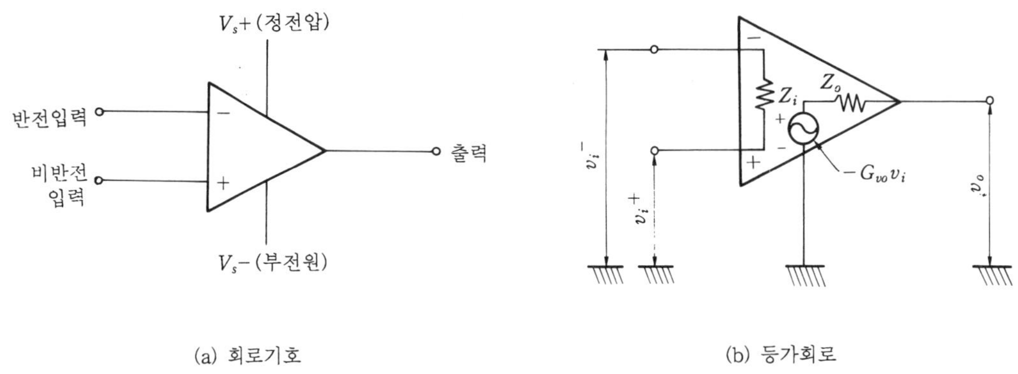

그림 6-70   OP Amp의 회로기호와 등가회로

(2) 이미지널 쇼트(imaginal short ; 假想短絡 또는 假想接地)

그림 6-71 과 같이 출력단자와 반전 입력단자를 귀환저항 R_f로 연결하면 앰프의 증폭도가 크므로, 다량의 부귀환이 걸려 생각할 수 없는 일이 일어난다. 그림과 같이 각 부의 전류, 전압을 표시하면 앰프의 입력 임피던스는 대단히 높으므로 입력전류를 0 으로 하면 전압원 v_1 에서 흘러 들어가는 전류 $i_1 = i_f$ (R_f에 흐르는 전류) 로 된다.

R_f의 양단전압을 고려하면

$$R_f \cdot i_f = v_i - v_o = (1 + G_{VO})\,v_i$$

P점에서 본 임피던스 Z_i는

$$Z_i = \frac{v_i}{i_f} = \frac{R_f}{1 + G_{VO}} \quad \cdots\cdots\cdots\cdots\cdots\cdots\cdots\cdots\cdots\cdots\cdots\cdots\cdots\cdots\cdots\cdots\cdots\cdots\cdots \quad 6 \cdot 41$$

$G_{VO} = 10^6$, $R_f = 10\text{k}\Omega$으로 하면 $Z_i = 0.01\,\Omega$이 된다. OP Amp의 입력 임피던스는 높은 것이 특징이며, 저항 R_f로 부귀환을 걸면 외견상 입력 임피던스는 0에 가깝게 된다.

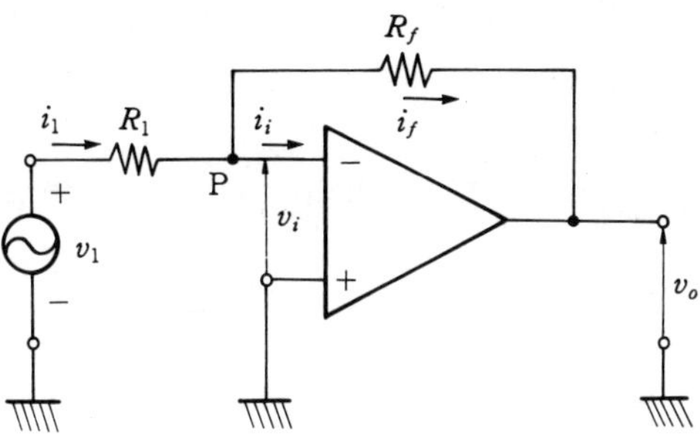

R_f를 접속하면 P점은 가상적으로 접지전위로 된다.
이것을 이미지널 쇼트라 한다.

그림 6-71　OP Amp의 기본회로

또, 직류전위, 신호전압도 극히 작게 되어 가상적으로 반전 입력단자를 접지한 상태
로 되므로 이미지널 쇼트 (imaginal short) 상태라 한다. 직관적으로 말하면 OP Amp 가
10^6 정도의 증폭도를 가지므로 출력전압의 부귀환에 의해서 입력신호는 캔슬 (cancel)
되어 극히 미소하게 된다. OP Amp 자체는 입력 임피던스는 높으나 부귀환에 의해서
작게 되는 것이다.

(3) 귀환저항 R_f 를 접속할 때의 전압이득, 출력 임피던스

그림 6-72는 OP Amp 의 기본적인 회로이며, 이 회로의 전압이득을 구하면 저항
R_1 , R_f 양단의 전압은 P점이 이미지널 쇼트로 0V인 것을 고려해서

$$v_1 = i_1 \cdot R_1, \quad v_o = i_f \cdot R_f = -i_1 \cdot R_f$$

따라서, 반전단자의 전압이득 G_{vf} 는

$$G_{vf} = \frac{v_o}{v_i} = \frac{-i_1 R_f}{i_1 \cdot R_1} = -\frac{R_f}{R_1} \quad\cdots\cdots\cdots 6\cdot42$$

동시에 비반전단자에 입력신호를 가한 경우는 똑같은 계산으로

$$G_{vf} = \frac{v_o}{v_1} = 1 + \frac{R_f}{R_1} \quad\cdots\cdots\cdots 6\cdot43$$

가 된다.

R_f 에 의한 부귀환에 의해서 전압이득 G_{vf} 는 외부 저항만으로 정해지며 OP Amp 자체의 변동은 전혀 관계 없으므로 안정한 전압이득을 얻을 수 있다.

(4) R_f 부가에 의한 전압귀환으로 입출력 임피던스는 어떻게 변하는가?

R_f 에 의한 부귀환은 반전 입력단자에 걸어 주므로 반전, 비반전 단자에서 각각 입출력 임피던스는 다르게 된다. 이것은 조금 복잡하므로 모아서 정리해 놓는다.

입력 임피던스 Z_{if} (귀환이 없을 때 $Z_i = 8\,\mathrm{M\Omega}$)

$$\text{반전 입력단자} : Z_{if} = \frac{R_f}{1 + G_{VO}} \quad \text{(2) 항에서 다룬 식 } 6 \cdot 43\,(0.1\,\Omega \text{ 이하})$$

$$\text{비반전 입력단자} : Z_{if} = Z_i \left(1 + \frac{R_1}{R_1 + R_f} G_{VO} \right) \quad\cdots\cdots\cdots\cdots\cdots\cdots\cdots\cdots\cdots 6 \cdot 44$$

$$(\text{수십 } \mathrm{M\Omega} \text{으로 높게 된다.})$$

출력 임피던스 Z_{of} (귀환이 없을 때 $Z_o = 75\,\Omega$)

반전, 비반전의 어느 쪽을 입력단자로 사용해도 수Ω 이하로 된다.

$$Z_{of} = \frac{1 + \dfrac{R_f}{R_1}}{G_{VO}} Z_o \quad\cdots\cdots\cdots\cdots\cdots\cdots\cdots\cdots\cdots\cdots\cdots\cdots\cdots\cdots\cdots 6 \cdot 45$$

이와 같이 부귀환에 의해서 통상에서는 얻어지지 않는 높고 또는 낮은 입력 임피던스와 저출력 임피던스가 얻어진다. 이 특성은 단간 또는 결합용의 완충 (buffer) 증폭기로 사용되고 있다.

(5) OP Amp의 고역주파수 특성

OP Amp 특징에서 말한 바와 같이 다량의 부귀환을 걸면 통상의 증폭기에서는 위상이 180°로 된 주파수 성분까지 귀환되므로 부귀환이 정귀환으로 되어 발진하는 것이 보통이다.

OP Amp의 고역주파수 특성은 그림 6-72 에 나타낸 바와 같이 충분한 대책을 행하고 있다.

실선은 6 dB / oct.에서 강하하는 진폭의 주파수 특성이고, 점선은 위상지연이 이득 1 (0 dB) 에서 90°을 넘는 것을 나타낸다.

이 특성은 제 5 장에서 배운 저역통과형 **CR** 회로 특성과 같다.

OP Amp 자신의 주파수 특성은 매우 높은 주파수까지 넓다. 이것은 OP Amp에 **CR** 회로를 내장시켜서 이와 같은 특성에 보정을 행하고 있기 때문이다.

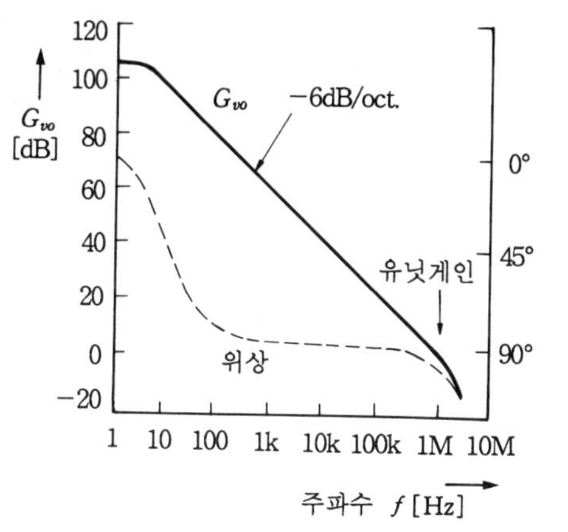

그림 6-72 OP Amp의 주파수 특성

위상이 0 dB의 근처까지 90° 정도가 된다. NFB 로 발진이 일어나지 않도록 하고 있다. CR 저역통과 회로의 특성과 같다.

OP Amp에서는 이득 0 dB의 주파수를 유닛 게인 (unity gain) 주파수라 부르고 있으며 이것은 앞에서 다룬 트랜지스터의 천이 주파수 f_T에 상당하다. 그곳에서 설명한 바와 같이 유닛 게인 주파수는 OP Amp의 이득·대역폭적 (GB적) 을 나타내고 있다.

(6) 입력 오프셋 전압

OP Amp 는 직류 증폭기이므로 2개의 입력단자를 접지하는 경우 출력단자도 0 V 로 된다. 그러나 2개의 입력에 대하여 약간의 불평형 (unbalance) 에서도 출력측에 전압이 나온다. 이것을 오프셋 (offset) 전압이라 부른다.

미소한 직류전압을 측정하는 경우 등이 부적합하므로 그림 6-69 에서와 같이 오프셋 제로 (offset zero) 단자를 설치해서 보정할 수 있도록 하고 있다. 규격표 (표 6-8) 에서는 7.5 mV (최대) 로 되어 있다.

표 6-8 OP Amp(μA741)의 특성 예(전원전압 $\pm15\,$V)

전기적 특성			최 대 정 격	
전압이득	G_{vo}	2×10^5 (106 dB)	전원전압	$\pm15\,$V
입력 임피던스	Z_i	$2\,$MΩ	작동입력전압	$\pm30\,$V
출력 임피던스	Z_o	$75\,$Ω	입력전압	$\pm15\,$V
입력 오프셋 전압	V_{os}	$7.5\,$mV$_{max.}$	허용손실	$500\,$mW
입력 오프셋 전류	I_{os}	$300\,$nA$_{max.}$	동작온도 범위	$0\sim+70\,$℃

(7) 2전원 사용과 1전원 동작

그림 6-73(a)와 같은 2전원 동작이 모범적이다. 이 경우에 출력 v_o는 전원전압 $+V_S$에서 $-V_S$까지 떠는 일이 가능하다.

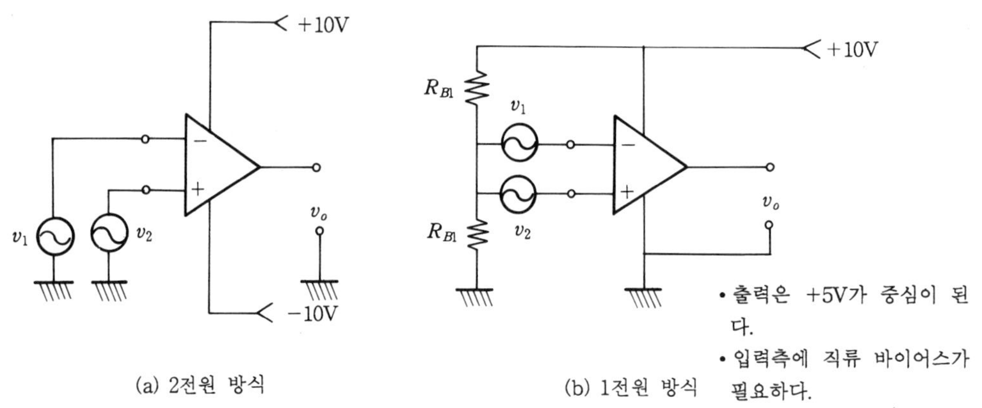

그림 6-73 전원은 1전원으로도 된다

2전원은 복잡한 것이므로 그림 6-73(b)와 같이 1전원으로도 동작시킬 수 있다. 이 경우는 입력측을 2개의 저항으로 뛰울(pull up) 필요가 있으며, 출력 v_o는 접지 전위에서 + 또는 $-V_S$까지 떨게 된다. 교류신호인 경우는 직류가 올라간 출력이 된다.

9-3 응용 회로

OP Amp는 여러 가지 사용방법이 있다. 기본적인 응용을 설명한다.

(1) 기본정수 회로 (그림 6-74)

9-3 (3) 항에서 설명한 저항 R_f 로 귀환을 한 회로이다 (식 6·42, 6·43 참조).

(2) 전압 폴로어 (voltage follower)

그림 6-71 에서 $R_f = 0$ 으로 놓으면 R_1는 필요없게 되고 그림 6-74 (a) 와 같이 된다. 이 증폭기의 전압이득은 식 6·43 에서 1 로 된다. 전압 폴로어를 유닛 게인 앰프 (unit gain amp) 라고도 하며 이것은 고입력 임피던스, 저출력 임피던스의 버퍼 앰프로서 유용하게 쓰인다.

트랜지스터 회로의 이미터 폴로어에 상당하나 기능은 상당히 높은 것이 얻어진다.

(3) 적분회로 (積分回路)

그림 6-74 (b) 의 회로에서 $i_1 = (v_1 - v_i) / R_1$ 이다. 콘덴서 C 는 흐르는 전류 $i_c = i_1$ 에 의해서 충전되므로 양단의 전압은 전류 i_c를 적분한 것과 같고

$$v_i - v_o = \frac{1}{C} \int i_1 dt = \frac{1}{C \cdot R_1} \int (v_1 - v_i) dt$$

v_i 는 이미지널 쇼트에 의해서 0 으로 볼 수 있으므로 출력전압 v_o는

$$v_o = -\frac{1}{C \cdot R_1} \int v_1 dt \quad\text{..} 6 \cdot 46$$

로 된다. v_1를 시간으로 적분한 전압이 출력으로 얻어진다. 이 회로는 펄스파형의 처리회로 (적분동작) 로도 이용하고 있다.

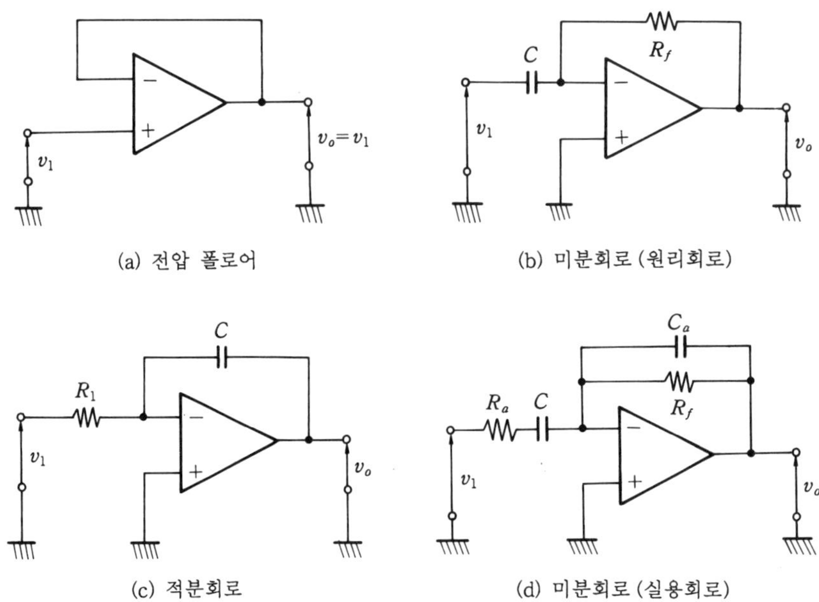

(a) 전압 폴로어　　　　　　(b) 미분회로 (원리회로)

(c) 적분회로　　　　　　(d) 미분회로 (실용회로)

그림 6-74　OP Amp 응용회로

(4) 미분회로 (微分回路)

적분회로의 반대이므로 C 와 R_1 를 교환하면 그림 6-74 (c), (d) 의 미분회로가 된다. 결과를 쓰면 출력전압 v_o 는

$$v_o = -C \cdot R_f \frac{dv_1}{dt} \quad\cdots\cdots 6 \cdot 47$$

가 된다. 실용회로에서는 그림 6-74 (d) 와 같이 저항 R_a 와 미소용량 C_a 를 부가한다.

(5) 가산 · 감산회로

그림 6-72 의 회로는 $v_1 \sim v_4$ 의 4개 전압의 가감산이 행해진다. 연산식은 다음과 같이 된다.

$$v_o = \left(\frac{R_5}{R_3} v_3 + \frac{R_5}{R_4} v_4 \right) - \left(\frac{R_f}{R_1} v_1 + \frac{R_f}{R_2} v_2 \right) \quad\cdots\cdots 6 \cdot 48$$

비반전과 반전입력을 사용해서 가감산을 할 수 있다. $(v_3,\ v_4)$ 및 $(v_1,\ v_2)$에 대해서 가산회로이다. 비반전, 반전입력을 사용하면 $(v_3,\ v_4)$에 대해서 $(v_1,\ v_2)$의 감산결과가 얻어진다.

또, 저항 $R_1{\sim}R_5$, R_f의 값을 적당히 잡으면 입력전압에 대해서 식 $6\cdot48$에서 보는 것과 같이 계수를 붙여서 가감산을 할 수 있다.

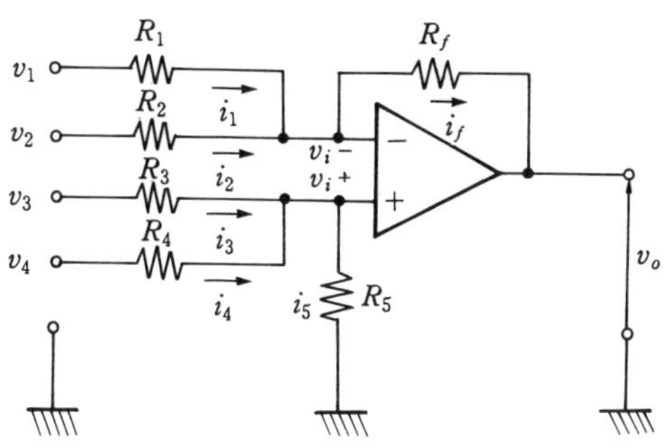

그림 6-75　OP Amp의 응용 (가감산 회로)

· *NOTE* ·

═ 플레밍 오른손 법칙 ═══════════════

코일을 관통하는 자력선을 변화시키면 코일에는 기전력이 발생하여 전류가 흐른다.

자계중에 놓여진 U자형의 도선 위를 길이 l 인 도체봉의 양단을 접촉시켜 자계방향에 직각으로 속도 v 로 움직이면 전자유도 (電磁誘導) 법칙에 의한 기전력이 발생한다.

이 때 기전력 방향은 플레밍 오른손 법칙으로 알 수 있다. 오른손의 엄지손가락을 운동방향으로, 둘째 손가락을 자계방향에 일치시키면 가운데 손가락 방향이 기전력 방향이 된다. 물론 세 개의 손가락은 서로 직각이 되도록 해야 한다.

...제 7 장
전기 전자 측정

  자연계, 산업계 그리고 우리의 생활 환경에서 일어나는 다양한 물리적인 현상을 사람의 오감 (五感)으로 정확히 계량하는 것은 불가능하다. 따라서, 물리적인 현상을 계량하기 위해서는 적합한 계측장치, 즉 계기를 사용하는 올바른 측정법에 의하여 측정해야 한다.

  전기측정 및 전자측정은 전기와 전자공학의 응용이라고 하는 분야이다. 지시계기의 동작원리나 측정회로 등은 지금까지 다루어 온 내용을 다시 한 번 정리하는 기회를 제공하는 셈이 된다.

  요즘에 와서는 디지털 계측기가 널리 이용되고 있으나 배전반이나 현장에 있는 계측기를 다루기 위해서는 지시계기의 이해는 실용적인 면에서 중요하다.

  전기의 측정은 분류기, 배율기, 3전압계법, 3전류계법, 2전력계 등에 대해서 전기회로의 응용으로서 잘 이해해 둘 필요가 있다.

  이 장에서는 지시계기는 물론, 일반적으로 널리 사용하고 있는 회로 시험기 (테스터) 와 오실로스코프를 중심으로 계기의 특징과 유의점에 대해서 설명하였다.

1 측정 일반

계기의 취급요령과 지시계기의 구성 요소에 대해서 알아본다.

1 - 1 계기의 취급 요령

(1) 운반시 주의사항

지시계기는 가동 부분이 피벗 (pivot) 지지방식과 토트밴드 (taut band) 지지방식이 있다.

특히, 피벗 지지방식은 진동이나 충격에 약하므로 운반시에 진동이나 충격을 받지 않도록 보관 상자에 넣어 운반하도록 한다.

(2) 측정시 주의사항

① 측정할 때는 먼저 측정할 양에 알맞는 계기를 사용하여야 하고, 동작 및 원리상의 분류에 따라 계기를 사용하여야 한다 (즉 측정 전에 정격사항을 검토하고 지침을 0점으로 조정한다).

② 직류용 계기를 사용할 때는 계기의 단자에 표시되어 있는 극성과 전원의 극성이 같도록 연결하여 측정한다.

③ 측정시 지침은 최대 눈금의 1/3 이상 움직이도록 하고, 최대 측정범위를 넘지 않도록 주의한다.

④ 배율 선택 스위치는 측정값에 알맞게 조절한다.

⑤ 건전지가 내장된 계기는 반드시 건전지를 조사한다.

⑥ 감전이 되지 않도록 한다.

⑦ 측정결과는 측정시의 온도, 사용계기, 사용기구 등과 함께 기록한다.

(3) 보관시 주의사항

① 계기의 스위치는 OFF 하여 보관한다.

② 계기의 볼트나 단자 등은 헐거움이 없도록 한다.

③ 리드선이나 프로브 (probe) 등은 잘 정리하여 놓는다.

④ 습기 및 먼지가 적은 곳에 보관한다.

⑤ 진동이나 충격에 손상이 없도록 하고, 여러 대를 적재하지 않는다.

⑥ 건전지가 내장되어 있는 계기는 장기간 사용하지 않을 경우에 건전지를 빼내고
보관한다.

1-2 계기의 구성 요소

지시 계기를 구성하는 중요 요소로는 다음과 같이 다섯 부분으로 크게 나눌 수 있다.

(1) 구동장치 (driving device)

구동장치는 측정하려는 전기적인 양에 비례하는 구동 토크 (driving torque) 를 발생
하는 장치이다. 가동부분에 지침이 붙어 있어, 가동부분의 회전 또는 변위에 따라서 지
침이 이동함으로써, 측정하려는 전기의 양을 지시하게 된다.

구동 토크를 발생시키는 방법에는 다음과 같은 것이 있는데 이는 계기에 흐르는 전
류 및 전압, 전력에 비례하여 토크를 증가시킨다.

① 자장과 전류와의 사이에 작용하는 힘을 이용한 가동 코일형 계기

② 두 전류 사이에 작용하는 힘을 이용한 전류력계형 계기

③ 자장 내에 있는 철편에 작용하는 힘을 이용한 가동 철편형 계기

④ 충전된 두 물체 사이에 작용하는 힘을 이용한 정전형 계기

⑤ 이동 및 회전 자장 내에 있는 금속 도체에 작용하는 힘을 이용한 유도형 계기

⑥ 열기전력을 전자력에 이용한 열전형 계기

⑦ 전류에 의한 전기 분해작용을 이용한 전해형 계기

(2) 제어장치 (controlling device)

제어장치는 측정하려는 전기적인 양의 값에 해당하는 위치에 지침을 정지시키기 위하여 구동 토크를 방해하는 제어 토크를 발생하는 장치인데, 구동 토크와 제어 토크가 평형이 되는 점에서 지침이 정지한다.

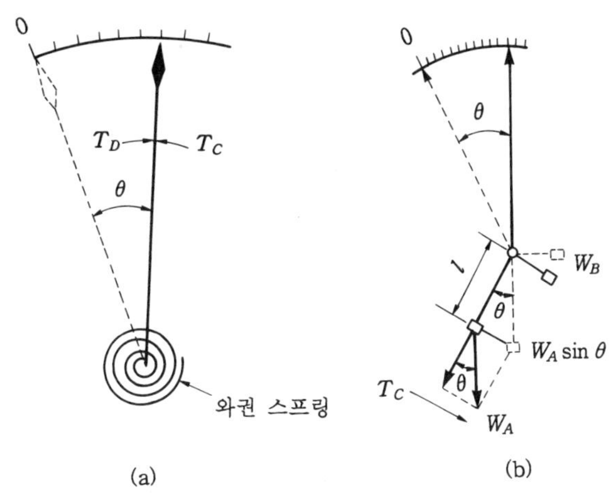

그림 7-1   스프링 제어와 중력 제어

제어에는 그림 7-1의 (a)와 같이 스프링을 가동부분의 축에 달아 스프링의 탄력을 이용하여, 지시 전기 계기에 사용하는 스프링 제어와 그림 7-1 (b)와 같이 지구의 중력을 이용하여 수직 배전반용의 계기에 사용하는 중력 제어 (gravity control) 및 전자 제어 (electromagnetic control) 가 있다. 전자 제어는 적산 전력량계에 사용되는 와전류 제어 (eddy current control) 와 절연 저항계 (megohmmeter) 나 역률계에 사용되는 교차 코일 제어 (cross coil control) 가 있다.

(2) 제동 장치 (damping device)

계기의 가동부분에 구동 토크가 작용하면 가동부분은 변위하기 시작하여 평형 위치가 되는데, 평형 위치의 전후에서 지침은 좌우로 작은 진동을 하게 되는데 정지하기까지는 상당한 시간이 소요된다. 따라서, 측정을 신속하게 하고, 가동부의 베어링 (bearing) 의 마모를 방지하기 위하여 적당한 회전력을 가하여 가동부가 단시간에 정지할 수 있도록 하는 장치를 제동장치라 한다.

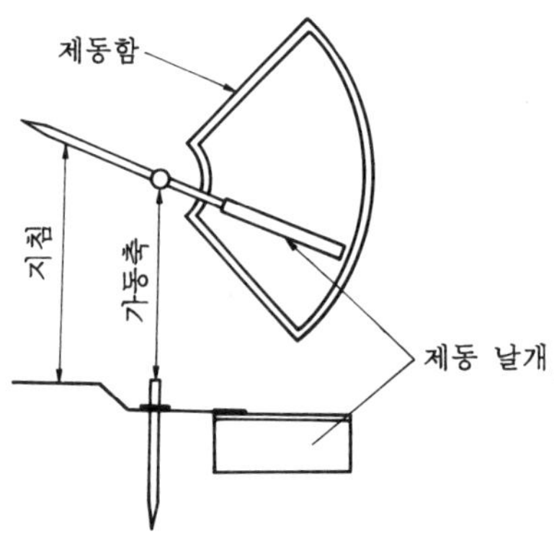

그림 7-2 공기 제동

제동장치에는 그림 7-2와 같이 제동 날개를 운동시킴으로써 발생하는 제동력을 이용한 공기 제동(air damping)과 액체 제동(liquid damping) 및 맴돌이 전류와 영구자석의 상호 작용을 이용한 전자 제동이 있다.

(4) 눈금과 지침

① **눈금(scale)** : 눈금은 정확하고 읽기 쉬워야 하는데, 계기의 특성이나 용도에 따라서 여러 가지가 있다. 0으로부터 최대 눈금까지 균등하게 되어 있는 균등 눈금, 두 끝에서 간격이 축소되어 있는 불균등 눈금, 배전반의 계기의 광각(廣角) 눈금, 절연 저항계의 대수 눈금, 0.2급 계기의 대각선 눈금, 회로 시험기의 다중 눈금 등이 있다. (그림 7-3 참조)

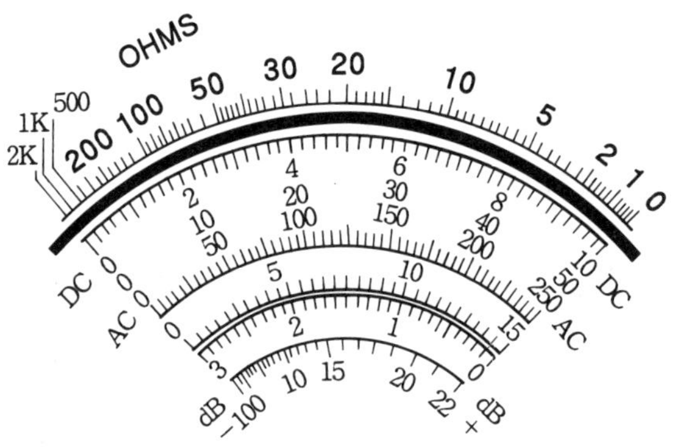

그림 7-3 다중 눈금

② **지침 (pointer)** : 지침은 가볍고 튼튼하며, 또 관성 모멘트 (moment) 가 작은 구조로 하기 위하여 알루미늄 또는 두랄루민 (duralumin) 의 관이나 관으로 만드는데 모양에 따라 지침의 끝을 칼날 모양으로 한 것을 칼날형 지침, 활 모양의 지침에 견사나 금속선을 매어 놓은 것을 화살형 지침, 지침의 끝을 창형으로 한 창형 지침, 사용 주파수 부근에서 공진하는 것을 방지하기 위한 솔잎형 지침, 진동이 있는 장소에서 사용하는 연형 지침 등이 있다. (그림 7-4 참조)

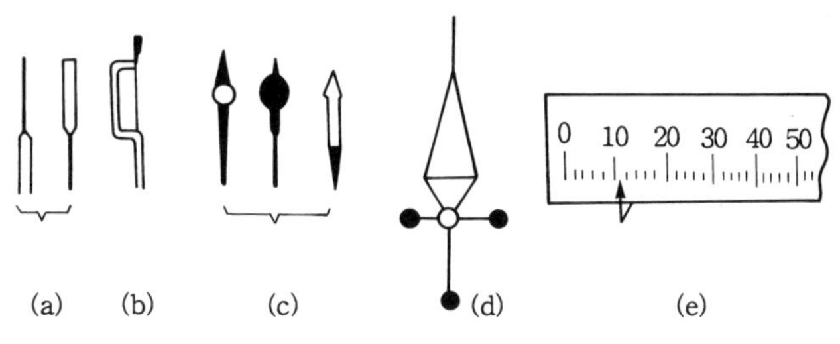

그림 7-4 지침의 종류

(5) 가동부분 지지장치

계기의 가동부분을 지지하는 방식에는 피벗 지지방식과 토트밴드 지지방식이 있는데, 이는 계기의 정확도나 내구력 등에 영향을 미치는 대단히 중요한 부분이다.

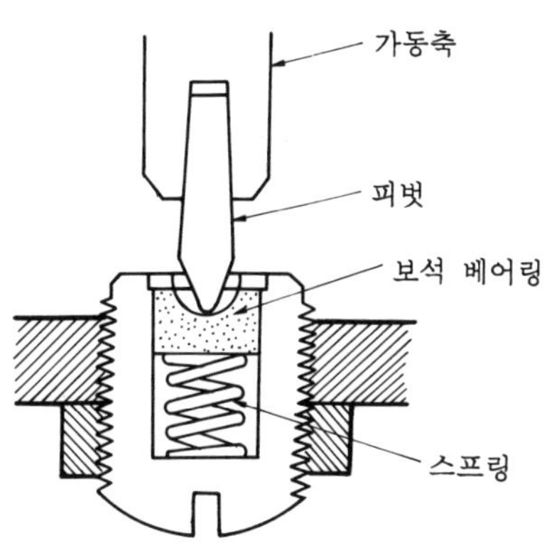

그림 7-5 피벗 지지 방식

　그림 7-5의 피벗지지 방식은 회전축의 양 끝에 크롬 도금을 하고 강철제의 원뿔형에 피벗을 달고 이것을 V형으로 된 베어링 접시로 받치는 것으로 베어링은 루비나 사파이어 등의 경도가 높은 것을 사용한다.

　이 방식은 상부의 피벗과 축받이 사이가 여유가 많으면 눈금의 0점 부근에서 지침이 0점을 지시하지 않는 킵페러 (kippfehler) 현상이 나타나는 경우가 있다.

　토트밴드 지지방식은 가동부의 상, 하 양단에 금속 밴드를 달고, 판상 스프링으로 상, 하에서 끌어당겨 가동부를 지지하므로 마찰은 없고, 지시가 정확하며 충격 및 진동에 강하여 고감도 장치를 만들 수 있다.

2 지시 계기

지시 계기란 전압, 전류, 전력, 역률 및 주파수의 기본적인 전기량을 증폭기 등의 보조 수단에 의하지 않고 눈금판과 지침에 의해서 지시하는 계측기이다.

지시 전기 계기에는 표 7–1과 같이 가동 코일형 계기, 가동 철편형 계기, 전류력계형 계기, 유도형 계기 및 열전형 계기 등이 있으며, 여기서는 널리 쓰이고 있는 가동 코일형과 가동 철편형 계기에 대해서 설명한다.

2–1 가동 코일형 계기

가동 코일형 계기는 그림 7–6과 같이 영구자석의 자극 사이에 원통형의 연철 철심과 동심으로 코일이 설치된 구조로 되어 있다. 이 코일에 흐르는 직류전류에 의한 자계와 사이에 작용하는 전자력에 의해 구동 토크를 발생시켜 그 전자력의 평형에 의한 지침의 지시로 전류나 전압을 읽을 수 있는 계기이다.

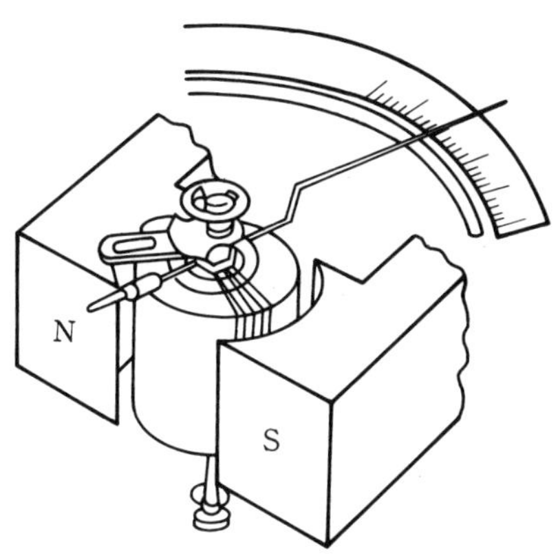

그림 7–6 가동 코일형 계기

구조적으로 정도나 감도가 아주 좋아 용도가 넓은 직류 전용 계기이다.

　원통형의 철심을 갖는 코일 (가동 코일)은 영구자석에 의한 방사선 평등 자계 중에 놓여 있으므로 떨림각에 의한 구동 토크의 변화는 없이 코일에 흐르는 전류의 크기에 비례한 지시로 되어 눈금은 균등 눈금이 된다.

표 7-1　지시 전기 계기의 분류

동작 원리		기　호	사용 회로	계기의 예
가동 코일형			직　류	$V, A, \Omega, N, \theta, L$
가동 철편형			교 (직) 류	V, A
전류력계형	공　심		교 직 류	V, A, W, f, θ
	철심들이			
정 전 형			교 직 류	V
유 도 형			교　류	V, A, W, N, Wh
진동편형			교　류	f
가동코일 비율계형			직　류	Ω, θ
가동철편 비율계형			교　류	φ, Sy, f
전류력계 비율계형	공　심		교 직 류	Ω, f, φ, Sy
	철심들이			
정 류 형			교　류	V, A, f

열 전 형	직렬		교 직 류	V, A, W
	절연			
트랜스듀서형			교 류	V, A, ϕ, f, W

[비 고] V : 전압계 θ : 온도계 φ : 역률계, 위상계
A : 전류계 N : 회전계 f : 주파수계
Ω : 저항계 L : 조도계 Sy : 주기검정기
W : 전력계 ϕ : 자속계 Wh : 적산전력계

2-2 가동 철편형 계기

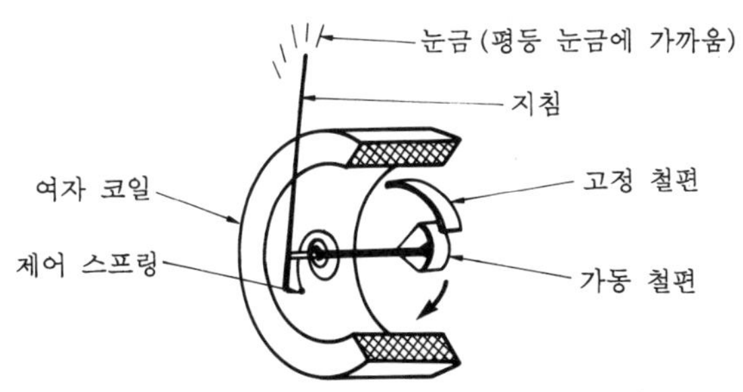

가동 철편형 계기 (반발식)

　가동 철편형 계기는 그림 7-7과 같이 고정코일에 전류가 흐를 때 발생하는 자계가 가동부에 취부된 철편에 작용하는 전자력에 의해서 구동 토크를 얻는 계기이다.
　가동부의 철편의 구성은 그림 7-7(a), (b) 와 같은 반발식과 반발 흡인식이 있다.
　반발식은 고정코일 중에 고정철편과 가동철편을 대항시켜 배치하고 고정코일에 흐르는 전류에 의해서 양쪽의 철편이 같은 자성으로 자화되어 그 반발력으로 구동 토크를 얻는다.

　한편, 반발 흡인식은 고정철편과 가동철편을 2쌍 배치시킨 것이다.

　지침의 떨림이 적은 사이에는 반발식으로 작용하고, 최대값 가까이에서는 각각 다른 고정철심에서 약간의 흡인력을 받아 떨림을 억제하고 있다.

　구동코일은 고정코일이나 가동·고정철편을 포함한 전자력에 의한 평형으로 지시하므로 떨림각당 토크로 되어 상용 주파수 이상의 전류에 대해서는 실효값을 지시하게 된다.

　영점에 가까운 곳의 눈금은 무시되고, 지침의 떨림각이 최대로 되면 자승눈금에 가깝게 된다. 또, 발생하는 토크는 크므로 지침부의 무거운 배전반용 계기에 적합하다.

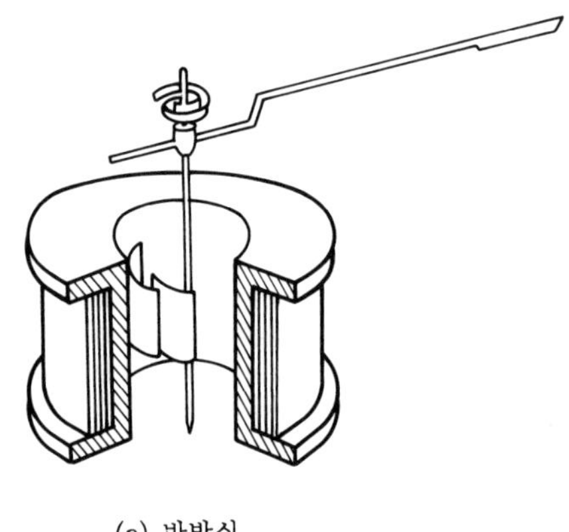

(a) 반발식

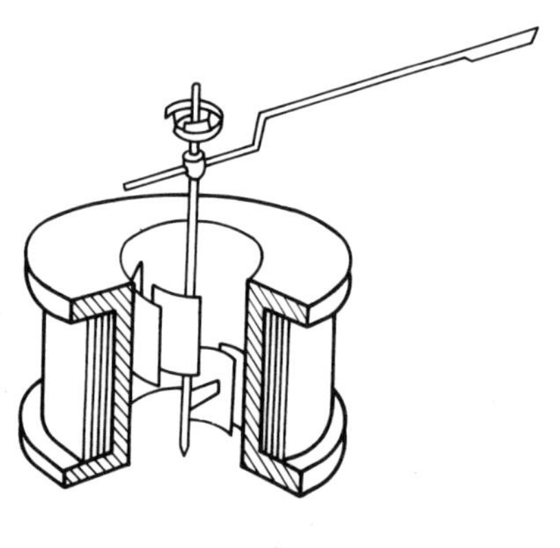

(b) 반발 흡인식

그림 7-7　가동 철편형 계기의 구조

3 전압계 · 전류계 · 전력계

 전기계측에서 계측 대상이 되는 대표적인 양은 전압, 전류, 전력이다. 따라서, 이들의
전기량을 계측하기 위한 계기가 전압계, 전류계, 전력계이다.

3 – 1 전압의 측정

(1) 직류전압의 측정

 직류전압을 측정할 때는 최초로 주의해야 할 일은 측정전압의 크기나 측정 정도를
잘 파악해서 목적에 맞는 계기를 고르는 일이다. 또, 직류는 극성이 있으므로 극성에도
주의할 필요가 있다.

 직류전압의 측정에는 일반으로 가동 코일형 계기가 사용되며, 접속방법은 그림 7-8
과 같이 부하나 전원단자에 병렬로 접속된다. 측정 정도는 0.2급의 표준용, 0.5급의 정
밀 측정용, 1.5급, 2.5급의 공업 측정용이 있으며 각각 측정 정도에 맞는 계기를 선정해
서 사용한다.

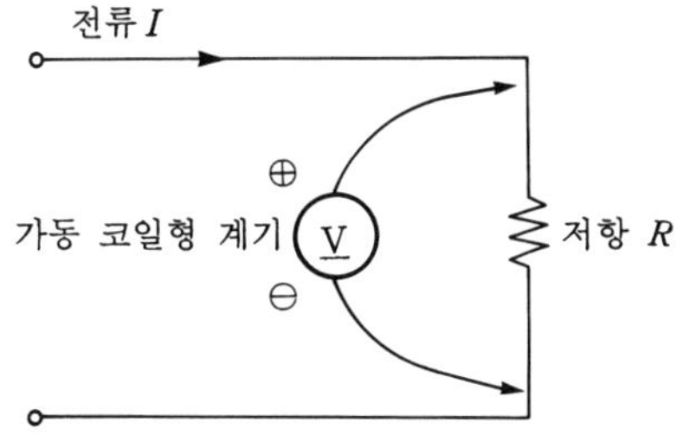

그림 7-8 전압계의 접속

(2) 직류 전압계의 측정범위 확대

가동 코일형 계기에 의한 직류전압 측정에서 그 계기의 측정범위를 넘는 측정을 하는 경우는 저항에 의한 배율기나 분압기가 사용된다.

① **배율기**: 가동코일형의 전압계로 최대 눈금보다 큰 전압을 측정하고자 할 때는 그림 7-9에 나타낸 바와 같이 계기에 직렬로 저항을 접속해서 측정범위를 확대하는 방법이다. 이때 직렬로 접속된 저항을 배율기 (培率器) 라 한다.

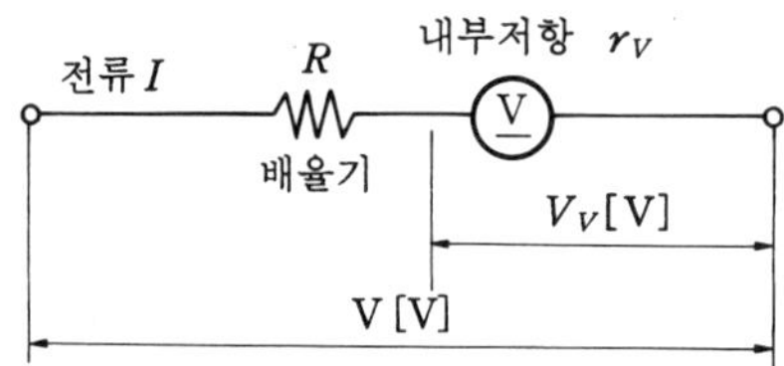

그림 7-9 배율기의 접속

그림 7-9에서 측정전압을 V[V], 계기의 동작전류를 I[A], 계기의 내부저항을 r_V[Ω], 배율기의 저항을 R[Ω], 계기의 단자전압을 V_V으로 하면 다음 식이 성립한다.

$$\frac{V}{V_V} = \frac{r_V + R}{r_V} = 1 + \frac{R}{r_V} = M_V \quad\cdots\cdots\cdots\cdots\cdots 7 \cdot 1$$

여기서, M_V를 배율기의 배율이라 한다.

② **분압기** (分壓器): 분압기는 배율기와 같은 목적으로 사용되는 것으로 저항 분압기이다. 이것은 주로 직류용이다.

그림 7-10과 같이 저항 분압기 R'에 내부저항 r_V의 전압계를 병렬로 접속할 때 (단, $R' \ll r_V$) 측정전압 V[V] 는 다음 식으로 구해진다.

$$V = \frac{R + R'}{R'} V_V \quad\cdots\cdots\cdots\cdots\cdots 7 \cdot 2$$

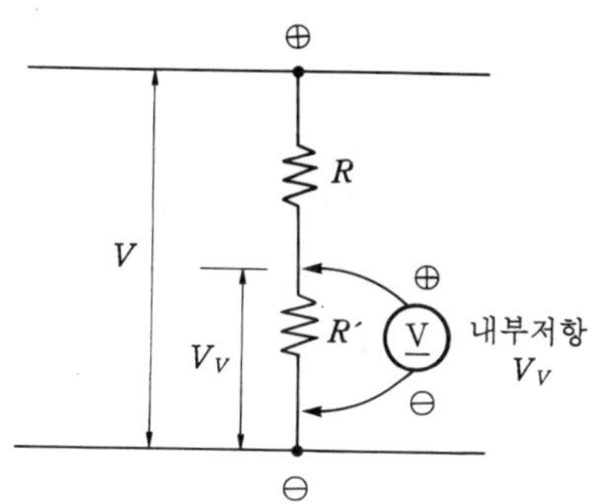

그림 7-10 저항 분압기의 접속

(3) 교류전압의 측정

교류전압의 측정은 가동 철편형의 교류 전압계가 주로 사용된다. 이외에 정류형, 전류력계형 및 유도형 등이 쓰인다.

이 경우 접속도 직류 전압계의 접속과 같이 피측정물에 병렬로 접속한다. 교류전압을 측정할 때에도 직류전압을 측정할 때와 같이 주의가 필요하다. 대단히 높은 교류전압을 측정할 때는 계기용 변압기나 분압기 등으로 전압계의 측정범위를 확대해서 측정한다.

계기용 변압기는 1차측에 높은 교류전압 (피측정 전압) 을 가하고 2차측에 교류 전압계 등의 계기를 접속하여 변압비를 곱해서 구한다.

$$\text{피측정 전압} = \left(\frac{N_1}{N_2} \right) \times 2\text{차측의 교류전압} \quad \cdots\cdots\cdots\cdots\cdots\cdots\cdots\cdots\cdots\cdots 7\cdot3$$

여기서, N_1 : 계기용 변압기의 1차측 권수
N_2 : 2차측의 권수이다.

3-2 전류의 측정

(1) 직류전류의 측정

직류전압을 측정할 때와 같이 목적에 맞는 계기를 써서 측정하는 일이 중요하다. 직류전류의 측정에도 일반으로 가동 코일형 계기가 많이 쓰이고, 그 접속은 그림 7-11과 같이 부하에 직렬로 접속된다.

피측정 전류의 크기가 $10\,\mu\text{A} \sim 30\,\text{mA}$ 정도까지는 가동 코일형 계기에 직접 전류를 흘려서 측정하나, 이 이상으로 되면 30A 정도까지는 계기 내부에 분류기가 취부되고, 이것을 넘는 전류일 때는 분류기에서 발열이나 자계의 영향을 적게 하기 위해서 외부에 설치해서 사용한다.

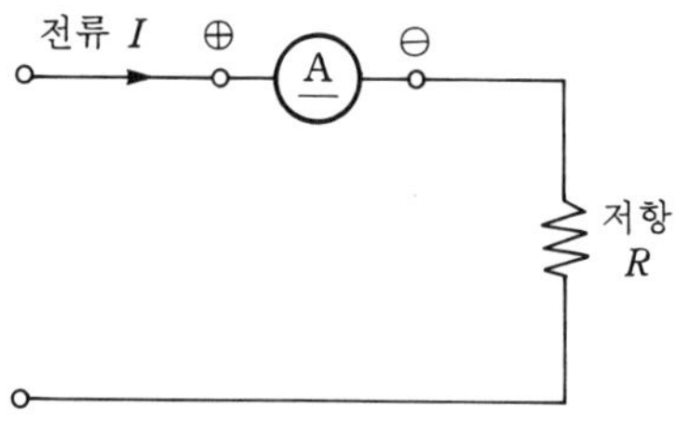

그림 7-11 전류계의 접속

(2) 직류 전류계의 측정범위 확대

전류계의 측정범위를 넘는 측정하는 경우에는 저항에 의한 분류기 (分流器)가 사용된다.

분류기는 그림 7-12와 같은 구조로 그 전류 측정범위를 확대하기 위해 전류계에 병렬로 접속하는 저항이다. 분류기의 재질은 일반으로 온도계수가 적은 망가닌선을 쓰고 저항기의 양단에는 열의 확산을 좋게 하기 위해 동의 블록이 취부되어 있다.

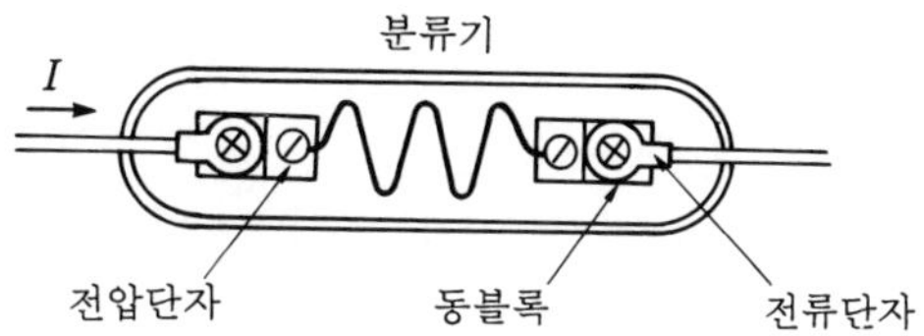

그림 7-12 분류기의 구조

그림 7-13과 같이 계기의 동작전류를 i [A], 계기의 내부저항을 r_a [Ω], 분압기의 저항을 R_s [Ω], 회로의 측정전류를 I [A] 라 하면

$$\frac{I}{i} = \frac{R_s + r_a}{R_s} = 1 + \frac{r_a}{R_s} = M_a \quad\cdots\cdots\cdots\cdots\cdots\cdots\cdots\cdots\cdots\cdots\cdots\cdots\cdots\cdots\cdots 7\cdot4$$

로 된다. 이 M_a를 분류기의 배율이라 한다.

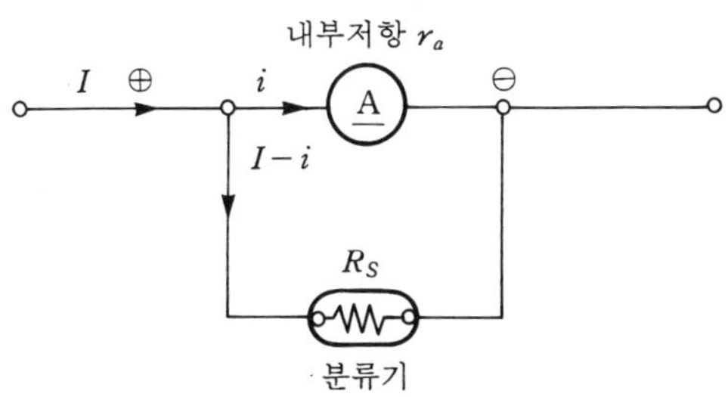

그림 7-13 분류기의 접속

(3) 교류전류의 측정

교류전류의 측정에는 가동 철편형의 계기가 주로 사용된다. 이외에도 전류력계형, 유도형, 열전형 등의 계기도 교류 전류계로서 사용된다.

대단히 큰 교류전류를 측정할 때에는 주로 변류기를 써서 1차측에 전류회로를 거치고 2차측에 전류계를 접속해서 그 변류비로 피측정 전류를 아는 방법이다.

변류기는 대전류일수록 특성이 좋게 되나, 2차측을 개로 (開路) 하면 2차 단자 사이에 고압이 발생한다. 이것은 1차 전류가 클수록 2차측을 개로할 때 전압이 높게 되므로 위험하다. 2차측을 개로하지 않도록 하는 일이 중요하다.

3-3 전력의 측정

(1) 직류전력의 측정

① **직접 측정법** : 직류전력을 측정하는데는 전류력계 계기의 전력계로 직접 측정할 수 있다. 즉, 전력계의 접속에 있어서 전류코일과 전압코일의 접속에 주의하여 전류코일은 부하에 직렬로 접속하고 전압코일은 부하에 병렬로 접속한다.

이 접속은 전력계에 표시되어 있으므로 그 지시에 따른다.

전력계의 지시값＝(전압코일에 가해진 전압)×(전류코일에 흐르는 전류)

$$= VI \text{ [W]} \quad\cdots\cdots\cdots\cdots\cdots\cdots\cdots\cdots\cdots\cdots\cdots\cdots\cdots\cdots 7\cdot5$$

이 얻어진다. 이때 전력계의 전압코일에 흐르는 전류와 전류코일에 흐르는 전류의 방향이 그림 7-14와 같이 일치되어야 한다.

② **간접 측정법** : 직류전력을 측정하는 또 하나의 방법은 전압계와 전류계에 의한 간접적인 측정법이다. 직류전력을 P [W], 부하의 단자전압을 V [V], 부하에 흐르는 전류를 I [A] 라 하면

$$P = VI \text{ [W]} \quad\cdots\cdots\cdots\cdots\cdots\cdots\cdots\cdots\cdots\cdots\cdots\cdots\cdots\cdots\cdots 7\cdot6$$

으로 얻어진다.

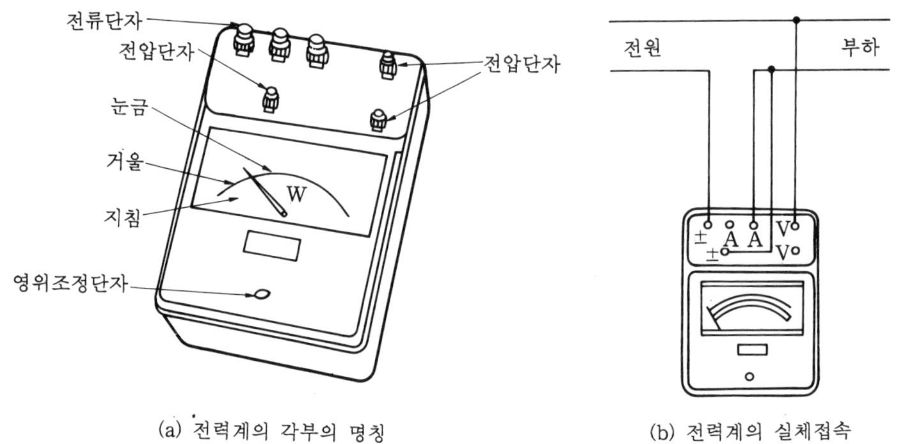

(a) 전력계의 각부의 명칭   (b) 전력계의 실체접속

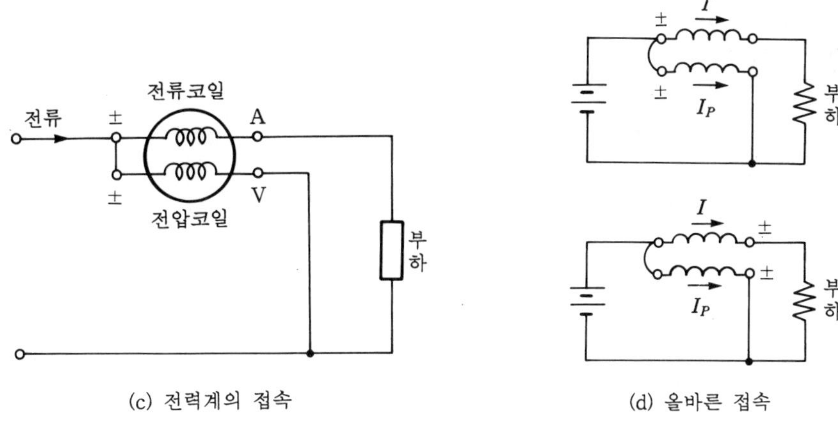

그림 7-14 전력계의 접속

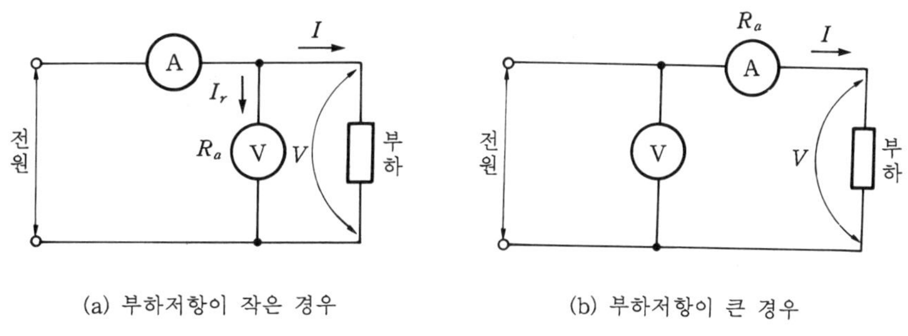

그림 7-15 전압계와 전류계의 접속에 의한 측정회로

따라서, 전압 V를 전압계로 전류 I를 전류계로 측정하여 이들의 측정값의 곱 (積)으로 전력 P를 간접적으로 구한다.

전압계나 전류계에 내부저항이 있으므로 측정기의 내부저항의 영향을 적게 하기 위한 측정법이 쓰인다. 이것에는 그림 7-15에 나타낸 바와 같은 방법이 있다.

부하의 저항이 적을 때는 그림 7-15 (a) 를, 큰 경우에는 그림 7-15 (b) 의 접속방법이 적당하다.

(2) 단상교류 전력측정

① **직접 측정법** : 단상교류 전력 P 는 역률 $\cos\varphi$ 를 고려해서

$$P = VI\cos\varphi\,[\text{W}] \cdots\cdots\cdots\cdots\cdots\cdots\cdots\cdots\cdots\cdots\cdots\cdots\cdots\cdots\cdots 7\cdot7$$

이 된다.

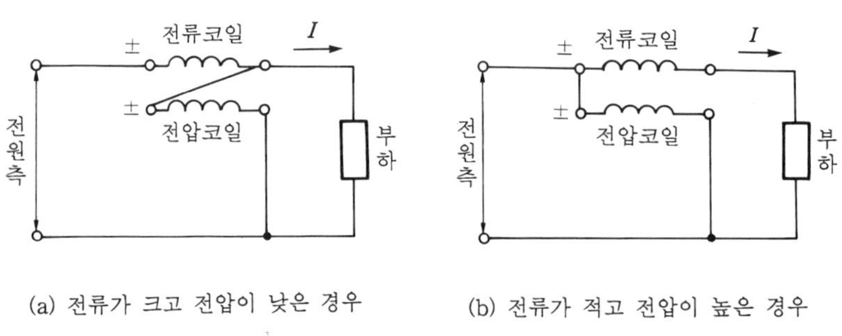

(a) 전류가 크고 전압이 낮은 경우   (b) 전류가 적고 전압이 높은 경우

그림 7-16 전류나 전압이 상이할 때 전력계의 접속방법

일반적으로 상용 주파수에서 400 Hz 정도까지의 주파수에서는 역률이 1.0~0.5 사이에 있어 이 경우의 전력 측정에는 전력계로 직접 측정하는 일이 많다.

전력계를 사용할 때, 주의해야 할 것은 다음과 같다.

- 전류가 크고 전압이 낮은 경우는 그림 7-16 (a) 와 같은 접속, 전류가 적고 전압이 높은 경우에는 그림 7-16 (b) 와 같은 접속으로 측정오차를 작게 할 수 있다.
- 부하역률이 0.5 이하인 경우는 저역률용 전력계를 쓴다.
- 피측정 교류와 같은 주파수의 외부자계에 의한 영향을 피해야 한다.

② **간접 측정법** : 단상교류 전력은 전압계나 전류계만으로 측정하는 간접적인 방법도 있다. 교류전력을 측정하는 하나의 방법으로서 전압계 3대와 기지 (既知) 의 무유도 저항을 그림 7-17와 같이 접속한 회로의 전압계의 지시값을 읽어 구할 수 있다.

단, 여기서 사용하는 전압계의 내부저항은 대단히 높고 흐르는 전류는 부하에 흐르는 전류에 비해 무시할 수 있을 정도로 적어야 한다.

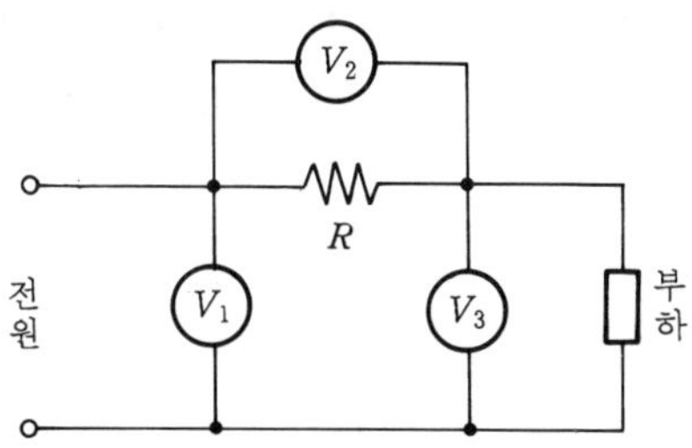

그림 7-17 3전압계법에 의한 측정

부하전력은 3대의 전압계 지시값에 의해서 다음 식으로 구해진다.

$$P = \frac{1}{2R}(V_1^2 - V_2^2 - V_3^2)\,[\text{W}] \quad\cdots\cdots\cdots\cdots\cdots\cdots\cdots\cdots\cdots\cdots\cdots\cdots 7\cdot8$$

(3) 3상 교류전력의 측정

3상 교류전력의 측정은 일반적으로 간접 측정으로 한다. 단상 전력계를 2대 또는 3대 써서 측정하는 일이 많다.

① **3전력계법** : 3상 부하의 전력을 측정할 때, 각상의 전력 W_1, W_2, W_3를 측정할 수 있으면 3상 전력은 각상의 전력의 합으로 되므로 3상 전력은 다음 식을 만족한다.

$$P = W_1 + W_2 + W_3 \quad\cdots\cdots\cdots\cdots\cdots\cdots\cdots\cdots\cdots\cdots\cdots\cdots\cdots 7\cdot9$$

그림 7-18의 접속처럼 부하가 Y결선이고 중성점에 전력계의 전압코일의 한쪽 단자를 접속할 수 있을 때, 단상 전력계 3대로 3상 전력을 측정할 수 있는 방법이다.

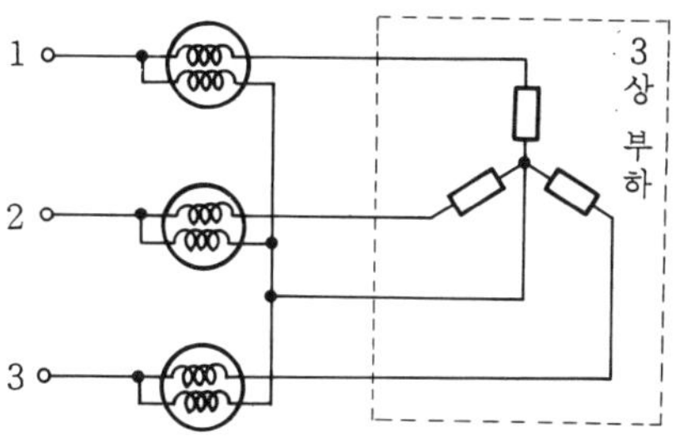

그림 7-18 3전력계에 의한 측정

② **2전력계법** : 3상 부하인 경우 중성점을 얻을 수 없는 경우가 많다. 이 경우는 그림 7-19에 나타낸 바와 같이 2대의 단상 전력계를 접속해서 3상 전력을 측정한다. 두 대의 단상 전력계의 지시가 P_1, P_2일 때, 3상전력 P는 다음 식과 같다.

$$P = P_1 + P_2 \quad \cdots\cdots\cdots\cdots\cdots\cdots\cdots\cdots\cdots\cdots\cdots\cdots\cdots\cdots\cdots \quad 7 \cdot 10$$

또, 2전력계법으로 3상 전력을 측정할 때, 부하의 역률이 50 % 보다 큰 경우는 2대의 전력계의 지시 P_1, P_2는 모두 정 (+) 의 값이 되고 부하의 역률이 50 % 미만일 때는 어느 쪽인가 한쪽의 전력계의 지시가 부 (−) 의 값이 된다.

따라서, 전력계의 지시가 부가 될 때는 그의 전력계의 전압코일의 접속을 반대로 해서 지침이 정의 방향으로 가게 하고, 이때의 전력계의 지시값은 부의 값으로 다루어 다른 쪽의 정의값을 지시하고 있는 전력계의 지시값과 합하면 3상 전력이 얻어진다.

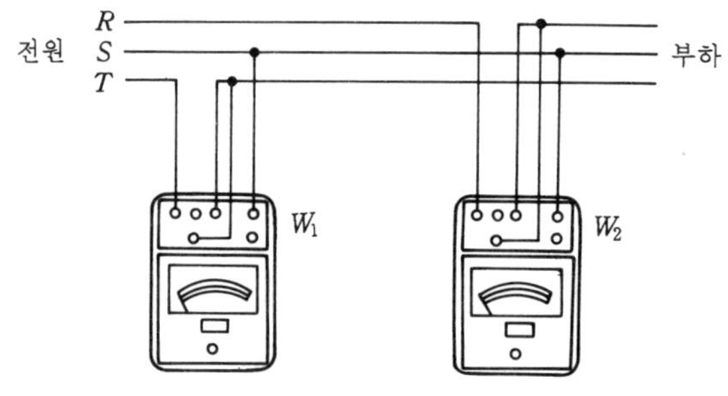

(a) 실체 접속도

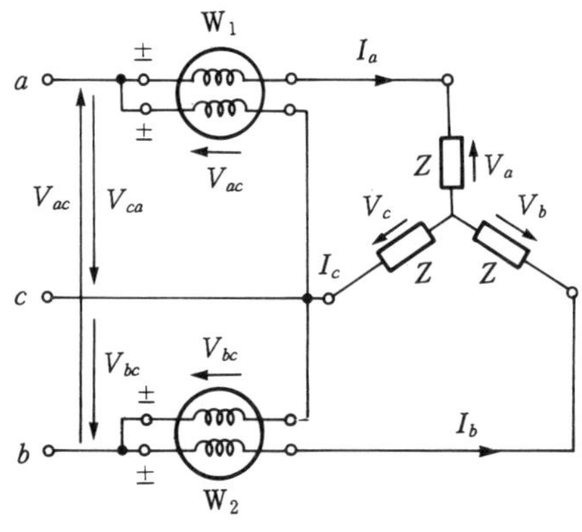

(b) 측정회로

그림 7-19 2전력법계에 의한 접속

(4) 전력량의 측정

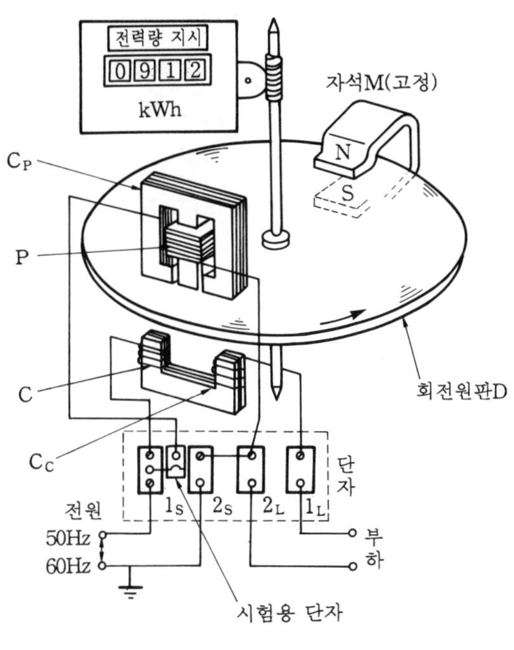

(a) 구　조

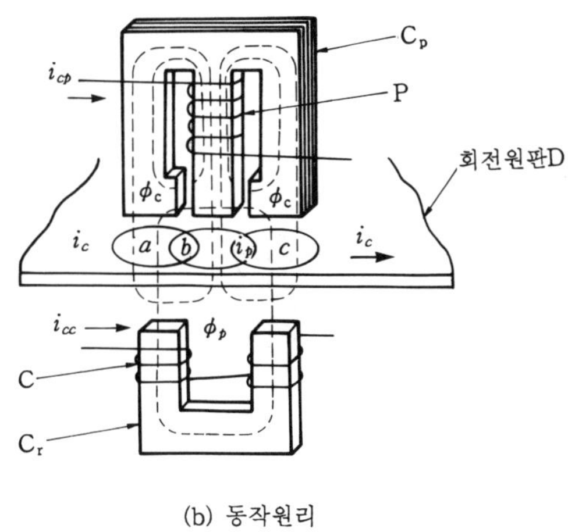

(b) 동작원리

그림 7-20 유도형 적산전력계의 구조와 동작원리

　전력량의 적산에는 동작원리로서 유도형 전력량계가 쓰이고 그 구조와 원리는 그림 7-20과 같다. 계량은 알루미늄의 원판을 전력량에 비례한 속도로 회전시켜 그 회전수를 계량장치로 표시한다.

　이 계기는 알루미늄 원판을 자유롭게 회전할 수 있도록 축수로 지지하고 이 원판의 한쪽을 영구자석에 넣고 다른 쪽은 원판의 상하에 코일을 감는 자극을 설치해 놓고 있다.

　그림 7-20의 코일 P는 전압코일, 코일 C는 전류코일이고, 전원 주파수에 대응한 이동자계를 원판 위에 만들어서 원판 내에 와전류(渦電流)를 일으켜, 이 와전류에 의한 전자력에 비례한 구동 토크를 얻어 원판은 회전한다.

　원판이 회전하면, 영구자석에 의해서 회전을 방해하는 방향으로 토크가 생겨 이 토크가 제어 토크가 되어 구동 토크와 제어 토크에 의한 원판은 일정 속도로 회전을 계속한다. 이 회전수는 전력에 비례하고, 회전수를 누적하는 일에 의해 전력량이 적산된다.

　이 계기는 전기요금의 산출에 이용되고 있다.

4 테스터와 오실로스코프

테스터나 오실로스코프는 단순히 전기전자 분야만이 아니고 기계나 건축분야에서도 폭 넓게 이용되고 있다.

여기서는 이 계측기를 올바르게 사용하기 위한 기본적인 사항에 대해 설명한다.

4-1 테스터

테스터는 전압계, 전류계, 저항계 등의 기능을 모아 놓은 것으로 대단히 편리한 측정 기이며, 그 종류는 눈금판상의 수치를 지침으로 지시를 나타내는 아날로그식과 직접 수치로 나타내는 디지털식이 있다. 이들의 외관을 그림 7-21에 나타낸다.

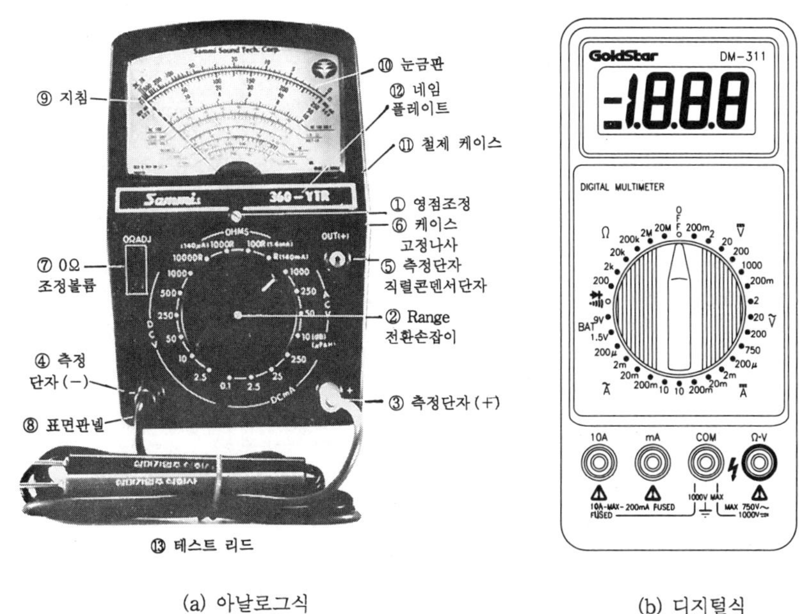

(a) 아날로그식   (b) 디지털식

그림 7-21 아날로그식과 디지털식 테스터

(1) 아날로그식 테스터

아날로그식 테스터의 중심으로 되는 계기는 전기적 양을 기계적 양으로 변환하기 위한 장치로 그 변환방법에 의한 여러 가지의 종류가 있으며 통상 아날로그식 테스터에 사용하고 있는 계기라 하면 가동 코일형 계기를 말한다.

아날로그식 테스터는 그림 7-22 에 나타낸 바와 같이 전류계에 분류기를 병렬로 접속해서 내부저항을 적게 하여 전류의 측정범위를 넓히거나 전압계로 사용하기 위해서 배율기를 전류계와 직렬로 삽입하여 내부저항을 크게 해서 가능한 이상적인 전압계에 가깝게 해서 사용한다.

또, 교류전압의 경우는 교류입력에 대해서 정류기를 사용하여 직류로 변환해서 계기를 작동시킨다. 저항계로서는 전류계와 전지를 조합시켜 측정하려는 저항에 흐르는 전류의 크기를 저항값을 눈금으로 하고 이 눈금은 전류의 최대값을 저항 0 으로 하고 전류 0 을 저항의 최대값으로 해 놓은 것으로 전압, 전류의 눈금과 반대로 된다.

또, 전압계, 전류계, 저항계의 측정모드나 레인지의 절체는 실렉터 스위치로 설정할 수 있도록 되어 있다.

그외에 기능으로서 트랜지스터의 전류 증폭률 등의 측정기능도 갖고 있다.

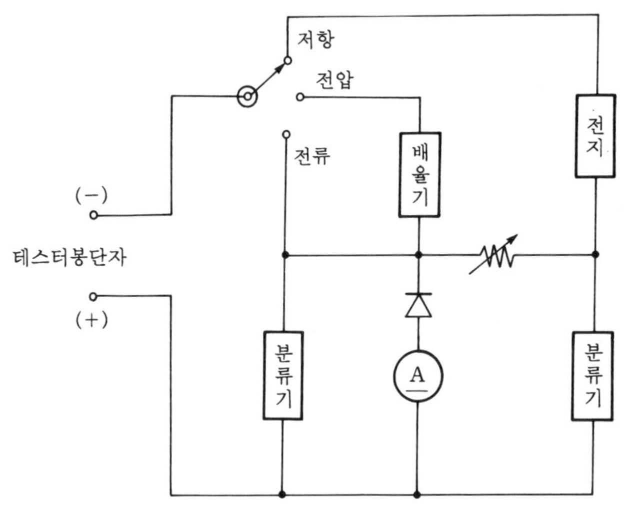

그림 7-22 아날로그식 테스터의 구성도

(2) 디지털식 테스터

디지털식 테스터는 아날로그식과는 그의 구조나 동작원리가 다르고 계기와 같은 기구적인 부분은 갖지 않고 IC 등으로 만들어 있다. 이 디지털식 테스터의 회로는 그림 7-23과 같은 블록도의 구성으로 되어 있다.

이 입력 변환부에서는 테스터 봉에 의해 입력된 신호는 감쇄기로 측정기의 기준 전압에 따른 양으로 조절되어 ① 직류전압은 그대로 ② 교류전압, 직류전류, 교류전류는 직류전압으로 변환되어 ③ 저항의 경우는 감쇄기를 통하지 않고 저항－직류전압으로 변환시켜 최종적으로 모두 직류 전압값으로 측정되어진다.

다음에 이 직류 전압값을 디지털화하기 위해 A/D 변환기를 거쳐서 디지털량으로 해서 표시부에 의해 숫자로 그의 측정결과가 표시된다.

이와 같이 아날로그식 테스터는 기본으로 되는 계기는 전류계이며, 디지털식 테스터에서는 전압계로 내부저항이 거의 무한대로 볼 수 있으므로 이상 전압계에 가까운 것이 된다.

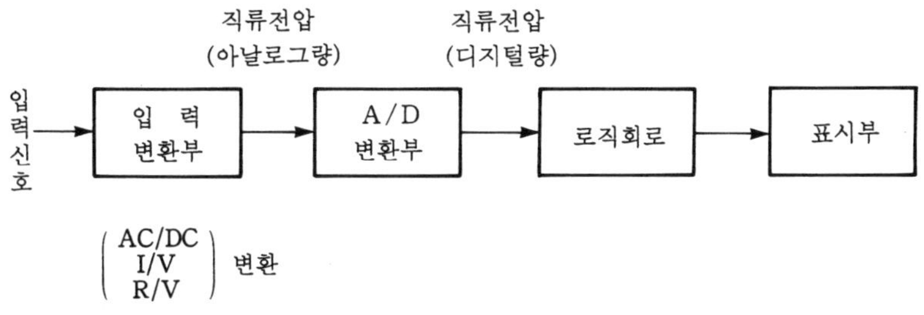

그림 7-23 디지털식 테스터의 구성

(3) 사용시 주의사항

테스터는 가볍고 편리한 계측기이며 그 사용방법에 대해서는 이하의 주의가 필요하다.

① 계측하기 전에 먼저 테스터를 수평으로 놓고 영위조정나사로 메타의 지침이 좌측의 0 위치에 오도록 조정한다.

② 측정대상에 테스트 봉을 대기 전에 측정내용(전압인가 전류인가 저항 등)에 따라서 측정모드의 레인지를 선택한다. 이 선택을 잃거나, 틀리게 하면 테스터가 파손되거나 측정대상 회로에 현저한 장해를 주기도 해 위험이 따르므로 세심한 주의가 필요하다.

③ 미지의 전압, 전류 등을 측정하는 경우는 레인지 절체 스위치를 최대 레인지로 한다음, 지침이 지침판의 떨림의 최대에 가깝도록 레인지 절체 스위치를 낮은 레인지로 절체해 간다.

④ 아날로그식 테스터에서 전압계측은 읽기의 정도(精度)가 내부저항의 영향에 의해서 생기는 오차 이내로 되는 범위에서 가능한 높은 레인지를 선택하는 일이 중요하다.

⑤ 전류계측에서는 가능한 전류가 큰 레인지를 사용하는 것이 전류계의 내부저항이 낮으므로 유리하다.

⑥ 측정하는 값이 예상할 수 있는 경우에는 처음부터 그 값이 들어가는 레인지로 해서 측정한다. 단, 디지털식에서는 측정 레인지는 자동으로 절체되므로 이와 같은 수순은 필요하지 않다.

⑦ 지침이 역으로 움직이면 측정 대상측에서 테스트 봉을 반대로 한다. 단, 디지털식의 경우는 극성을 자동 판별하여 역극성인 경우는 그 측정값에 −를 부가해서 표시된다.

⑧ 테스터의 접속은 전압측정의 경우는 측정대상에 대해 병렬로, 전류측정인 경우는 직렬로 접속한다. 또, 전류측정인 경우 테스터의 입력단자가 전류전용 단자로 되어 있는 경우가 많으므로 주의를 요한다. 단, 교류전류의 계측의 레인지는 일반적인 아날로그식 테스터에는 없다.

⑨ 아날로그식 테스터에서는 전압을 측정하는 경우 저항값을 명확히 알 수 없으면 전류를 측정해서 옴의 법칙의 계산으로 구하는 편이 전압 레인지에서 측정한 결과보다 정확하다.

⑩ 저항을 측정하는 경우는 먼저 적과 흑의 테스트 봉을 단락시켜 영점 조정나사로 지침이 저항눈금의 오른쪽 0에 일치시킨다. 저항 레인지를 절환할 때는 같은 방법으로 영점조정을 다시 하도록 한다.

측정은 테스트 봉을 피측정 대상물에 직접 대서 저항측정을 한다. 통상 이 저항 측정 모드는 회로나 전자부품 등의 도통시험 (導通試驗) 에 쓰는 일이 많다. 이때 테스터의 +측 단자에 테스터의 내부전지의 −가, −측 단자에 +가 연결되어 있으므로 극성이 있는 전자부품 등의 도통검사를 하는 경우 주의가 필요하다.

또, 저항 레인지의 ×1에서 도통시험을 하면 내부전지 3 V인 경우, 전류 150 mA 가 흐르므로 어떤 센서나 다이오드 등은 순간 파괴되는 가능성이 있다. 따라서, 측정대상에 따라 충분한 주의가 필요하게 된다.

4 − 2 오실로스코프

오실로스코프는 전기현상이 시간과 함께 변화하는 모양을 눈으로 볼 수 있는 형으로 표시된다고 하는 요구에서 생긴 것이므로 그의 명칭은 전기의 진동 (Oscillation) 을 파형으로 보는 일 (Scope) 에서 생긴 용어이다. 싱크로스코프라고 하는 경우도 있으나, 오실로스코프가 일반적인 호칭이다.

최근의 오실로스코프는 꽤 복잡한 기능을 가지고 있으며 올바르게 사용하기 위해서는 어느 정도 지식이 요구된다. 따라서, 여기서는 오실로스코프에 대한 올바른 사용법을 마스터 하기 위해 구조와 원리 및 사용상 주의사항에 대해서 설명한다.

(1) 브라운관과 관면표시

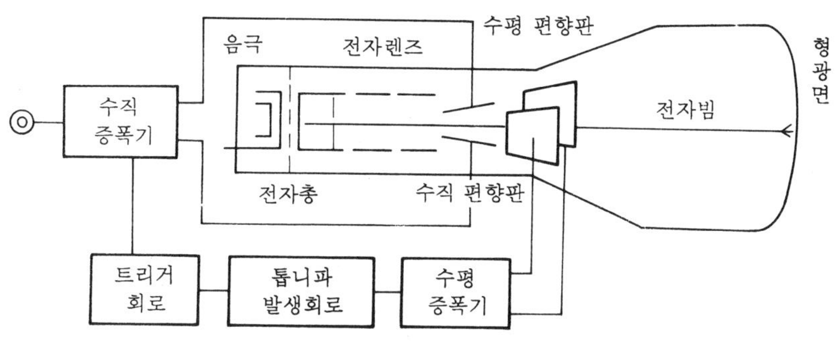

그림 7−24 오실로스코프의 기본구성

오실로스코프는 관측파형을 브라운관에 그린다.

이 브라운관은 1897년에 브라운이 발명한 진공관으로 그 기본구조는 그림 7-24 와 같다. 캐소드 (음극) 를 히터로 가열하는 일에 의해 뛰쳐 나오는 열전자를 그리드 · 캐소드간의 고전압으로 그의 양을 조절한 후, 전자렌즈로 모은 빔을 편향판 사이를 지나 이 것을 화면에 바른 형광물질에 충돌시켜 발광시킨다.

이 가속된 전자빔을 될 수 있는 한 가늘게 하여 수직, 수평 편향판에 가한 수직 · 수평 편향 전압으로 좌우로 떨게 할 때, 그 휘점의 이동이 빠르면 인간의 눈에 잔상으로 되어 화면에 연속적인 파형으로 보이게 된다.

실제로는 측정입력 신호가 수직 편향판에 걸리고 이 전자 빔을 굽게 하는 데는 약 100 V 정도의 전압이 필요하다.

측정입력 신호가 작은 경우는 전압축의 조정나사, 즉 측정입력 신호를 크게 하는 증폭기의 이득을 조정해서 Y축 방향의 화면의 끝에서 끝에까지의 전압을 정한다. 수평 편향판에는 전자가 일정속도로 이동하도록 일정비율로 전압이 증가하는 톱니파 전압 (소인전압) 을 건다. 이 파형의 증가하는 비율을 시간축의 조정나사로 조정하여 화면의 끝에서 끝으로 전자빔이 이동하는 시간을 정하고 있다.

이와 같이 해서 화면에 파형을 나타내는 일이 가능하나, 여러 가지의 타이밍의 상이 포개져 파형이 정지하지 않는다. 여기서, 같은 타이밍으로 파형을 그리는 역할은 다음의 동기와 트리거이다.

(2) 동기와 트리거

다음에 그림 7-25 에 나타낸 바와 같이 수직 편향판에 관측 신호전압 (정현파 신호) 를, 수평 편향판에 톱니파를 가한 경우를 생각해 본다.

양자의 주기의 비가 정수배가 되도록 하고 위상을 일치시키면 브라운관의 형광면에는 정지한 관측 신호파형이 얻어진다. 이 톱니파 전압은 입상할 때는 비교적 느리게 증가하고 입하할 때는 급격하게 감소한다.

따라서, 관면상에서 좌단에서 우단으로 향해서 일정한 속도로 소인한 후 다시 좌단으로 되돌아갈 때는 대단히 빠르게 돌아간다. 이것을 스위프 (sweep ; 掃引) 라 한다.

스위프를 개시하는 방아쇠로 되는 신호를 트리거 (trigger)라 하며, 트리거는 측정하고자 하는 신호에서 얻는다. 또, 이 되돌아가는 시간은 전자빔이 나오지 않도록 브랭킹 (blanking) 해서 형광면이 빛나지 않도록 하고 있다.

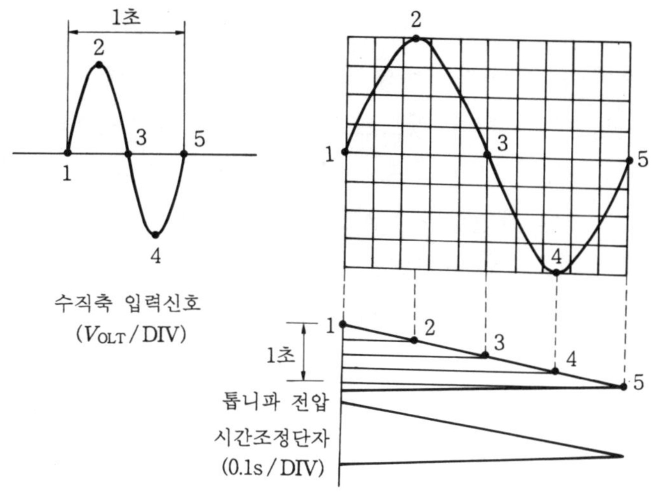

그림 7-25   톱니파 소인신호에 의한 정현파의 표시

이와 같이 소인신호의 주기를 입력신호 파형의 정수배로 하는 일, 또 양자의 위상을 일치시키는 일에 의해서 화면에 매회 그리는 파형이 완전히 일치하고 하나의 정지된 파형이 되도록 하는 조작을 동기(synchronism; 同期)를 잡는다고 한다.

파형을 관측하기 위해서는 소인 모드를 선택한다. 이것은 브라운관상에서 스위프(sweep)를 어떤 형으로 할 것인가를 말하는 것으로 오실로스코프의 조작 판넬상의 AUTO, NORMAL, SINGLE 의 3가지의 모드에 의해 선택한다.

통상은 AUTO 모드로 충분하나 보다 정밀한 관측을 하기 위해서는 NORMAL 모드로 트리거를 지정한다. 이 모드는 측정신호가 없을 때는 스위프는 행하지 않고 관면에는 휘선도 스폿트도 나오지 않는다. 입력신호가 들어와 동기가 걸리면 처음으로 스위프를 개시한다. 파형의 어느 부분에서 트리거를 거는 것과는 조작판넬의 LEVEL 또는 SLOPE 라는 조절단자로 한다.

AUTO 모드는 입력신호가 없어도 스위프를 행하고 있어 입력신호가 들어오면 트리거 레벨과 모드에 의해서 동기가 걸린다.

SINGLE 모드는 NORMAL 모드의 내에서 최초의 1회만 스위프를 하지 않도록 하는 모드이다. 과도현상이나 불규칙 신호 등의 관측이나 사진촬영하는 경우에 편리한 기능이다.

(3) 2현상 표시

현재의 오실로스코프는 적어도 2종류 파형을 동시에 표시할 수 있도록 되어 있다. 그러나 실제로 전자빔은 하나밖에 없으므로 그림 7-26에 나타낸 바와 같이 전자빔을 번갈아 스위프하거나(ALT 모드), 시분할하는 일에 의해 쪼개는(CHOP 모드) 일에 의해서 2개의 파형이 동시에 관면상에 표시된다.

따라서, 수직축의 동작모드를 선택하는 스위치는 CH1, CH2, ALT, CHOP의 4개의 모드가 있고 CH1, CH2는 각 채널을 절환해서 1현상만의 파형을 관측하는 경우에 사용된다.

ALT, CHOP는 2현상의 파형을 관면상에 동시에 표시하는 모드로 그림 7-26에서 알 수 있는 바와 같이 다루는 입력신호의 주파수가 빠른 경우는 ALT, 느린 경우는 CHOP 모드를 선택한다. 또, 기종에 따라 이 모드를 DUAL 모드로 하고, 주파수에 따라서 ALT와 CHOP 동작을 자동으로 절환하는 것도 있다.

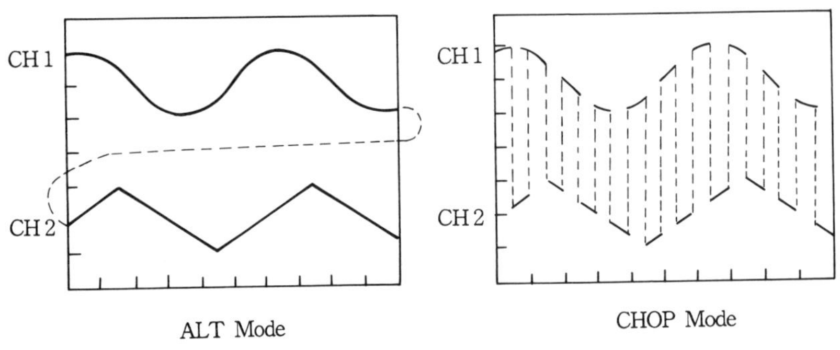

그림 7-26 ALT와 CHOP 기능

(4) 지연소인(遲延掃引)

있으면 편리한 기능으로서 지연소인 기능이 있다. 예를 들면, 파형을 관측하고 있을 때 그 파형의 일부분을 확대하고 싶을 때 사용하는 것이다.

(5) 프로브의 효용

프로브는 단지 피측정 회로에서 신호를 오실로스코프에 접속하기 위한 것만 아니고, 신호의 감쇄나 부하효과를 경감하는 등 피측정 회로에 리드선을 접속하는 일에 의해 악영향을 방지하는 일도 한다.

이 프로브는 10 : 1과 1 : 1로 감도를 절환할 수 있으며 1 : 1는 전압이 작은 저주파 신호의 측정 경우에 사용되고 통상은 피측정 회로에 영향이 비교적 적은 10 : 1을 사용하는 편이 좋다.

그리고 이 프로브는 사용하기 전에 반드시 프로브의 용량을 조정하지 않으면 정확한 파형의 측정을 할 수 없다.

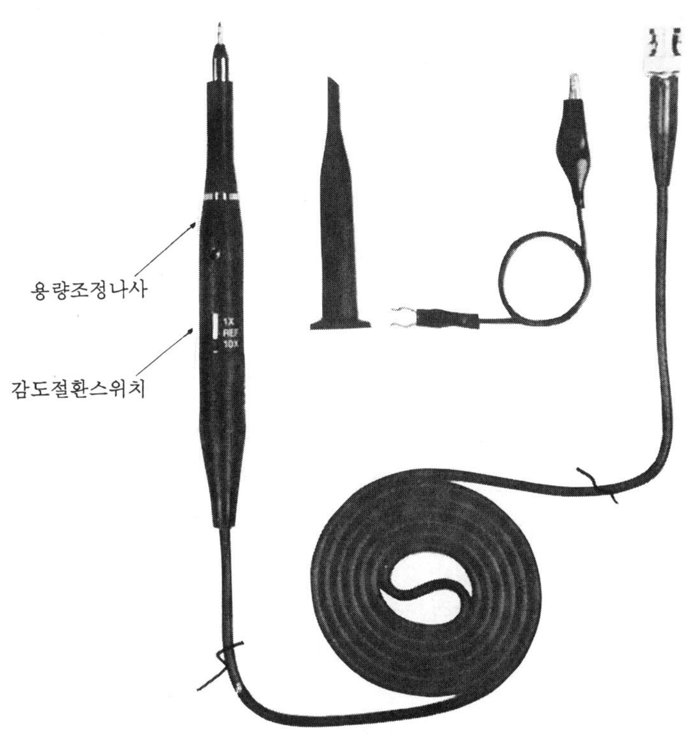

그림 7-27   프로브의 외관

$\cdot \mathscr{NOTE} \cdot$

═══ 서머스탯은 온도를 감시한다 ═══════════════════

전기에 의한 열 이용이 다른 열원에 이용보다 우수한 것은 온도의 조절이 쉽고, 기구를 사용하기 쉬운 데에 있다. 온도를 자동으로 조절하는 장치를 서머스탯(thermostat)이라 한다.

서머스탯의 원조 바이메탈(bimetal)은 동작속도가 느리고 정밀한 온도조절이 어렵지만 서머스탯은 구조가 간단하면서 온도를 일정하게 유지하기 때문에 널리 이용되고 있다.

보다 정밀한 온도조절용으로는 서미스터(thermistor)가 있다. 서미스터는 전기담요, 전자밥통 등의 온도조절용으로 (300 ℃ 이하) 전자회로의 온도보상용으로 사용되고 있다.

···부 록

전기·전자 기본 단위와 기능

1 단위 기호 및 명칭

분 류		기본단위	보 조 단 위				
전 압	단위 (호칭) 단위 기호 승수 (乘數)	볼트 V 1		마이크로볼트 μV 1×10^{-6}	밀리볼트 mV 1×10^{-3}	킬로볼트 kV 1×10^{3}	메가볼트 MV 1×10^{6}
전 류	단위 (호칭) 단위 기호 승수 (乘數)	암페어 A 1		마이크로암페어 μA 1×10^{-6}	밀리암페어 mA 1×10^{-3}	킬로암페어 kA 1×10^{3}	메가암페어 MA 1×10^{6}
저 항	단위 (호칭) 단위 기호 승수 (乘數)	옴 Ω 1		마이크로옴 $\mu\Omega$ 1×10^{-6}	밀리옴 mΩ 1×10^{-3}	킬로옴 kΩ 1×10^{3}	메가옴 MΩ 1×10^{6}
정전용량	단위 (호칭) 단위 기호 승수 (乘數)	패럿 F 1	피코패럿 pF 1×10^{-12}	마이크로패럿 μF 1×10^{-6}			
주 기	단위 (호칭) 단위 기호 승수 (乘數)	초 (秒) s 1	피코세컨드 ps 1×10^{-12}	마이크로세컨드 μs 1×10^{-6}	밀리세컨드 ms 1×10^{-3}		
주파수	단위 (호칭) 단위 기호 승수 (乘數)	헤르츠 Hz 1				킬로헤르츠 kHz 1×10^{3}	메가헤르츠 MHz 1×10^{6}
전 력	단위 (호칭) 단위 기호 승수 (乘數)	와트 W 1			밀리와트 mW 1×10^{-3}	킬로와트 kW 1×10^{3}	메가와트 MW 1×10^{6}
전력량	단위 (호칭) 단위 기호 승수 (乘數)	와트 시(時) Wh 1				킬로와트시 kWh 1×10^{3}	

피상전력	단위 (호칭) 단위 기호 승수 (乘數)	볼트암페어 VA 1				킬로볼트암페어 kVA 1×10^{3}	
자 속	단위 (호칭) 단위 기호 승수 (乘數)	웨버 Wb 1					
인덕턴스	단위 (호칭) 단위 기호 승수 (乘數)	헨리 H 1			밀리헨리 mH 1×10^{-3}		
광 속	단위 (호칭) 단위 기호 승수 (乘數)	루멘 lm 1					
광 도	단위 (호칭) 단위 기호 승수 (乘數)	칸델라 cd 1					
조 도	단위 (호칭) 단위 기호 승수 (乘數)	럭스 Lx 1					
저항률	단위 (호칭) 단위 기호 승수 (乘數)	옴미터 Ωm 1		마이크로옴미터 $\mu\,\Omega$ 1×10^{-6}			

2 전기 기호와 기능

(1) 전 류

명 칭	기 호	기 능
직 류	─	예 Ⓐ Ⓖ
교 류	∿	예 Ⓐ Ⓖ
고 주 파	≋ (1) ⩗ (2)	음성 주파를 나타낼 때 ≈ 전력용 주파를 나타낼 때 ∿

(2) 도선 및 접속

명 칭	기 호	기 능
도 선	───	① 전선 및 모선(母線) 등에 널리 쓰인다. ② 필요에 따라 굵기를 구별한다. ③ 도체의 가닥수를 명시할 때는 다음과 같이 나타낼 수 있다. • 2개일 때 ──∦── • 3개일 때 ──⫬── • n개일 때 ──n──/──
속 선 (束 線)	⑂	① 사선(斜線) 부분을 원호(圓弧)로 해도 된다. ② 꺾인 것은 배선의 방향을 나타낸다.

연 결 선		① ○의 가운데에 대조번호를 기입한다. ② 번호가 불필요할 때는 ○을 생략한다.
단 자	(a)　　　(b)	힌지형 가동접점을 이 단자 위에 나타낼 때는 힌지쪽 단자 (a) 로 표시하고 다른 것은 (b) 로 표시해도 된다.
도선의 분기	(a)　　　(b)	
도선의 교차 (접속할 때)		다음 그림과 같이 나타내도 된다.
도선의 교차 (접속하지 않을 때)		
접 지		
겉상자에 접속 (케이스 접지일 때)		틀릴 염려가 없을 때는 사선을 생략해도 된다.

(3) 가 변

명　　칭	기　　호	기　　능
가변을 나타내는 일반기호		
비선형(非線形) 가　변		
프리셋 (preset) 조정		반고정을 나타낸다.

연 속 가 변		
스텝 (step) 가변		스텝의 수를 명시할 때는 다음 예와 같이 표시해도 좋다.

(4) 연 동

명 칭	기 호	기 능
연동(連動)을 나타내는 일반기호	- - - - ═══	① 연동 가변 정전용량 　 또는 콘덴서 ② 연동 가변 저항 ③ 기계적인 결합

(5) 저항, 인덕턴스 및 콘덴서

명 칭	기 호	기 능
저항 또는 저항기	(a)　　　(b) (c)	① (b), (c)에서 특히 필요한 때는 　 산(山)의 수를 바꿀 수 있다. ② (c)는 특히 무유도(無誘導)를 　 나타낼 때 쓴다.

가변저항 또는 가변 저항기 일반		
연속가변 저항 또는 연속가변 저항기		이 기호를 써도 된다.
스텝가변 저항 또는 스텝가변 저항기		
프리셋 저항 또는 프리셋 저항기		
가동접점이 있는 저항 또는 가동접점이 있는 저항기		
연속가변 가동접점이 있는 저항 또는 연속가변 가동접점이 있는 저항기		
스텝가변 가동접점이 있는 저항 또는 스텝가변 가동접점이 있는 저항기		
가동접점이 있는 분압기 (分壓器)		
탭(tap)이 있는 저항기	(a)　　(b)	

인덕턴스 또는 리액터 (reactor)	(a)　　　(b)	① (a) 에서 특히 필요할 때는 산 (山) 의 수를 바꿀 수 있다. ② 차폐와 혼동할 염려가 있을 때는 더스트 코어 (dust core) 를 다음과 같이 표시해도 된다.
권선 또는 코일	(1)　　　(2)	① 특히 필요할 때는 산 (山) 의 수를 바꿀 수 있다. ② (2) 는 저항과 혼동할 염려가 없을 때 권선 또는 코일을 표시하는데 써도 된다. ③ 전력용 부분에서 코일을 나타낼 때는 다음 그림과 같이 써도 된다. ④ 특히 철심(鐵芯)이 들어있다는 것을 나타낼 필요가 있을 때는 다음 그림과 같이 표시한다.
가변 인덕턴스		특히 철심 (鐵芯) 이 들어있는 경우를 나타낸다.
연속 프리셋 가변 인덕턴스		
스텝 가변 인덕턴스		
탭이 있는 인덕턴스		

상호 인덕턴스 또는 변압기 (變壓器)	(1)　　(2)	① 특히 필요할 때는 산 (山) 의 수를 바꿀 수 있다. ② 특히 철심이 들어 있는 것을 표시할 때는 다음과 같이 나타낸다. ③ (2)는 변압기를 나타내는 경우에 한하여 써도 좋다. ④ 특히 차폐를 나타낼 필요가 있을 때는 다음과 같이 표시한다.
가변 상호 인덕턴스		
정전용량 또는 콘덴서	(a)　　(b)	① 양극간격은 극의 길이의 1/5 ~1/3로 한다. ② (b)에서 전극을 구별하여 사용할 때는 원호 (圓弧) 전극은 다음과 같이 표시한다. • 고정지 (固定紙) 또는 세라믹 콘덴서에서는 바깥쪽 전극 • 가변 콘덴서에서는 가동 전극 • 관통형 콘덴서에서는 낮은 전위 (電位) 쪽
콘덴서 (有極性)	(a)　　(b)	특히 전해 콘덴서를 나타낼 때는 다음에 나타낸 전해 콘덴서를 적용한다.
전해 (電解) 콘덴서 (無極性)	(1-a)　(1-b)　(2)	(2)에서 전해 콘덴서라는 것이 명확할 때는 사선을 생략해도 좋다.

전해 콘덴서 (有極性)	(1-a)　(1-b)　(2)	
관통형 콘덴서	(a)　(b)　(c)	
가변 정전용량 또는 콘 덴 서	(a)　(b)	① 특히 회전자(rotor)를 구별할 필요가 있을 때는 다음과 같이 한다. ② 특히 가변 평형형(平衡形) 콘덴서를 나타낼 때는 다음 기호를 쓴다.　$C_1=C_2$ ③ 특히 가변 차동(差動) 정전용량 또는 콘덴서를 나타낼 때는 다음과 같이 한다.
반고정 콘덴서		
임피던스	Z	
가변 임피던스	Z	

(6) 전원 및 장치

명 칭	기 호	기 능
이상 (理想) 전압원		
이상 (理想) 전류원		
전지 또는 직류전원		① 극성 (極性) 은 긴 선을 양극 (陽極), 짧은 선을 음극으로 한다. ② 혼동하기 쉬울 때는 다음과 같이 표시해도 된다. 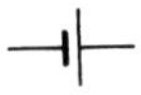 ③ 다수를 연결할 경우는 다음과 같이 표시한다.  ④ 탭이 있을 때는 다음과 같이 한다. 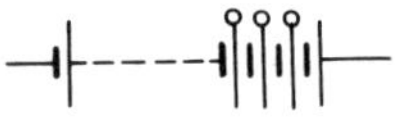 ⑤ 가변 전압의 경우는 다음과 같이 한다. 
정류 (整流) 기능 및 정류기		① 화살표는 정3각형으로 하여 전류가 흐르는 방향을 나타낸다. ② 다이오드를 나타낼 때는 ◯으로 둘러싸도 된다.

교 류 전 원	∿	상수(相數), 주파수 및 전압을 표시하는 예는 다음과 같다. 예 1. 3~60 Hz 　　 2. 3~60 Hz 220 V
전원 플러그(plug)	(a)　　　(b)	① (a)는 2극을 나타낸다. ② (b)는 3극을 나타낸다.
회전기(回電機)	○	① ○ 안에 종류를 나타내는 기호를 기입한다. 예 발전기 Ⓖ　전동기 Ⓜ 발전 전동기 (可逆形) ⓂⒼ ② 특히 교류와 직류의 구별이 필요할 때는 다음과 같이 한다. 교류일 때 ⊕　직류일 때 ⊖
기기 또는 장치	□　▢	교류인 경우 직류인 경우 □ 안에 종류를 나타내는 문자 또는 기호를 기입한다.
차 폐(shield)	-----	예 ⸤⸣　⸤⸣

(7) 개폐기류

명　　칭	기　　호	기　　능
개 폐 기	(1)　　　(2)	

변 환 기	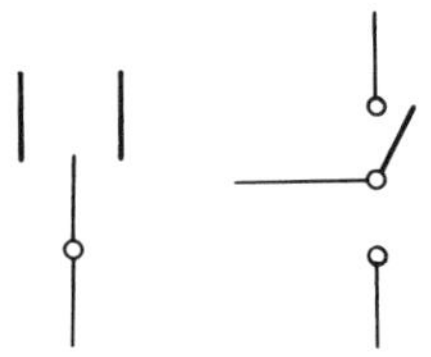 (1)　　　　(2)	
회전개폐기 (로터리 스위치)	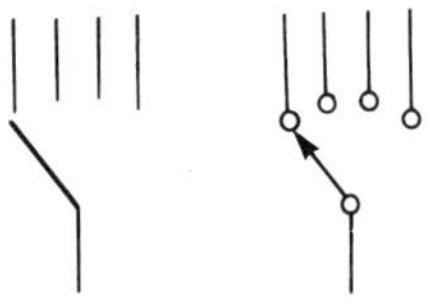 (1)　　　　(2)	
절편 로터리 스위치	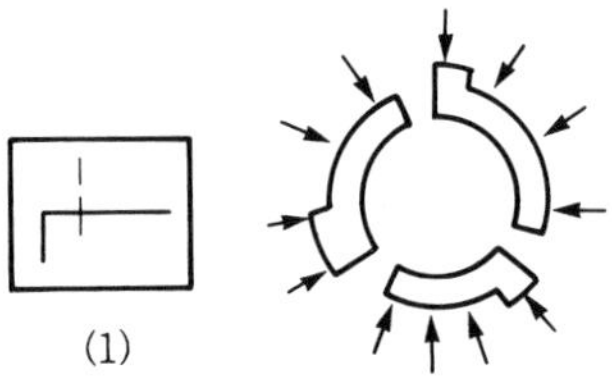 (1)　　　　(2)	① 절편(切片)의 모양은 한 예를 나타낸 것이다. ② 스위치의 변환접점(화살표)의 위치는 변환을 개시하는 접점의 위치로 한다.

(8) 계측기 및 열전대

명　　칭	기　　호	기　　능
계 기 (計 器)	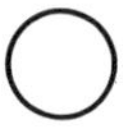 ◯	① ◯ 안에 종류를 나타내는 문자 또는 기호를 기입한다. [예] 전압계　　전류계　　전력계 Ⓥ　　　Ⓐ　　　Ⓦ ② 특히 직류, 교류, 고주파를 구별할 때의 기호는 다음 예와 같이 쓴다. 

기록계 (記錄計)		
적산계 (積算計)		
열전대 (熱電對)	 $-\bigvee+$ $\bigvee$	① 특히 직렬형 (直熱形) 열전대를 나타낼 때는 다음과 같이 한다.  ② 특히 방열형 (傍熱形) 열전대를 나타낼 때는 다음과 같이 한다.  ③ 특히 진공 직렬형 (直熱形) 열전대를 나타낼 때는 다음과 같이 한다.  ④ 특히 진공 방열형 열전대를 나타낼 때는 다음과 같이 한다.  ⑤ 극성을 나타낼 필요가 있을 때는 옆에 "+", "−"를 기입하거나 또는 −쪽을 굵은 선으로 쓴다.  ⑥ 히터를 나타낼 때는 다음 기호를 써도 된다. 

(9) 보호 장치 및 램프

명　　칭	기　　호	기　　능
방전 (放電) 캡		3점 캡은 다음과 같이 나타낸다.
피뢰기 (避雷器)		
퓨　즈 (fuse)	(1)　　(2)	① 전원쪽을 굵은 선으로 나타내도 된다. ② (2)는 개방형을 나타낸다.
경보 (警報) 퓨즈	(1)　　(2)	
램 프 (lamp)	(1)	(1)의 적요 ① 색을 명시할 때는 컬러 코드에 의한 기호를 옆에 기입한다. C_2 ― 적　　C_3 ― 황적 C_4 ― 황　　C_5 ― 녹 C_6 ― 청　　C_7 ― 백 ② 종류를 명시할 때는 다음 기호를 옆에 기입한다. Ne ― 네온　　Xe ― 크세논 EL ― 일렉트로 루미네선스 Na ― 나트륨　　ARC ― 아크 Hg ― 수은　　FL ― 형광 I ― 옥소　　IR ― 적외 IN ― 백열　　UV ― 자외

램 프 (lamp)	○ (2)	(2)의 적요 특히 색을 구별할 때는 다음 예와 같이 하고, 다음 그림과 같이 기입한다. 적 : RL 황적 : OL 황 : YL 녹 : GL 청 : BL 백 : WL 투명 : TC RL ○

3 전자 기호와 기능

(1) 반도체 소자

명 칭	기 호	기 능
다이오드 (diode)	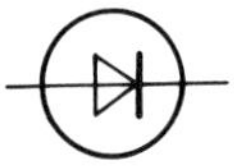 (a)  (b)	혼란의 염려가 없을 때는 원을 생략해도 된다 (이하 같음).
열응동 (熱應動) 의 온도 의존성 다이오드	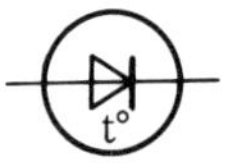	
가변용량 다이오드	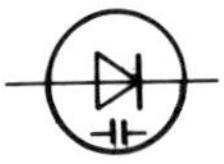	
터널 다이오드	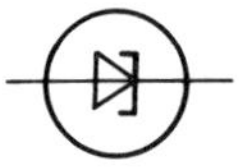	
정전압 (定電壓) 다이오드 (1방향성)	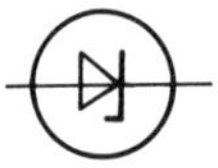	
정전압 (定電壓) 다이오드 (쌍방향성)		

역방향 다이오드	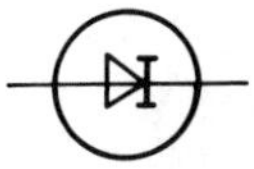	
3극 사이리스터 (일　반)	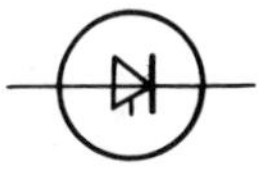	
광도전 (光導電) 셀 (cell) (대칭형)	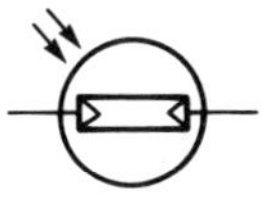	
광도전 (光導電) 셀 (cell) (비대칭형)	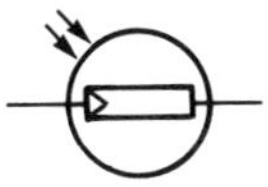	
포토 (photo) 다이오드	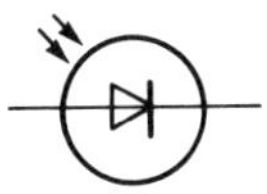	
발광 (發光) 다이오드	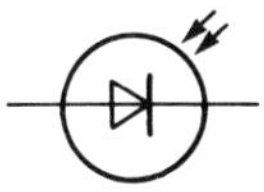	
광전지 (光電池)	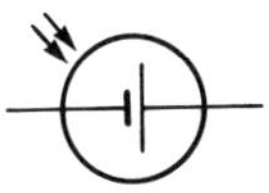	
홀 (hall) 소자	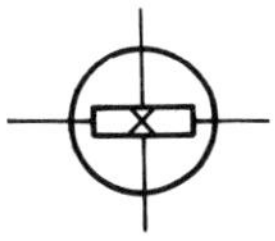	4개의 저항성 접속을 가진 홀 소자를 나타낸다.
포토 트랜지스터 (PNP형)	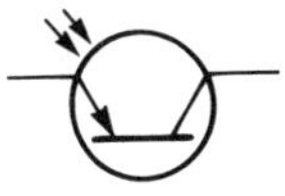	

포토 커플러		
4극 NPN 트랜지스터 (더블 베이스 트랜지스터)	 (a) 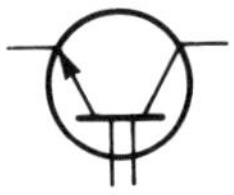　　　　(b)	
PNIP 트랜지스터		진성 (眞性) 영역에서 저항성 접속을 가진다.
PNIN 트랜지스터	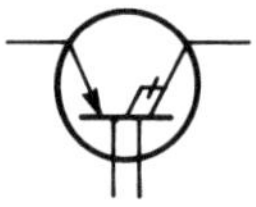	
쌍방향성 다이오드 (대칭 사이리스터)	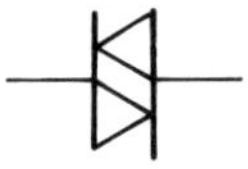	
사이리스터 (2극 逆傳導)	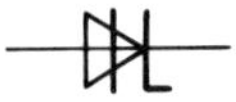	
사이리스터 (2극 쌍방향)	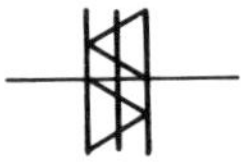	SSS 라고도 한다.
3극 턴 오프 사이리스터 (N 게이트)	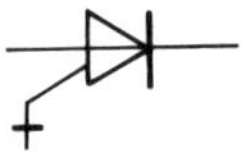	애노드쪽을 제어한다.
3극 턴 오프 사이리스터 (P 게이트)	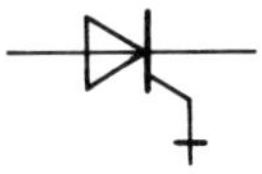	캐소드쪽을 제어한다.

4극 역저지 (逆阻止) 사이리스터	(a)　　　(b)	
3극 쌍방향성 사이리스터		TRIAC 이라고 한다.
3극 역전도 사이리스터 (N 게이트)		애노드쪽을 제어한다.
3극 역전도 사이리스터 (P 게이트)		캐소드쪽을 제어한다.
PNPN 다이오드	(a)　　　(b)	① 2극 역저지 사이리스터 또는 쇼크레이 다이오드라고 한다. ② 필요할 때는 이 기호를 쓴다.
PNP 트랜지스터		
NPN 트랜지스터		●표는 컬렉터가 케이스에 접속 되어 있는 것을 나타낸다.
NPN 트랜지스터 (단접합)		

단접합 트랜지스터 (P형 베이스)		
단접합 트랜지스터 (N형 베이스)		
접합형 전계효과 트랜지스터 (N 채널)		단자 명칭은 그림과 같이 한다. 
접합형 전계효과 트랜지스터 (P 채널)		
3극 PNPN 스위치 (N 게이트)	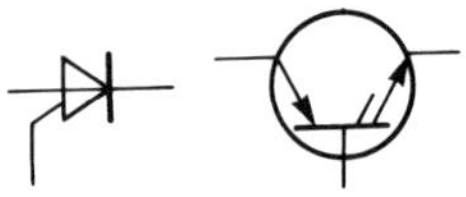 (a)　(b)	① 3극 역저지 사이리스터 (N게이트) 라고도 한다. ② 애노드쪽을 제어한다.
3극 PNPN 스위치 (P 게이트)	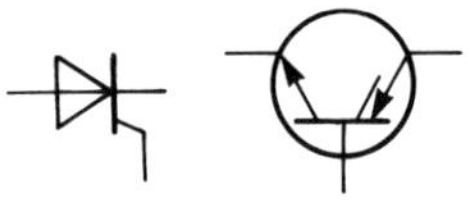 (a)　(b)	① 3극 역저지 사이리스터 (P게이트) 라고도 한다. ② 캐소드쪽을 제어한다.
절연 게이트, 인한스먼트형 전계효과 트랜지스터 (單 게이트, P 채널)		① 서브 스트레이트 접속이 없는 경우를 나타낸다. ② 단자 명칭은 다음과 같다. 
절연 게이트, 인한스먼트형 전계효과 트랜지스터 (단 (單) 게이트, N 채널)		서브 스트레이트 접속이 없는 경우를 나타낸다.

절연 게이트, 인한스먼트형 전계효과 트랜지스터 (單게이트, P 채널)		서브 스트레이트 접속을 인출하는 경우를 나타낸다.
절연 게이트, 인한스먼트형 전계효과 트랜지스터 (單게이트, N 채널)		서브 스트레이트는 내부에서 소스 에 접속되어 있는 경우를 나타낸 다.
절연 게이트, 디플레이션형 전계효과 트랜지스터 (單게이트, N 채널)		서브 스트레이트 접속이 없는 경우 를 나타낸다.
절연 게이트, 디플레이션형 전계효과 트랜지스터 (單게이트, P 채널)	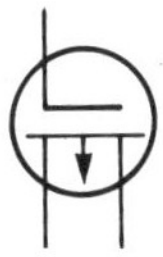	서브 스트레이트 접속이 없는 경우 를 나타낸다.
절연 게이트, 디플레이션형 전계효과 트랜지스터 (쌍 (双) 게이트, N 채널)	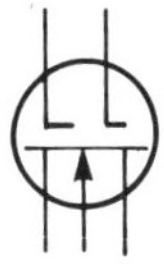	서브 스트레이트 접속을 인출하는 경우를 나타낸다.
서미스터 (thermistor) (直熱形)	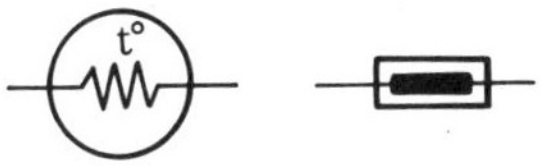	
서미스터 (傍熱形)	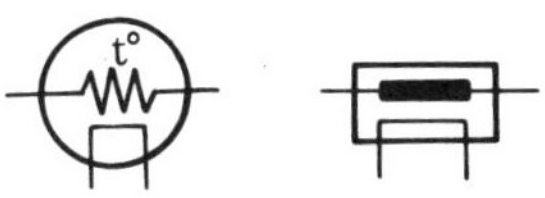	

(2) 계전기류

명 칭	기 호	기 능
계전기권선 (일 반)	 (a)　　　(b)	① 단권선 (單卷線) 이라는 것을 나타낼 필요가 있을 때  　　(1)　　　(2) ② 복권선 (複卷線) 이라는 것을 나타낼 필요가 있을 때 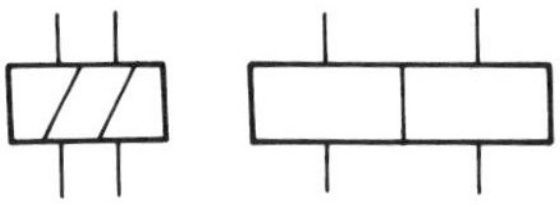 　　(a)　　　(b) ③ 3권선 이상인 경우는 복권선에 준한다. 또 각 권선은 분리하여 기입해도 된다.